가구 생활

집 안의 모든 가구를 고르고 배치하고 오래 쓰는 법

HANDBOK I MÖBLERING

by Frida Ramstedt
© Frida Ramstedt 2022
Infographics © Sofia Gustafsson 2022
Illustrations on pages 9, 23, 102, 231, 358 © Saramara 2022
Poster from the 1930 Stockholm exhibition (Page 403) designed by Sigurd Lewerentz

이 책은 스웨덴의 표준과 규범을 바탕으로 집필되었습니다. 따라서 본문에 제시된 가구의 치수와 규격은 독자가 거주하는 지역의 기준과 다를 수 있으며, 가구 제작 및 설치 시에는 반드시 해당 지역의 제한 사항과 관련 법규를 확인하시기 바랍니다.

출판사는 이 책에 수록된 정보, 아이디어, 치수 및 지침의 정확성과 안전성을 확보하기 위해 최선의 노력을 기울였습니다. 그러나 이 책의 내용을 활용하는 과정에서 발생할 수 있는 재산상의 손해와 인명 피해, 부상 또는 기타 손실에 대해서는, 원인이나 경위와 관계없이 법적 책임을 지지 않습니다.

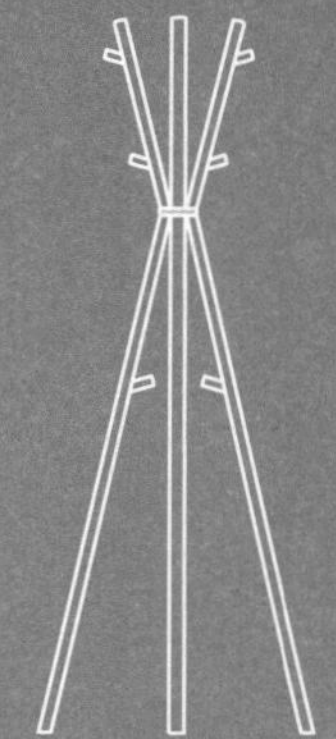

FRIDA RAMSTEDT

가구 생활

집 안의 모든 가구를
고르고 배치하고 오래 쓰는 법

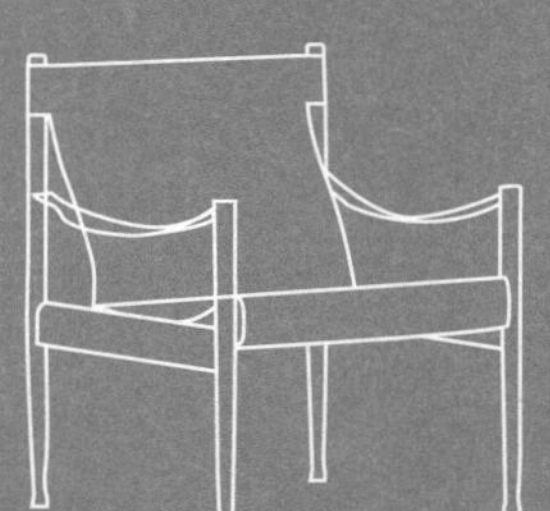

프리다 람스테드
김난령 옮김

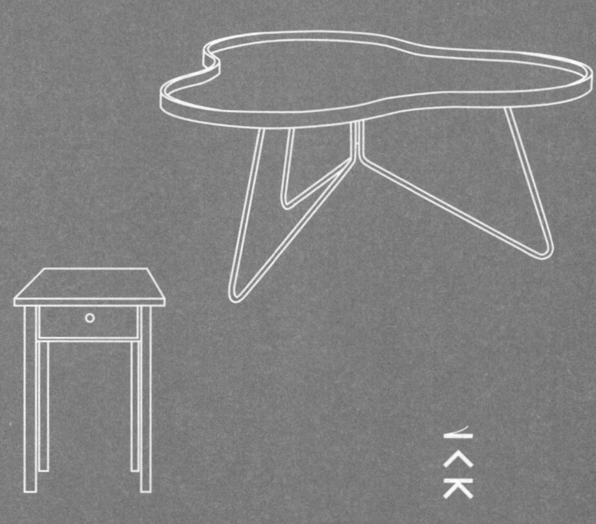

CONTENTS

8

타임라인

9

공간 계획을 위한 측정 기준과 개념들

"앉으세요."

이 말이 실제로 의미하는 바는 무엇일까? 약간씩 다르게 해석될 수도 있겠지만, 대체로 '편히 계세요'라든가, '집에서처럼 편안하게 있으세요'라는 뜻일 것이다. 그러나 이 다정한 권유의 말이 모든 곳에서 실현되는 것은 아니다. 요즘엔 눈으로 보기에는 즐겁지만 사용하기에는 전혀 편하지 않은 가구들이 많기 때문이다. 어쩌다 이렇게 된 것일까? 이런 상황을 어떻게 개선할 수 있을까?

나의 첫 번째 책『인테리어 디자인과 스타일링의 기본』에서 나는 인테리어 디자인의 기본 원칙과, 인테리어 디자이너와 스타일리스트들이 현장에서 즐겨 사용하는 비법들을 소개했다. 그리고 이

번 책 『가구 생활』에는 가구 디자이너와 제작자들의 지식과 경험을 토대로, 우리가 가구를 구매할 때 고려해야 할 여러 사항들을 한데 모았다. 보기에 아름답고 사용하기에도 편안해서 몸이 먼저 반응하는 '좋은 가구'를 선택하기 위한 실질적 지침들이다.

지난 10여 년 동안 사람들은 그 어느 때보다도 인테리어 디자인에 많은 돈을 지출했다. 집 안을 채울 물건을 더 많이, 더 비싼 값을 지불하고 사들였다는 뜻이다. 그런데 직접 앉아보거나 꼼꼼히 살펴보지도 않고 덥석 물건을 사들이는 일도 잦아졌다. 선택지는 또 얼마나 풍부해졌는가. 이제는 마음만 먹으면 인터넷 검색을 통해 전 세계 곳곳에서 제품을 구해 내 방 안으로 들여놓을 수 있게 되었다. 하지만 놀랍게도 가구를 구매할 때 기준으로 삼을 만한 지침은 여전히 부족하다. 유행하는 색상이나 스타일의 제안은 넘쳐나지만 어떤 요소들을 살피고 따져서 선택해야 하는지에 관한 지침은 찾아보기 힘든 실정이다.

요즘 우리는 어떤 의자가 유행하는지는 잘 알아도 어떤 의자가 좋은 의자인지는 잘 모른다. 꿈에 그리던 의자를 어렵게 찾아냈다 하더라도, 그 의자가 실제로 앉을 만한 의자인지를 확인해야 하는 우스운 상황이 벌어지기도 한다. 당신이 눈여겨보는 의자가 예술 작품인가, 아니면 편안한 가구인가? 편안하다면, 대체 누구에게 편안한 의자인가? 가구를 고르거나 다른 선택지들과 비교할 때, 더 나은 결정을 내리기 위해 주의 깊게 살펴봐야 할 사항들은 무엇일까? 특히 취향에 맞는 가구를 골라 좀 더 '나다운' 공간을 꾸미고 싶다면 더욱 진지해져야 할 필요가 있다. 특정 스타일의

바지가 모든 체형에 똑같이 어울릴 것이라 생각하지 않으면서,
왜 특정한 의자가 모두에게 다 잘 맞기를 기대하는 것일까? 좀 더
현명한 소비자가 되기 위해서는 훌륭한 안목과 더불어, 가구에
관한 여러 질문들에 답할 수 있는 지식 또한 갖춰야 한다.

송아지를 태양처럼 그려놓고는
천재라는 평을 듣는 이들이 많지.
하지만 제대로 된 의자 하나 만드는 데는
지름길이란 없다네.
모호한 말로 시를 써놓고
'참 훌륭하다!'라는 평을 듣는 이들이 많지.
하지만 쓸모 있는 탁자를 만들려면
명확하게 생각해야 해.
머리는 한없이 꿈꿀 수 있고
눈은 보고 싶은 대로 볼 수 있지.
하지만 손이 지닌 타고난 지성 앞에서는
꾸밈도, 가식도 통하지 않아.

– "손",『시집 1부』(아틀란티스 출판사, 1996),

알프 헨릭손(Alf Henrikson, 시인)

당신의 몸이
기준이 된다

편안한 가구가 편안한 데는 이유가 있고, 불편한 가구가 불편한 데도 그만한 이유가 있다. 이는 운에 달린 문제가 아니다. 이 장에서는 가구 디자이너들이 제품을 설계할 때 어떤 기준들을 고려하는지, 사용자가 실제로 가구를 시험해 보고 평가할 때 참고해야 할 신체 치수는 무엇인지 살펴볼 것이다. 이러한 기준과 정보는 어떤 가구가 자신에게 잘 맞는지를 판단하는 데 있어 반드시 필요하다. 우리는 흔히 "사람마다 취향이 다르다"라고 말한다. 그런데 사람은 취향만 다른 게 아니라 체형 또한 매우 다양하다.

인체 측정학: 몸의 치수를 읽다

인간의 몸은 그 자체가 기준 자이며, 우리는 자신의 몸을 기준 삼아 주변 사물의 크기와 비율을 판단한다. 또한 인간의 신체 치수는 우리가 만든 것들이 얼마나 잘 맞고 유용한지를 결정짓는 기준이 된다. 가구 디자이너들은 단순히 아름답기보다 편안하고 쓸모 있는 가구를 디자인하기 위해, 목표 집단에 대한 통계 자료를 가장 중요한 도구로 삼는다.

이처럼 인간의 신체와 그 비율을 측정하고 연구하는 학문을 인체 측정학(anthropometrics)이라고 하는데, 이 용어는 그리스어 'anthropos(인간)'와 'metron(측정, 측정 도구)'에서 유래했다. 다시 말해, 여러 사람의 신체를 측정하고 그 데이터를 모아 분석함으로써 평균적인 신체의 치수를 파악하는 것이다.

정지해 있을 때와 움직일 때

인체를 측정할 때는 정적 데이터와 동적 데이터를 구분한다. 정적 데이터는 신체가 움직이지 않는 상태에서 고정된 지점을 기준으로 측정한 값이고, 동적 데이터는 인간이 움직일 때 필요한 공간, 팔을 뻗을 수 있는 범위, 다양한 활동을 수행할 때 차지하는 영역 등을 측정한 값이다. 동적 측정값은 '역학 데이터(dynamic data)'라고도 한다. 물론 정확한 용어나 수치를 아는 것보다 두 가지 데이터가 어떤 원리에 따라 구분되고 사용되는지를 이해하는

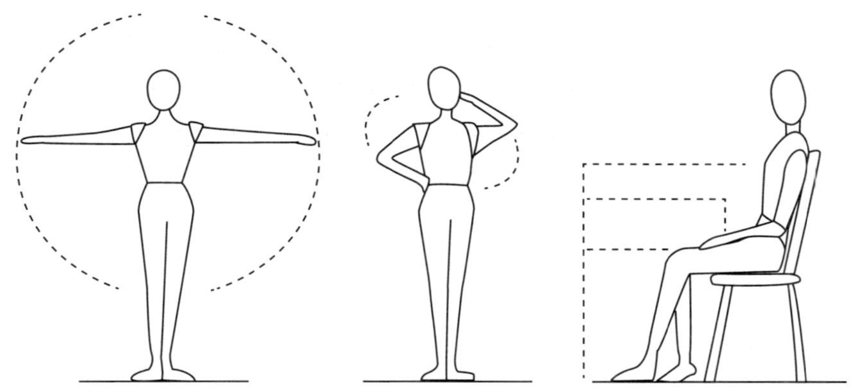

것이 더 중요하다. 예를 들어 걷는 중일 때와 서 있을 때 차지하는 공간의 차이는 굳이 설명할 필요가 없을 것이다. 키에 따라 부엌 선반에 손이 닿을 수 있는 범위도 달라진다. 이와 같은 원리로 생각해 보면 똑같은 의자라 해도 체형이나 앉는 자세에 따라 전혀 다르게 느껴지는 것이 그리 이상한 일은 아니다.

극단적 경우가 기준이다

인체 측정 자료는 가능한 한 다양한 신체 조건을 수용할 수 있는 제품을 개발하기 위해 활용된다. 다시 말해, 목표 집단의 대다수가 불편함 없이 사용할 수 있도록 신체적 조건에 잘 맞는 가구나 디자인을 고안하는 것이 목적이다.

전통적으로 주거 공간에서 필요한 치수, 예컨대 출입문의 높이나 너비 등은 남성의 체격을 기준으로 결정한다. 반면 일반적으로 키가 더 작은 여성의 신체 치수는 '손이 닿을 수 있는 범위'를 설정하는 기준이 된다. 옷장 선반이나 옷걸이 봉의 최대 높이를 정할 때, 가능한 한 많은 사람이 불편을 느끼지 않고 손이 닿을 수 있도록 고려하는 것이다.

인테리어 디자이너와 가구 디자이너를 위한 주요 측정값

사람들의 키와 체형은 그 수만큼이나 다양하다. 키가 같더라도 팔다리의 길이나 몸의 비율은 제각각이다. 이러한 차이를 고려해 누구나 편안하게 사용할 수 있는 가구를 설계할 수 있도록, 가구 디자이너들을 위한 전문 서적과 지침서가 다양하게 출간되어 있다. 다음은 J. 파네로(J. Panero)의 저서 『인체 치수와 실내 공간(Human Dimension & Interior Space)』(1979)에서 발췌한 일부 측정 항목들이다. 이 치수들은 가구의 크기를 정하거나 기술적·디자인적 문제를 해결하는 데 도움이 된다. 사용자로서도 가구 제작에 필요한 측정값을 알고 있으면 가구의 형태나 기능을 근본적으로 이해할 수 있다.

서 있을 때의 신체 치수

A. 신장

문틀과 출입문, 천장 조명, 선반처럼 머리 위 공간에 설치되는 요소들의 표준 치수와 최소 높이를 정할 때 기준이 되는 측정값이다.

B. 선 자세에서의 눈높이

시선 차단용 칸막이나 액자 설치 높이, 조명기구의 위치 등을 결정할 때 활용된다. 집에서라면, 거주자 중 키가 가장 작은 사람도 창밖을 내다보고 욕실 거울에 자신의 모습을 온전히 비춰볼 수 있어야 한다.

C. 어깨높이 및 어깨너비

소파, 안락의자, 일반 의자의 등받이 너비와 형태, 높이를 설계하는 데 참고가 된다. 대부분의 사람은 엉덩이보다 어깨가 더 넓으므로 여러 사람이 나란히 앉는 공간에 필요한 좌석 너비를 정할 때도 중요한 기준이 된다.

D. 서 있을 때의 팔꿈치 높이

서서 작업하는 카운터와 주방 조리대의 표준 높이를 결정하는 기준이 된다. 욕실 세면대의 높이를 정할 때도 사용된다. 스웨덴 소비자청에서 발간한 『주방: 계획 및 설비(Kitchens:

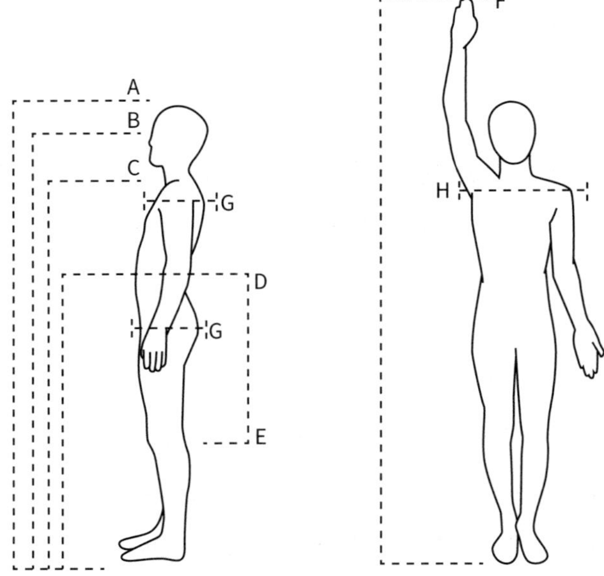

Planning and Equipment)』(1972)에 따르면 상완(팔의 윗부분)을 자연스럽게 내린 상태에서 전완(팔꿈치 아랫부분)을 앞으로 뻗었을 때, 팔꿈치가 조리대보다 약 10센티미터 위에 있어야 한다. 『인체 치수와 실내 공간』에서는 이 간격을 좀 더 정밀하게 7.6센티미터로 제시하고 있다.

E. 무릎 높이

의자나 그 외 좌석 가구의 좌판 높이를 정하는 데 사용된다. 또한 테이블을 설계할 때 프레임 구조가 다리에 부딪히지 않도록 필요한 여유 공간을 확보는 데에도 중요한 치수다.

F. 수직 도달 거리

팔을 위로 뻗었을 때 닿는 최대 높이는 주방의 상부 수납장, 책장, 진열장, 옷장, 선반 등에서 가장 높은 선반의 높이를 정할 때 기준이 된다.

G. 신체 최대 깊이

좁은 공간에서 최소한으로 확보해야 할 여유 공간을 산정할 때 활용된다. 옆에서 볼 때 신체의 가장 앞쪽(보통 가슴)에서 가장 뒤쪽(보통 엉덩이)까지의 수평 거리를 측정해 정한다.

H. 신체 최대 너비

정면에서 봤을 때 신체의 가장 넓은 폭을 의미한다. 의자 등받이부터 문의 너비까지, 다양한 요소의 최소 너비를 산출하는 데 활용된다. 하지만 치수를 알더라도 몸의 움직임을 고려하지 않으면 실제로는 공간이 비좁고 갑갑하게 느껴지는 경우가 많다.

앉아 있을 때의 신체 치수

A. 다리오금 높이

앉은 상태에서 발바닥부터 무릎 뒤 오금까지의 거리다. 의자나 소파와 같은 좌석 가구의 적절한 높이, 형태, 마감 방식을 정할 때 중요한 기준이 된다.

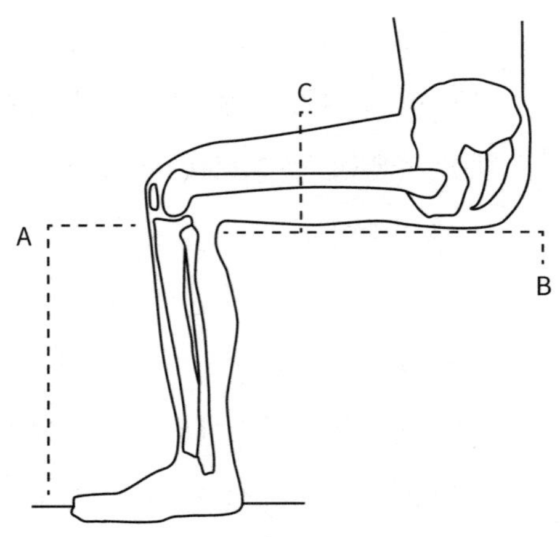

B. 다리오금 길이

무릎 뒤쪽부터 엉덩이 뒤쪽 끝까지의 수평 거리다. 의자, 소파, 안락의자, 변기 등의 좌판 깊이를 정하는 데 활용된다. 실제로 많은 안락의자와 소파의 좌판이 지나치게 깊어서 무릎을 세워 앉으면 등받이에 등이 닿지 않아 다리를 쭉 뻗은 채로 앉게 되는 경우가 많다.

C. 앉은 상태에서의 넓적다리 여유 공간

좌판 위에서부터 넓적다리 윗부분까지의 거리로, 넓적다리가 가구에 꽉 끼지 않도록 여유 공간을 확보하는 데 기준이 된다. 가구 디자이너는 식탁을 디자인할 때 사용자의 다리가 식탁 상판 아래의 가로 지지대나 하부 구조물에 부딪히지 않도록 고려해야 한다. 이 수치는 소비자가 가구를 선택할 때 실수를 피하는 데도 유용하다. 가족 중 키가 가장 큰 사람이 의자에 앉았을 때, 넓적다리 윗부분과 테이블 상판의 밑면, 혹은 가로 지지대 사이의 거리를 측정해 보자. 두 지점 사이에 여유 공간이 충분한가? 다리가 테이블에 부딪히지는 않는가?

D. 앉았을 때의 엉덩이 너비

앉았을 때 엉덩이가 차지하는 너비는 어느 정도인가? 좌석 내부의 폭이 너무 좁으면 갑갑하게 느껴질 수 있다. 이 치수는 의자의 좌우 측면이 높거나 팔걸이가 있는 의자를 고를 때 중요한 참고 자료가 된다.

인체의 지역별 차이

인체 측정학 자료는 신체의 치수가 지리적 위치에 따라 다르다는 사실을 보여준다. 그 차이가 상대적으로 어느 쪽이 더 우월한가를 의미하진 않는다. 유전적 요인뿐 아니라 영양 섭취, 깨끗한 식수의 접근성과 같은 사회·경제적 요인이 시대와 지역에 따라 달랐으며, 이러한 요소들이 각 지역 인구의 평균적인 신체 치수에 영향을 미쳐왔다는 사실을 입증할 뿐이다.

이 사실이 왜 중요할까? 신체 치수의 지역적 차이는 특히 가구 산업에서 매우 중요한 문제다. 다른 나라에서 가구나 가구 부속품을 주문할 경우, 그곳의 수치나 기준이 우리의 그것과 다를 수 있기 때문이다. 그 결과, 집 안의 다른 가구들과 어울리지 않거나 가구의 형태와 크기가 사용자의 체형에 맞지 않을 수 있다.

E. 팔꿈치 간의 거리

식탁에 몇 명이 앉을 수 있는지를 계산할 때 유용하다. 식사할 때 젓가락이나 포크, 숟가락 같은 식사용 도구를 사용할 수 있을 만큼의 공간을 확보해야 하기 때문이다(믿기 어렵겠지만 종종 이를 간과한 가구가 있다). 양팔을 자연스럽게 옆에 내린 상태에서 양쪽 팔꿈치 사이의 거리를 측정한다. 이 수치는 그림을 그리거나 글을 쓰는 용도의 테이블 크기를 정할 때도 참고할 수 있다.

인체공학적 균형: 편안함과 효율

성인의 머리 무게는 평균 5킬로그램 정도다. 마치 목 위에 작은 볼링공 하나를 얹고 사는 것과 같다. 우리가 그 무게로 균형을 유지하며 살아간다는 사실을 떠올리면, 가구 설계에 얼마나 정밀한 인체공학적 계산이 필요한지 이해하기 쉬워진다.

우리는 일상에서, 특히 일터에서 사용하는 도구와 인간의 관계를 설명하는 인체공학 개념에 익숙하다. 인체공학은 생물학, 공학, 심리학이 융합된 학문으로, 사고를 예방하고 건강에 해가 되

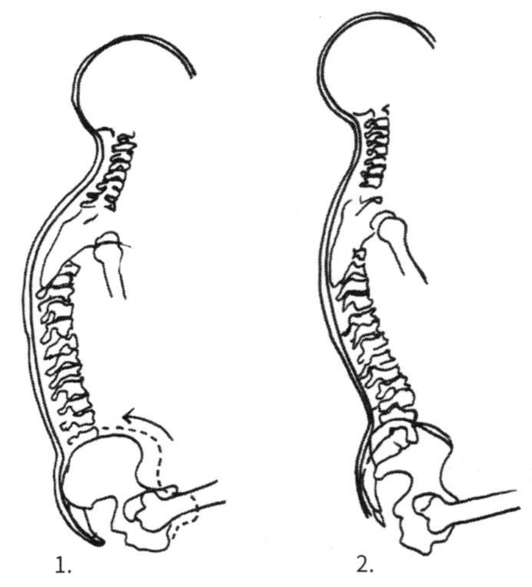

1. 인체 구조를 충분히 고려하지 않고 설계된 가구는 신체 하중의 균형을 무너뜨려 잘못된 자세를 유도한다.
2. 척추의 자연스러운 곡선을 지지할 수 있어야 잘 설계된 가구라 할 수 있다.

는 위험 요소를 줄이기 위해 발전해 왔다. 인체공학적 지식은 특히 사무실 환경에서 중요하게 여겨졌지만, 재택근무가 증가하면서 이제는 집이란 공간에서의 인체공학 또한 고려해야 할 현실적 문제로 떠올랐다.

당신의 집은 인체공학적으로 어떠한가? 집에서 당신의 몸은 어떤 스트레스를 받고 있는가? 의자에 앉을 때 올바르게 앉아 있는가? 침대에서 제대로 누워 자고 있는가? 주방에서 일할 때는 어떤 자세로 서 있는가? 방 안의 조명은 어디에 설치돼 있고 어디를 비추고 있는가?

창의적 단계로 곧장 들어가 집 안을 멋지게 꾸미고 싶은 사람에게는 다소 지루하게 느껴질 수도 있는 질문들이다. 하지만 몇 년이 지난 뒤에는 시각적 아름다움보다 일상에서의 편안함과 안락함을 먼저 고려했던 것이 더 현명한 선택이었음을 분명히 실감하게 될 것이다.

대부분의 사람이 직장에서 사용할 사무용 의자를 고를 때는 신경

의자 받침의 적절한 위치

척추의 C자 굴곡을 요추 전만이라고 한다. 일반적으로 요추 전만을 잘 지지하려면 허리띠를 착용하는 부위인 장골능(골반의 가장 윗부분)에 받침이 위치해야 한다. 의자에 등을 기대어 앉을 때 등이 자연스러운 형태를 유지하려면 이 부위를 충분히 받쳐주어야 한다.

을 많이 쓴다. 반면 소파에 앉아 오랫동안 드라마를 몰아 보거나, 저녁 식사 동안 식탁에 앉아 있을 때의 자세에는 그다지 주의를 기울이지 않는다. 그러나 직장뿐만 아니라 일상생활에서도 잘못된 자세로 오랜 시간을 보내면 요통이나 목 결림이 생길 수 있다. 특히 일상의 가구는 사용 시간이 길기 때문에, 몸에 지속적으로 무리를 주게 되는 경우 결국 스트레스성 신체 이상으로 이어진다. 따라서 비업무용 가구를 고를 때에도 자세에 관한 문제를 반드시 고려해야 한다.

일상의 가구는 인간의 체중을 효율적으로 분산시켜 척추의 자연스러운 S자 곡선을 해치지 않고 편안하게 쉴 수 있는 것이어야 한다. 의자의 다리는 앉은 사람의 체중을 지탱함으로써 발과 무릎의 부담을 덜어주고 당장 사용하지 않는 근육이 이완되도록 해야 한다. 그런데 가구의 설계가 구조적으로 잘못되면 신체 일부의 이완을 다른 부위의 부담과 맞바꾸게 만든다. 그 결과, 조직이 눌려 혈액 순환이 저해되거나 골반이 앞으로 밀리면서 등이 과하게 휘어지고 그로 인해 목에 무리가 가는 등 연쇄적인 문제가 발생한다.

근접학: 거리의 심리학

신체의 물리적 치수도 중요하지만 사람에게는 감정적으로도 일정한 공간이 필요하다. 주변 사람들과의 친밀도나 그 공간에서 이루어지는 활동의 성격에 따라 사람들 사이에 필요한 거리감이 달라지기 때문이다. 근접학(Proxemics)은 라틴어의 'proximus(가까운)'에서 유래된 용어로, 인간이 사회적 상호작용에서 공간을 어떻게 사용하고 인식하는지에 대한 연구이자 사람과 사람, 사람과 사물 사이의 거리와 공간을 연구하는 학문이다. 가구를 배치하거나 공간을 계획할 때 기억해 두면 유용하다.

가구를 고를 때 근접학적 개념이 왜 중요할까? 예를 들어 소파에

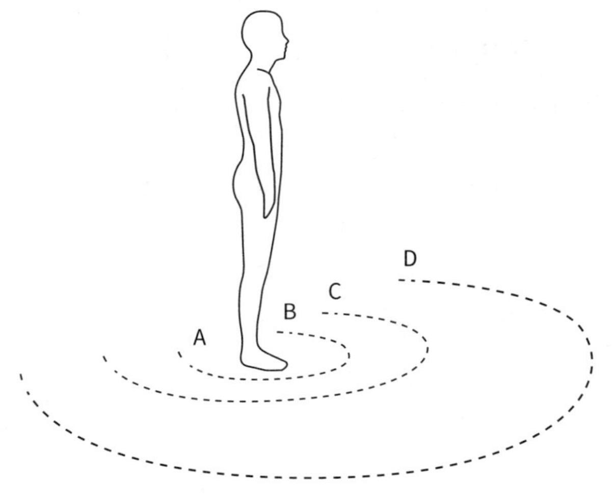

앉을 수 있는 공간이나 식탁의 너비는 단순히 신체가 차지하는 물리적 공간만으로 결정되지 않는다. 우리에게는 심리적으로 편안함을 느끼는 거리감, 즉 적당한 간격이 필요하다. 신체적으로는 충분히 함께 앉을 수 있을 만큼의 공간일지라도, 심리적으로는 옆 사람과 너무 가까워 불편함을 느끼는 경우가 있기 때문이다.

또한 사람이 심리적으로 편안하게 느끼는 거리는 문화권에 따라서도 차이가 있다. 일부 문화는 사람 사이의 신체 접촉을 자연스럽게 여기는 고접촉 문화인 반면, 상대적으로 접촉을 꺼리는 저접촉 문화도 있다. 1963년, 미국의 인류학자 에드워드 T. 홀(Edward T. Hall)은 근접학의 개념을 처음 소개하면서 공간을 구성할 때 참고할 수 있는 네 가지 거리 범주를 제시했다. 공간을 구성하거나 가구를 선택할 때 각 범주에 해당하는 거리를 고려하면 더욱 신중한 판단을 내릴 수 있을 것이다.

다시, 형태는 기능을 따른다

지난 수년 동안 스칸디나비아의 가구 디자인은 '형태는 기능을 따른다(Form follows function)'라는 원칙 아래 자부심을 품고 발전해 왔다. 미학과 인체공학을 결합하고 예술성과 제작 기술을 타협 없이 아우르는 디자인으로 국제적 명성을 얻어온 것이다. 하지만 솔직히 말해 지금도 그 말의 무게가 그대로라고 자신 있게 말할 수 있을까? 요즘 우리가 구매하는 가구의 판매량이나 언론과 미디어에서 주목받는 가구 모델들을 살펴보면 믿음이 흔들리고 있음을 느끼게 된다. 최근 10년간 디자인에 관한 관심과 주거 공간에 대한 투자는 눈에 띄는 성장을 이뤄왔고 이 점은 누구도 부정할 수 없을 것이다. 하지만 가구에 관해서는 어떨까? 기능성과 품질에 대한 이해와 감각도 그만큼 성장해 왔을까? 오히려 퇴보한 것은 아닐까?

스핀들 등받이 의자(spindle—back chair, 등받이에 가느다란 원기둥 막대 여러 개를 세운 형태의 의자)의 네 가지 유형

1. 클래식형(편안함) 2. 작품형(조형적) 3. 개념형(실험적) 4. 상업형(합리적)

편안함, 예술, 개념 그리고 상업성

좀 이상하게 들릴 수도 있지만 의자가 항상 '의자답게' 디자인되는 것은 아니다. 심지어 애초에 편안한 착석감을 전제로 하지 않고 디자인되는 경우도 있다. 오늘날 우리가 접하는 수많은 가구의 형태나 비율 뒤에는 실로 다양한 동기와 야망이 숨어 있다. 어떤 의자는 앉기 위한 가구라기보다 조각이나 예술 작품에 가깝고, 다른 어떤 것은 사용자에게 편안한 자리를 제공하기보다 디자이너나 제작자가 자신의 이름이나 브랜드를 알리기 위해 시도한 개념적 실험의 결과물이기도 하다.

또 어떤 가구는 시장 진입을 위한 전략 상품이자 대량 판매를 목적으로 한 대표 품목으로 중요한 위치를 차지해 왔다. 대표적인 예가 의자다. 의자는 보통 여러 개를 세트로 판매한다. 의자를 납품하는 공급자는 한꺼번에 여러 개를 판매할 수 있고, 운이 좋으면 잘 어울리는 테이블이나 조명까지 덧붙여 판매할 수 있다. 그 과정에서 인체공학이나 신체 비례보다는 수익성이나 시선을 사로잡는 미적 요소를 우선시하는 유혹에 빠지기 쉽다.

하지만 이것을 반드시 둘 중 하나를 선택해야 하는 문제로 볼 필요는 없다. 형태와 기능은 양립할 수 없는 개념이 아니다. 진정한 디자이너라면 둘을 균형 있게 조화시키는 역량을 갖춰야 한다. 그럼에도 현실에서는 편안함이 뒷전으로 밀리는 경우가 놀라울 정도로 흔하다. 아마도 디자이너가 생산 책임자의 자리에 오르는 경우가 드물기 때문일 것이다. 대체로 가구의 생산 관리는 목공

기술자보다는 구매 담당자나 마케팅 전략가 혹은 수익 계산에 능한 사람들이 도맡는다.

물론 구매자 입장에서는 인터넷에서 사진만 보고 가구를 주문하는 것보다는 매장에서 직접 가구를 체험해 보는 방식이 선택을 하는 데 있어 어느 정도 도움이 될 수 있을 것이다. 하지만 여기에도 허점이 있다. 대부분의 의자는 잠깐 앉아볼 때는 그럭저럭 괜찮게 느껴진다. 등산을 해본 사람이라면 알 것이다. 단단한 바위조차도 잠시 앉았을 때는 의외로 편안하게 느껴진다는 사실을. 의자는 오랜 시간 앉아 있을 때야 비로소 불편한 부분이나 진짜 문제가 하나씩 드러난다. 쏠리는 부분은 없는지, 어느 부분이 약한지, 제품별로 몸에서 느껴지는 미세한 차이는 무엇인지 등은 의자를 여러 개 대량 주문하기 전에 반드시 고민해야 할 중요한 사항들이다.

공공장소에서 사용되는 가구에는 까다로운 기준이 적용되곤 하지만 일반 소비자를 대상으로 판매되는 가구에는 지나치게 단순화된 기준이 적용돼 더는 가구라고 부르기 어려운 수준에 이른 가구도 시중에는 적지 않다. 혹자는, 겉보기에는 그럴듯해도 실제로는 실망스러운 경험을 안겨주는 가구들을 고급 요리처럼 보이는 영화 세트장의 가짜 음식에 비유하기도 한다.

의자 구조의 중요한 요소들에 대해 알게 될수록 예술적 표현이나 개념적 시도, 그리고 무엇보다 마케팅 전략이 얼마나 자주 편안함과 실용성을 밀어내고 그 자리를 차지하는지를 점점 더 명확하게 깨닫는다.

가구의 품질을 결정하는 6가지 기준

가구의 품질을 결정짓는 요소는 미적 가치 외에 또 무엇이 있을까? 가구의 구조와 구성 요소를 살펴보기 전에 기본적으로 고려해야 할 몇 가지 중요한 개념들을 짚어보자.

실용 가치

그 가구는 어떠한 실용적인 특징을 지녔는가? 본래의 용도에 잘 맞는 가구인가? 오늘날 시판되는 가구들의 실용 가치는 천차만별이다. 눈길을 사로잡는 디자인은 많지만 실제 기능 면에서는 기대에 미치지 못하는 경우가 많다.

장인 정신이 깃든 예술성

어느 글에서 "장인의 시(詩)는 첨단 기술의 기적만큼이나 중요하다"라는 문장을 읽은 적이 있다. 가구의 예술적 품질을 정의하는 데 이보다 더 적절한 표현은 없을 것이다. 탁월한 장인 정신은 요령이 아니라 디자인을 빛나게 하는 디테일에 깃든다.

용도와 맥락

당신이 사용하려는 가구가 쓰임에 맞게 설계되었는가? 예를 들어 고전적인 카페 의자를 생각해 보자. 이런 의자들은 레스토랑과 같은 환경에서는 유리한 특징을 가지고 있다. 작고 아담한 크기 덕분에 좁은 공간에서도 많은 손님을 수용할 수 있고, 가벼워서 테이블을 재배치할 때도 쉽게 옮길 수 있다. 하지만 인체공학적 측면에서 보면 결코 편안한 의자라고 할 수 없다. 카페처럼 손님이 오래 머물지 않기를 바라는 공간에서는 크게 문제가 되지 않는다. 하지만 카페에 어울릴 법한 스타일의 의자가 유행을 타고 가정의 식탁 주변에 놓일 때는 이야기가 달라진다. 집에서는 식사를 마친 후에도 오래 앉아 있는 경우가 많기 때문이다. 이렇듯 어떤 가구든 본래의 환경에서 벗어나 새로운 맥락에 놓일 때 종종 문제가 생기는데, 그 원인은 가구 자체가 아니라 바뀐 맥락 때문일 수 있다.

구조적 강도와 내구성

일상적인 사용과 마모를 잘 견디는 가구인가? 일부 제조업체는 자체적으로 제품의 내구성 테스트를 시행하고 예상 사용 기간을 추정한 뒤, 일반적 사용 조건을 기준으로 품질 보증 기간을 명시한다. 반면 내구성에 대한 정보는 일절 제공하지 않고 소비자가 의문을 제기하지 않기를 바라는 제조사들도 있다.

지속 가능성

어디서 어떻게 만들어진 가구인가? 어떤 재료가 사용됐으며 어떤 방식으로 운송되었는가? 이러한 요소들이 우리의 자연과 생산 현장에서 일하는 사람들에게 어떠한 영향을 미쳤는가?

안전성

안전한 가구인가? 누구에게나 안전한가? 구조상 결함이나 약한 부분이 있어 사람을 다치게 하거나 다른 물건을 손상할 가능성은 없는가? 이와 관련된 안전 기준은 국가마다 다르므로 해외에서 제품을 주문할 때 그 차이를 놓치기 쉽다.

"가구 디자이너의 임무는 뛰어난 기능성과 표현력 있는 형태를 결합하는 것이다."

— 『품질에 관하여』 중에서,
에리크 베리룬드(Erik Berglund, 가구 디자이너)

올바른 소재와 구조

요즘 가구 업계에서는 지속 가능성이라는 말을 자주 한다. 하지만 대부분 가구의 재료에 관한 이야기만 할 뿐, 제작 과정이나 제작자들의 기술력에 대해서는 거의 언급하지 않는다. 가구가 주는 편안함과 마감 상태는 가구의 사용 기간을 좌우하며, 더 나아가 그 가구에 대한 사용자의 애착에도 결정적인 영향을 미친다. 가구 분야에는 아직 깊이 들여다볼 부분도 많고 깜짝 놀랄 만한 사실도 많다.

언론에서 새로운 가구를 다루는 방식으로 자동차를 소개한다고 상상해 보자. "X 제조사에서 새 모델을 출시했으며, 10가지 색상으로 만나볼 수 있다." 이게 전부라면 정보가 너무 부족한 감이 있다. 운전할 때 사용감은 어떤지, 보닛 아래에는 무엇이 있는지, 구조에서 혁신적이거나 독특한 요소는 무엇인지, 제조사가 잘 만든 부분은 무엇이고, 아쉬운 점은 또 무엇인지 등 우리가 진짜 알고 싶고, 알아야 할 정보는 훨씬 더 많다.

신차 발표 현장에서 자동차 전문 기자가 기능과 기술적 특성에 대해 질문하지 않는다는 것은 상상조차 할 수 없는 일이다. 그런데 가구나 디자인에 대한 언론 보도는 대개 신제품의 미적 특성이나 디자이너가 영감을 얻은 대상에 대한 주관적 판단에 머물 뿐, 그 이상 깊이 있는 내용은 좀처럼 다루지 않는다. 오늘날엔 고급 가구나 조명 하나의 가격이 소형차 한 대 가격과 맞먹는 경우도 적지 않다. 또한 사용 빈도로 봤을 때도 자동차 못지않다는 점을 고려하면, 가구의 소재나 구조를 비롯한 자세한 정보를 다루지 않는 현실은 쉽게 납득하기 어렵다.

물론 가구 업계의 모든 제품이 정성을 다해 제작되거나 우수한 품질을 갖추는 것은 아니다. 심지어 의도적으로 그렇게 하지 않는 경우도 있다. 일부 제조사는 가격을 낮추기 위해 기꺼이 편법을 사용하고 품질의 결함을 교묘히 감춰 소비자가 품질을 제대로 평가하기 어렵게 만든다.

그러나 이런 문제는 오늘날의 인테리어 디자인 담론에서는 좀처럼 다뤄지지 않는다. 심지어 라이프스타일을 다루는 기사나 TV 프로그램에서 명백한 결함이 드러나도 대개 아무런 언급 없이 슬쩍 넘어가 버린다. 결국 결함을 외면함으로써 불만은 점점 더 커

최근 몇 년 사이, 스웨덴 국립소비자분쟁위원회에 불만 접수 건수가 증가하고 있다. 아마도 시중에 유통되는 가구 중 상당수가 일반적 수준에서 용인할 수 있는 기준에 미치지 못하기 때문일 것이다. 스웨덴 소비자청이 최근 아동용 2층 침대를 대상으로 안전성 테스트를 시행한 결과, 17개의 제품 중 단 한 제품만이 충분히 안전한 것으로 판정됐다. 이는 심각한 문제가 아닐 수 없다. 각종 인증과 안전 규정, 유럽연합 표준, 다양한 종류의 라벨링 제도가 존재함에도 불구하고 제대로 제작되지 않은 가구가 여전히 유통되고 있고, 우리는 그런 제품들을 아무런 의심 없이 믿고 집에 들여놓기 때문이다.

지고 가구는 수명이 다하기도 전에 서둘러 교체되어 버린다. 이제 여러분도 나의 답답한 심정을 어느 정도 이해할 것이다. 사용자의 눈을 가린 상황이 넘쳐남에도 불구하고 왜 우리는 인테리어 디자인을 관찰하고 평가하는 사람들에게 더 많은 것을 요구하지 않는 것인가? 지금 우리에겐 단순한 외관 묘사나 구입처 정보를 넘어 더욱 실질적이고 깊이 있는 정보가 필요하다.

좌석 가구

침대를 제외하고 우리의 몸과 가장 오랜 시간 동안 닿아 있는 가구는 의자를 비롯한 다양한 좌석 가구들이다. 잘 만들어진 의자와 소파 혹은 안락의자는 긴 하루를 마친 우리를 따뜻하게 반기며 포근한 품처럼 깊은 위안을 준다. 휴식과 재충전의 시간을 선사하는 작은 안식처인 셈이다. 이 장에서는 '의자'를 앉는 각도와 좌석의 기울기, 마감, 신체와 닿는 주요 지점들로 나누어 하나씩 살피며, 의자의 편안함이란 어떻게 만들어지는가에 대해 알아볼 것이다. 이 과정을 통해, 수많은 제품 중에서 '자신에게 딱 맞는' 편안한 의자를 조금 더 쉽게 가려낼 수 있기를 바란다.

의자

먼저 우리가 가장 일상적으로 사용하는 가구인 의자부터 살펴보자. 완벽하게 만든 단순한 오믈렛이 훌륭한 요리사를 구분하듯 의자는 가구 디자이너를 구분하는 궁극의 시험대다. 잘 만든 의자는 형태, 기능, 비례, 강도 사이에서 절묘한 균형을 이룬다. 시각장애인이라 하더라도 의자에 앉는 순간, 숙련된 장인의 솜씨로 만들어진 것인지 아닌지를 단번에 알아차릴 수 있을 만큼 말이다. 다만 오늘날의 유통 환경에서는 의자에 직접 앉아보고 판단하는 기회가 좀처럼 허락되지 않는다. 게다가 소비자가 선택할 수 있는 스타일의 폭도 너무나 넓어서 모든 모델을 직접 체험하고 비교해 보기란 사실상 불가능하다.

그러나 다행히도 가구를 '읽는' 능력은 충분히 훈련할 수 있다. 디자인의 기본 문법을 이해하면 우리 몸의 감각은 시각 정보를 통해 거의 직관적으로 가구를 판단하고, 자신에게 맞는 가구인지 아닌지를 구별해 낸다.

의자의 구조

의자를 분석하려면 가장 중요한 구성 요소를 분해해 살펴봐야 한다. 좌판, 등받이, 다리는 의자의 핵심 요소이며, 이 세 가지 요소는 각각 따로 그리고 서로의 관계 속에서 분석할 필요가 있다.

오케르블롬 의자

벵트 오케르블롬(Bengt Åkerblom, 1901~1990)은 스웨덴의 의사였다. 그는 당시 시중에 판매되고 있는 의자들의 등받이가 지나치게 높아 허리 부분을 충분히 지지하지 못한다고 봤다. 또한 의자의 좌판과 등받이가 직각으로 만나는 구조는 바람직하지 않으며 등받이가 약간 뒤로 기울어져 있어야 등을 더 잘 지지할 수 있다고 했다. 오케르블롬은 당시의 표준 좌판 높이가 너무 높아, 사용자의 발이 바닥에 편히 닿지 않는 점을 지적하며, 좌판을 낮출 것을 권고했다. 발이 바닥에 닿아야 넓적다리 아랫부분에 가해지는 압력이 줄고, 혈류가 원활히 흐를 수 있기 때문이다. 또한 좌석 높이를 낮추면 어깨에 부담을 주지 않도록 테이블 높이도 함께 낮춰야 한다는 의견도 덧붙였다.

오케르블롬은 인체공학적 원칙을 바탕으로 건축가 군나르 에켈뢰프(Gunnar Ekelöf)와 함께 여러 종류의 의자를 디자인했다. 두 사람이 설계한 의자들은 여러 공장에서 생산돼 '오케르블롬(ÅKERBLOM) 의자'라는 이름으로 판매되었다. 1949년부터 1958년까지 약 12만 개의 오케르블롬 의자가 판매됐으며 그중 4만 5천 개가 해외로 수출되었다.

오케르블롬은 해부학과 인체공학에 관한 진지한 연구를 바탕으로 1948년에 「서 있는 자세와 앉는 자세」라는 논문을 써 박사 학위를 받았다. 오케르블롬 의자의 특징인 등받이의 독특한 곡선은 '오케르블롬 곡선(Åkerblom curve)'이라 불리며 오늘날까지도 많은 가구 디자이너에게 영향을 주고 있다.

좌판

많은 사람이 어릴 때부터 식탁 앞에서는 얌전히 앉아 있도록 교육을 받는다. 하지만 실제로 한 자세로 오랫동안 가만히 앉아 있는다는 것은 꽤나 불편한 일이다. 좋은 의자와 나쁜 의자를 구분하는 중요한 기준 중 하나는 몸의 움직임을 허용하는가의 여부다. 식사 중에는 근육 속의 근방추(근육의 길이 변화를 감지하는 감각 수용체)에서 보내는 신호에 따라 자연스럽게 자세를 바꾸게 된다. 또 수저를 사용하거나 컵을 들 때도 팔과 상체가 움직인다. 따라서 신체에 가해지는 압력을 분산시키면서 몸을 잘 지지하되, 몸을 하나의 고정된 자세에 가두지 않아야 잘 설계된 좌판이라 할 수 있다.

좌판이 너무 깊으면 등받이에 등을 기대기 어렵다. 엉덩이에서 무릎 뒤까지의 길이보다 약간 짧은 것이 바람직하다. 그렇지 않으면 다리를 구부릴 수 없어 마치 인형처럼 다리를 똑바로 뻗거나 다리가 대롱대롱 매달린 것처럼 앉게 된다. 좌판의 앞부분, 즉 무릎 뒤쪽이 닿는 부분은, 폭포가 꺾여서 떨어지는 부분처럼 날카로운 모서리 없이 완만한 곡선 형태여야 한다. 그렇지 않으면

좌판 앞쪽 가장자리의 형태, 좌판의 깊이, 좌판의 기울기 등은 앉았을 때의 편안함을 결정짓는 중요한 요소다.

날카로운 모서리가 무릎 뒤의 연약한 부위를 누르거나 파고들어 통증과 불편을 유발할 수 있다.

좌판의 앞쪽 가장자리와 무릎 뒤 사이에는 손가락 두 마디 정도의 여유 공간이 있어야 이상적이다. 그래야만 넓적다리 아래의 혈관과 신경이 압박되지 않고, 오래 앉아 있어도 다리로 가는 혈류가 원활히 흐른다. 별거 아닌 것 같지만 이러한 인체공학적 기준을 무시하면 하지정맥류나 정체성 피부염까지 생길 수 있다. 반대로 좌판이 지나치게 짧거나 좁고 끼는 경우에도 오래 앉아 있을 때 또 다른 불편을 초래한다.

등받이가 기울어진 의자의 경우, 좌판의 앞부분이 약간 위로 들려 있어야 하며, 표면은 미끄럽지 않은 재질로 만들어진 것이 좋다. 그래야만 오랜 시간 앉아 식사할 때 몸이 앞으로 미끄러져 허리에 부담을 주는 현상을 방지할 수 있다.

끝으로 좌판에서 바닥까지의 높이가 발바닥에서 무릎 뒤까지의 길이와 잘 맞는지도 반드시 확인해야 한다(14~15쪽, '인체 측정학'에 나오는 다리오금 높이와 길이에 관한 설명을 참조하자). 좌판이 너무 높으면 발바닥이 바닥에 닿지 않아 불편하고, 반대로 너무 낮으면 무릎이 과도하게 꺾여 오래 앉아 있기 불편하다.

좌판에서 반드시 점검해야 할 사항

- 좌판의 크기와 형태, 윤곽이 사용자의 엉덩와 잘 맞는지 확인한다.
- 좌판의 앞뒤 길이가 너무 길어 등받이에 등을 기댈 수 없는 것은 아닌지 확인한다. 등받이는 허리를 제대로 지지하기 위해 존재하는 것이다.
- 좌판과 바닥 사이의 높이가 적절한지 확인한다. 좌판에 충전재가 들어간 의자는 눈으로 봤을 때와 실제로 앉았을 때의 높이가 다를 수 있으므로 반드시 앉아 있는 상태에서 측정해야 한다. 또한 함께 사용할 테이블 밑으로 잘 들어가는지도 확인해야 한다. 사용자의 체중이 많이 나갈수록 좌판의 패딩이 더 많이 눌리기 때문에 불과 몇 센티미터 차이라 할지라도 어깨와 목에 불필요한 긴장을 유발할 수 있다.
- 좌판의 앞쪽 가장자리가 부드러운 곡선, 즉 폭포형 가장자리 형태로 처리되어 있는지, 아니면 날카롭거나 각진 형태인지 확인해야 한다.

- 좌판은 앞에서 뒤로 약간 기울어져 있어야 한다. 그렇지 않으면 몸이 앞으로 미끄러지고 자세를 유지하기 위해 힘을 주게 된다.

등받이

등받이가 약간 뒤로 기울어진 의자가 더 바람직하다. 좌석 등받이가 뒤로 살짝 기울어져 있으면 식탁 앞에서 더 편안하게 앉을 수 있고 상반신의 움직임도 더 자유로워진다. 또한 좌판과 등받이의 각도가 90도로 꺾인 의자에 앉아 있을 때보다 엉덩관절(고관절)의 각도가 더 열려 혈액 순환에 도움을 준다.

등받이가 너무 높거나, 너무 곧거나, 너무 작으면 몸이 꼼짝 없이 갇힌 꼴이 되어 턱을 앞으로 내밀게 되거나 앉는 자세를 바꾸기

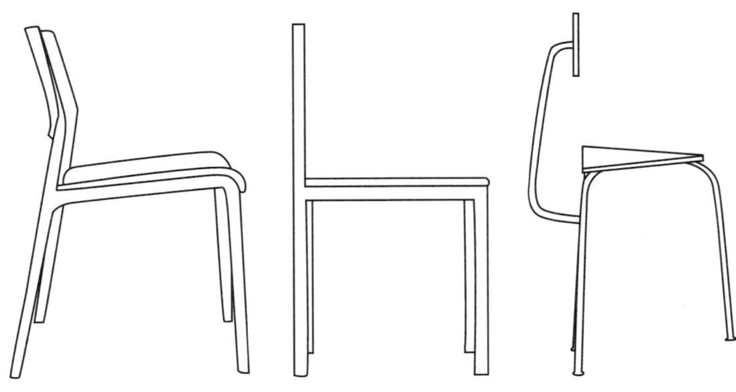

등받이의 높이와 모양, 등받이의 기울기, 허리 지지대의 유무는 모두 의자에 기댔을 때 느껴지는 편안함에 영향을 미친다.

어려워진다. 등받이는 뒤로 기댈 수 있을 만큼 넓고 안정적이어야 하며 상체의 무게를 지탱할 만큼 튼튼해야 한다. 그렇지 않으면 사실상 의자가 아니라 등받이 없는 스툴에 앉는 것과 다름없다. 이는 몸에 꽉 끼는 속옷을 입은 느낌과 비슷하다. 아무리 멋진 옷을 입었어도 등을 파고드는 브래지어 끈 하나 때문에 하루가 엉망이 되듯 등받이의 불편함도 마찬가지다.

또한 등받이의 세로 곡률(옆에서 봤을 때 위에서 아래로 휘어진 정도)과 허리 지지대의 위치가 사용자의 등에 잘 맞는지도 반드시 확인해야 한다. 좌석에서 허리 지지대가 어느 정도 위치에 있느냐에 따라 지지 효과는 달라진다. 지지대가 전혀 없으면 허리가 뒤로 꺼지며 자세가 흐트러질 수밖에 없다.

등받이 점검 시 반드시 확인해야 할 사항

- 등받이의 기울기는, 의자에 앉았을 때 상체의 기울기에 영향을 미친다. 약간 뒤로 기울어진 등받이는 엉덩관절의 각도를 90도 이상으로 열어준다.
- 등받이의 높이는 상체에 가해지는 압박을 얼마나 덜어주는지에 영향을 미친다. 등받이가 너무 낮으면 지지 역할을 거의 하지 못하고, 너무 높으면 머리의 움직임에 제약을 주어 몸이 앞으로 쏠리게 한다.
- 등받이의 크기와 형태, 수평 곡률(의자를 정면에서 봤을 때 등받이가 양옆으로 휘어진 정도)은 기댔을 때의 편안함에 영향을 준다.

등받이의 형태와 위치가 척추의 S자 곡선과 맞물리는 정도는 의자가 주는 편안함과 안정감에 큰 영향을 미친다.

의자 좌판에서 17센티미터 높이에 허리 지지대가 없는 상태로 오래 앉아 있으면 척추가 무너지면서 통증이 시작될 것이다.

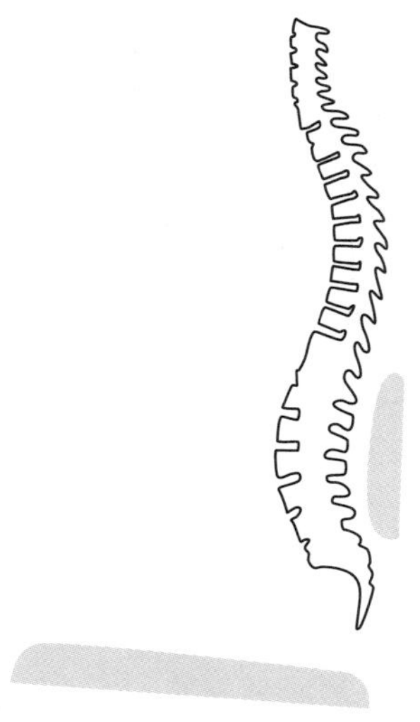

- 등받이의 재질과 구조는 기댔을 때 편안한지 아닌지를 결정하는 중요한 요인이다. 표면이 판판하지 않고 요철이 있거나 틈이 있는 등받이는 등뼈를 눌러 통증을 유발한다. 때로는 바늘방석에 누운 듯 몹시 불편할 수 있다.

다리와 스트레처

의자가 바닥에 얼마나 단단히 중심을 잡고 서 있을 수 있는지는 다리와 스트레처(stretchers, 다리 사이를 연결하는 가로대) 또는 중앙에 있는 기둥 하나에 달려 있다. 다리의 개수, 위치, 각도는 모두 의자의 무게 중심과 안정성을 좌우한다. 의자를 사용 중일 때뿐 아니라 의자가 비어 있을 때의 안정성에도 영향을 미친

의자가 안정적인지 불안정한지는 주로 좌판 아래의 구조에 달려 있다. 다리가 어떻게 부착돼 있는지, 서로 연결이 돼 있는지 아닌지, 앉았을 때 체중이 어떻게 분산되는지가 모두 의자의 안정성에 영향을 미친다.

다. 의자를 거꾸로 뒤집어 좌판 아래에 설치된 모서리 보강대, 즉 코너 블록(corner block, 모서리 보강대)을 살펴보면 목공 구조의 강도와 마감 품질을 확인할 수 있다.

의자 다리에서 반드시 점검해야 할 사항

- 다리의 위치와 각도는 무게 중심과 전복 위험 여부를 판단하는 중요한 요소다. 완전히 수직으로 뻗은 다리는 측면 충격에 취약하지만 약간 바깥쪽으로 벌어진 다리는 이러한 충격을 더 잘 흡수한다.
- 등받이가 뒤로 기울어진 구조일 경우, 뒷다리도 그만큼 바깥쪽으로 벌어져 있어야 앉을 때 상체의 무게를 균형 있게 지탱할 수 있다.

- 의자의 구조적 안정성을 위해서는 스트레처와 보강대(stay)가 필요하지만, 이러한 부재가 앉은 자세를 방해하거나 일어설 때 다리에 걸려서는 안 된다. 일반적으로 의자에 앉을 때 사람들은 발을 좌판 아래로 당겨 넣는다. 팔걸이가 없는 의자에서 발을 좌석 아래로 당겨 넣을 공간이 없다고 가정하고 한번 일어나 보라. 우아하게 일어서기가 매우 어렵다.

- 좌판 아래의 코너 블록은 의자 다리의 강도와 안정성을 높이는 데 도움이 된다.

- 의자의 다리가 좌판 바깥쪽에 부착되어 있다는 건 대체로 같은 여러 의자를 포개어 보관할 수 있음을 뜻한다. 이 경우, 다리가 좌판 바깥으로 너무 많이 돌출되어 있어 무릎이나 넓적다리를 압박하지 않는지 반드시 확인해야 한다.

- 의자가 견딜 수 있는 최대 하중은 얼마인가? 체중을 지탱하는 능력은 사용된 소재의 품질에 따라 달라진다. 미국에서 판매되는 의자는 대개 최대 하중을 명시하고 있다. 저가형 의자의 제조업체는 불만 제기에 대비해 최대 하중 수치를 낮게 설정하는 경우가 많다.

- 의자의 총무게는 얼마인가? 한 손으로 쉽게 옮길 수 있을 만큼 가벼우면서도 넘어지거나 흔들릴 위험 없이 충분히 안정적인가?

- 의자 등받이는 쉽게 잡을 수 있는 형태인가? 이는 자리에 앉기 위해 의자를 끌어낼 때나 자리에서 일어설 때 매우 중

요한 부분이다.

- 의자에 부스러기가 끼어들어 갈 만한 틈이 있는가? 좌판과 등받이 사이에 음식물 부스러기나 이물질이 끼었을 때 쉽게 털어낼 수 있는 구조인가? 특히 충전재가 패딩 처리된 의자라면 반드시 확인해야 한다.
- 의자의 결합 구조는 견고한가? 특히 등받이, 좌판, 다리의 접합 부위를 주의 깊게 살펴보라. 이 부분은 사용하는 동안 하중, 전단력(이음새나 접합부위를 옆으로 밀어 어긋나게 하는 힘), 마모 등을 견뎌내는 지점이다. 손상이 발생했을 경우 수리가 가능한 구조인지도 함께 확인해야 한다.

다른 가구들과 치수가 잘 맞는가?

- 좌석 높이와 테이블 높이: 좌판과 테이블 상판 사이의 권장 간격은 27~30센티미터다.
- 의자 팔걸이와 테이블 에이프런(apron, 상판 아래의 가로대): 의자를 테이블 안으로 밀어 넣을 수 있는가? 높은 팔걸이가 테이블의 상판이나 에이프런에 걸려 의자를 테이블 가까이 당겨 앉지 못하는 경우도 있으니 반드시 확인해야 한다.
- 테이블 아래의 공간 확보: 사용자의 다리와 의자의 좌판 앞부분이 테이블 아래로 무리 없이 들어가려면 바닥에서부터 상판 아랫면까지 최소 63센티미터의 여유 공간이 필요하다.

"의자는 매우 어려운 오브제다.
오히려 고층 빌딩을 다루는 편이
더 쉽다."

— 루트비히 미스 반 데어 로에
(Ludwig Mies van der Rohe, 건축가)

- 의자 너비와 테이블 주위 좌석 배치: 사람 한 명당 권장되는 너비는 57~60센티미터지만 좌판이 패딩 처리된 의자의 경우엔 이보다 더 넓을 수 있다. 또한 의자의 다리나 팔걸이가 테이블의 다리나 하부 프레임에 닿으면 앉는 것 자체가 불가능하므로 이 경우 좌석 배치에도 영향을 미친다.
- 의자와 식탁의 바닥 면적: 의자의 스트레처와 테이블의 보강대가 서로 얽히지는 않는가? 의자의 가장 넓은 부분을 기준으로 폭을 측정해야 한다. 의자의 다리는 보통 등받이보다 바깥쪽으로 벌어져 있어 겉보기보다 실제로 차지하는 공간이 더 넓다.

체크리스트: 인체에 맞춘 주요 치수

- 좌석의 권장 높이는 42~45센티미터다. 좌석이 너무 낮으면 골반이 뒤로 기울어지고 자연스럽게 등이 구부정해져 시간이 지남에 따라 요통이나 어깨 결림이 생길 수 있다.

의자에서 가장 많이 보이는 부분

다양한 의자의 외형을 비교하고 선택할 때는 어느 각도에서 바라보는지를 신경 써야 한다. 온라인 판매용 의자 사진은 보통 정면이나 측면에서 촬영되지만 실제로 집에서 식탁 아래로 밀어 넣었을 때 보이는 부분은 등받이를 포함한 뒷면이다. 따라서 구매 전 의자의 뒷면이 공간과 어울리는지도 확인하자.

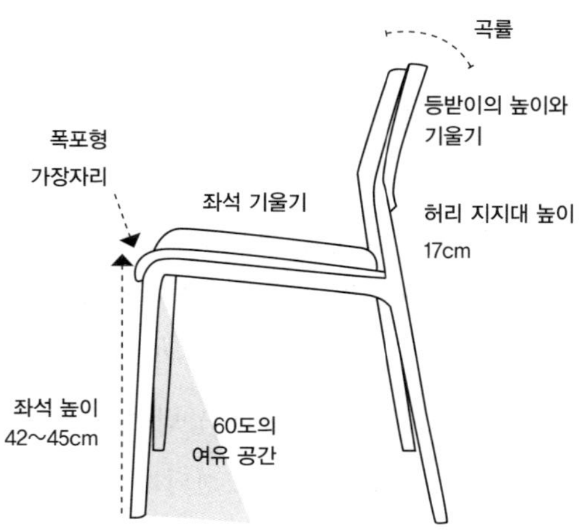

의자에 앉은 채 발을 좌석 아래로 넣지 않고 일어나 본 적 있는가? 생각보다 쉽지 않다. 이 때문에 숙련된 가구 디자이너들이 만든 의자에는 전면에 다리의 움직임을 방해하는 불필요한 스트레처가 없고, 좌석 아래에는 약 60도 각도의 여유 공간이 확보되어 있다.

반대로 좌석이 너무 높으면 발이 바닥에 닿지 않아 다리가 허공에 뜨는 느낌이 들면서 넓적다리 아래쪽이 눌린다.

- 좌석에는 자세를 바꿀 때 신체에 쓸리거나 압박을 주는 날카로운 모서리가 없어야 한다.

- 앉았을 때의 안정감은 골반에서 비롯된다. 체중이 좌골결절에 실려야 골반이 앞쪽으로 살짝 기울어져 자연스럽고 안정적인 자세가 유지된다. 따라서 식탁 의자라면 좌석의 앞부분이 뒷부분보다 약간 높게 설계돼야 한다. 그렇지 않으면 체중이 특정 부위에 몰려 장시간 앉았을 때 허리나 엉

덩이에 무리가 갈 수 있다.

- 반면 사무용 의자에 앉을 때는 작업 중에 자연스럽게 몸이 약간 앞으로 기울어지는 경향이 있으므로 좌석의 앞부분이 뒷부분보다 살짝 낮은 구조가 바람직하다.

- 등받이는 몸을 자유롭게 움직일 수 있을 만큼 여유가 있어야 하지만 좌판 가까이까지 길게 내려와 등 전체를 덮지는 않아야 한다. 등받이가 좌판에 닿으면 자세를 바꾸기 어려워 골반이 고정되기 때문이다.

- 등받이가 높은 경우에는, 척추의 수직 곡선을 따라 자연스럽게 휘어져 있어야 한다. 그렇지 않으면 몸이 불편한 자세로 의자에 갇히게 된다. 등받이가 지나치게 높으면 머리를 앞으로 밀어낸 자세로 앉아 있게 되고, 이런 자세로 오래 앉아 있으면 등이나 어깨, 목에 무리가 간다. 반대로 등받이가 너무 낮거나 좁으면 어깨를 파고들어 움직임을 방해하거나 불편함을 줄 수 있다.

- 등받이의 수평 곡률 또한 신체 곡선에 맞아야 하며 지나치게 휘어지면 오히려 갑갑한 느낌을 받을 수 있다.

- 등받이는 등을 지지하는 용도에만 그치지 않는다. 앉기 위해 의자를 끌어당길 때 손으로 잡는 부분이기도 하므로 튼튼하게 잡을 수 있는 구조인지 확인해야 한다.

- 팔꿈치는 보통 좌석 위에서 약 25센티미터 높이에 위치하므로 팔걸이는 이보다 너무 높지도 낮지도 않아야 한다. 팔걸이가 너무 높으면 어깨가 귀 쪽으로 올라가 긴장하게 되

고 너무 낮거나 뒤로 기울어지면 팔을 제대로 지지해 주지 못한다.

- 팔을 편하게 얹을 수 있으려면 팔걸이는 등받이 쪽으로 살짝 기울어진 형태여야 한다. 만약 팔걸이가 테이블 방향으로 기울어져 있다면 중력에 맞서기 위해 팔에 힘이 들어갈 수밖에 없을 것이다.

- 좌판은 평평하고 탄탄해야 하며, 앉았을 때 몸이 눌리거나 한쪽으로 쏠리는 느낌이 없어야 한다.

- 오랜 시간 앉아 있어도 좌판 앞부분이 허벅지 아래를 압박하지 않도록 좌석의 형태가 인체에 맞게 설계돼야 한다.

- 패딩 처리된 좌석은 시간이 지남에 따라 탄성을 잃는다. 쿠션감이 줄어들었을 때 불편함을 줄 수 있는 단단한 부분, 예를 들어 나사나 접합부, 고정 장치 등은 없는지 좌석 구조를 꼼꼼히 확인해야 한다.

의자의 약점 몇 가지

- 의자를 옮길 때 흔히 등받이를 잡고 들어 올리거나 끌어당기기 때문에, 등받이는 튼튼하게 제작되어야 한다. 패딩 처리된 의자의 등받이가 너무 푹신하거나 부피감이 있으면 위쪽을 잡을 수 없다. 그래서 결국 옆면을 잡게 되고, 이런 일이 반복되면 패딩에 자국이 생기거나 그 부위만 움푹 들어가게 된다. 얇고 강도가 낮은 소재로 만들어진 등받이는 옮길 때 비틀림이 생길 수 있고, 한쪽으로 힘이 쏠리기 쉬

워서 시간이 지남에 따라 접합 부위가 약해지고 등받이가 헐거워질 수 있다. 강철 파이프로 만든 의자는 미끄럽고 잡기 어려우며, 천으로 마감된 의자는 식사 중에 옮기다 보면 쉽게 얼룩이 생긴다.

- 의자의 다리, 에이프런, 스트레처는 단지 앉아 있을 때뿐 아니라 앉고 일어설 때, 또는 의자를 바닥에서 끌 때마다 반복적으로 하중과 압력을 받는다. 만약 바닥이 완전히 평탄하지 않다면(예를 들어 타일 바닥), 바닥과의 접촉면이 넓은 튼튼한 다리의 의자를 선택하는 것이 좋다. 그래야 의자가 흔들릴 위험을 줄일 수 있다. 의자의 앞다리는 뒷다리보다 더 많이 마모되고 손상되기 쉽다. 보통 의자를 옮길 때 한 손으로 옮기게 되는데, 이때 앞다리가 바닥에 더 많이 닿기 때문이다.

- 곡선형 목재 다리가 달린 의자는 겉보기와 달리 약할 수 있다. 나무 섬유의 결 방향과 곡선의 방향이 일치하지 않으면, 하중과 압력에 불필요하게 민감해지기 때문이다. 특히 곡목(bentwood) 스타일의 의자 중에서 증기로 휘지 않고 톱으로 절단해서 곡선을 만든 제품은 섬유질을 절단했을 가능성이 있기 때문에 하중을 받으면 쉽게 부러질 위험이 있다. 반면, 증기로 휘어서 만든 의자는 나무 섬유가 곡선 방향으로 유지되므로 하중을 잘 견디고 구조적으로도 더 튼튼하다.

- 곡목 의자에 사용된 강철 나사는 시간이 지나면서 헐거워

지고, 나사 구멍이 점점 커져서 나사를 다시 조이기 힘들 수 있다. 이런 현상을 막으려면 나사의 조임 상태를 주기적으로 점검하는 것이 좋다. 증기로 휘어서 만든 의자의 경우, 좌석 아래에 사용된 나사의 길이와 품질은 의자의 품질을 가늠하는 지표가 된다.

- 금속 브래킷에 나사를 조여 조립한 목제 의자의 경우, 나사를 주기적으로 점검하고 다시 조여줘야 한다. 나사는 핀과 접착제로 접합한 방식과 달리 나무의 자연스러운 수축과 팽창에 유연하게 대응하지 못하기 때문이다.

- 강철 파이프를 용접해서 만든 의자는, 구매자가 조립할 수 있도록 미리 뚫어놓은 구멍 때문에 약해지거나 휘어질 수 있다. 따라서 나사 머리 크기와 파이프의 지름이 비슷한 제품은 피하는 것이 좋다. 또한, 용접 부위를 꼼꼼히 살펴봐야 하며, 과도한 하중을 가하거나 장기간 사용 시 균열이 생길 수 있다는 점도 유의해야 한다.

- 의자의 틈새에는 빵부스러기나 먼지가 끼기 쉽다. 따라서 공공장소에서 사용하는 의자는 좌판과 등받이 사이에 적당한 간격이 있어 먼지나 음식 부스러기를 쉽게 털어낼 수 있도록 설계되어야 한다.

- 천으로 마감된 의자의 프레임에 날카로운 모서리가 있는 경우 시간이 지나면서 천이 닳거나 구멍이 날 수 있다.

- 좌판 표면은 단추, 지퍼, 청바지 뒷면의 리벳 등 의복에 부착된 금속 장식에 의해 긁히거나 손상될 수 있다.

- 반대로, 스타킹이나 섬세한 소재의 옷감은 의자의 날카로운 부분에 의해 찢어지거나 올이 나갈 수 있다.
- 강한 소독제나 세정제 사용은 의자의 표면을 탈색시키거나 얼룩지게 만들 수 있으므로 주의해야 한다.
- 가구를 조립할 때 나사를 지나치게 세게 조이면, 목재가 갈라지거나 금이 갈 수 있다.
- 좌판 아래의 스트레처를, 발을 올려두거나 일어설 때 발을 지지하는 용도로 사용하면 쉽게 갈라지거나 헐거워진다.
- 나사나 기타 금속 부품이 녹이 슬거나 부식되면 변색을 일으킬 수 있다. 이런 현상은 해안가나 염분이 많은 환경에서 사용하는 야외 가구에서 흔히 발생한다.

가구 디자인 역사에서 잊힌 선구자

●●●

디자인의 역사를 되돌아볼 때 우리는 주로 상징적 작품들, 즉 오늘날까지도 여전히 회자되는 고전에만 주목하는 경향이 있고, 그 결과, 그러한 작품들을 탄생시킨 디자이너의 이름만을 기억한다. 에리크 베리룬드(Erik Berglund)는 거의 알려지지 않았지만 현대 디자인에 지대한 영향을 끼친 인물이다. 그는 가구 디자이너로 교육받고 칼 말름스텐(Carl Malmsten)의 제도사로 일한 후 학계로 진출해 평생을 가구 연구에 바쳤다. 그는 가구 디자인의 숨은 선구자다.

●●●

요즘은 디자이너가 불과 5년만 성공적으로 활동해도 국제적 명성을 얻을 수 있는 시대다. 그러나 베리룬드는 무려 50년 동안, 가구의 기능, 내구성, 지속 가능성에 관한 연구와 지식을 전파하는 데 헌신했다. 특히 '앉기 위한 가구'의 치수와 비례에 집중했다. 그럼에도 불구하고 그가 사람들에게 잘 알려지지 않았다는 사실은 안타까운 일이 아닐

수 없다. 현대 가구에 대한 우리의 이해를 그만큼 넓혀준 인물은 많지 않기 때문이다. 그의 저서와 그 안에서 제시한 가구의 기본 원칙들은 오늘날에도 전 세계의 전문 디자이너들이 여전히 참고하고 있다. 20세기 중반 스웨덴 가구의 표준화를 이끈 스웨덴 가구연구소의 설립과 표준화 작업은 당시에는 논쟁의 대상이었고 의심을 사기도 했다. 하지만 지금에 와서 돌아보면 우리가 현재 누리고 있는 스웨덴 가구의 국제적 명성과 평판이 당시의 활발한 토론과 실험 없이 과연 가능했을지 자문하게 된다.

●●●

1945년, 베리룬드는 미술사학자 그레고르 파울손(Gregor Paulsson)의 일러스트레이터로 활동하기 시작했다. 얼마 후 그는 스웨덴 디자인협회의 전신인 스웨덴 공예협회의 연구 감독관으로 일하면서 전국 각지에서 학습 모임을 조직하고 전시회를 개최해 예술과 디자인에 대한 대중의 이해를 높이는 데 힘썼다. 1948년, 베리룬드는 스웨덴 최초로 가

구의 기능성과 실용성을 분석하는 연구를 수행했다. 이 연구의 목적은 스웨덴산 침대의 품질을 개선하고 표준화하는 것이었다.

●●○

1950년부터 1960년 사이, 베리룬드와 트뤼그베 요한손(Tryggve Johansson)은 스웨덴 공예협회 산하에 컬러센터를 설립하고 스웨덴과 유럽의 다른 나라들에서 생활 주기와 자연색 체계에 관한 강좌를 운영했다. 컬러센터는 스웨덴 색채 교육의 토대를 마련했으며 훗날 스칸디나비아 색채연구소(Scandinavian Color Institute)로 이어졌다.

●●○

1953년에는 베리룬드의 참여 아래, 스웨덴 정보라벨링연구소 내에 가구위원회가 설립됐다. 이 위원회의 목표는 가구의 기술적 품질을 정의하고 보고하는 방법을 개발하는 것이었다. 이 과정에서 설립된 가구 시험 연구소는 큰 성공을 거두었으며, 스웨덴 외 지역에서도 인정받았다. 당시 개발된 스웨덴의 품질 평가 방식은 오늘날에도 여전히 여러 국가에서 널리 사용되고 있다.

●●○

1967년에는 스웨덴 가구연구소가 설립됐다. 이 연구소는 부분적으로 국가 재정 지원을 받아 스웨덴 공예협회, 협동조합연맹, 노동조합총연맹, 전문직종사자연맹, 그리고 이케아(IKEA)와 스웨덴 예술공예디자인대학교의 공동 주도로 창립됐다. 연구소의 목표는 새로운 가구 테스트 방법의 개발, 정부 사무실 설계의 표준 확립, 제품 검사 방법론인 '뫼벨팍타(Möbelfakta)'의 개발이었다. 뫼벨팍타는 스웨덴의 가구 표준 인증으로 자리 잡았다.

●●○

베리룬드는 가구연구소의 초대 소장 겸 연구 책임자로 임명됐고 1940년대부터 브리타 오케르만(Brita Åkerman)과 함께 개발해 온 가구 시험 방식을 가구연구소라는 제도적 틀 안에서 더욱 빨리 발전시킬 수 있었다. 그는 가구연구소에서 18년 동안 재직하면서 천 건 이상의 프로젝트를 주도했고, 60편 이상의 공식 보고서를 공동 집필했다. 1984년, 그는 연구에 전념하기 위해 소장직에서 물러났다. 가구연구소는 설립 25주년을 맞아 본거지를 스톡홀름에서 스몰란드

(Småland) 지역의 대형 가구 생산업체
들과 가까운 옌셰핑(Jönköping)으로 이
전함으로써 산업과의 긴밀한 협력을 통
해 연구소에 새로운 활력을 불어넣고자
했다. 그러나 안타깝게도 결과는 기대
와 달랐다.

●●○

가구연구소는 새로운 보금자리에서 오
래 버티지 못하고 3년 후 문을 닫았다.
하지만 그들의 노력은 헛되지 않았다.
이 연구소가 남긴 통찰과 지식은 오늘
날까지도 디자인 분야에서 영향을 미치
고 있으며 스웨덴 가정의 삶의 질을 높
이는 다양한 요소들 속에서 여전히 살
아 숨 쉬고 있다.

다양한 좌판 소재의 장점과 단점

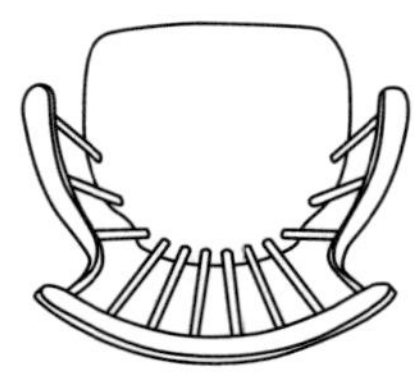

원목 좌판

+ 나무로 만든 좌판은 금속 소재의 좌판과는 달리 체온을 나무 표면으로 빠르게 전달해 따뜻한 느낌을 준다.

+ 원목 좌판은 손쉽게 관리할 수 있으며, 필요에 따라 사포질을 하거나 다시 도장할 수 있다.

– 나무는 온도와 습도 변화에 민감하다. 습기에 노출되면 팽창하고 열이 가해지면 건조해지면서 수축하기 때문에 라디에이터나 벽난로 등 열원 근처에 두는 것은 피해야 한다. 그렇지 않으면 균열이 생길 수 있다.

– 햇빛에 의해 색상이 변할 수 있다. 식탁과 의자가 창가 근처에 놓여 있다면 색이 고르게 바래도록 주기적으로 위치를 바꿔주는 것이 좋다.

– 표면 마감 방식에 따라 쉽게 얼룩이 생길 수 있다. 액체나 음식물이 흘렀을 때 즉시 닦아내야 한다. 이물질을 그대로 두면 표면 아래로 스며들어 얼룩이 생기고 한번 생긴 얼룩은 제거하기 어렵다.

짜임 좌판

+ 짜임 좌판(woven seats)은 주로 황마나 꼬아 만든 종이끈을 엮어서 만든다. 원목 좌판에 비해 훨씬 가벼워서 옮기기가 쉽다.

+ 끈으로 짜인 좌판은 자연스러운 탄성이 있어 몸의 곡선을 따라

부드럽게 받쳐주기 때문에 많은 사람이 더 편안하게 느낀다.

- 균일하게 짜여진 완성도 높은 결과물을 얻으려면 높은 수준의 정밀함이 필요하다. 따라서 원가 절감 방식으로 생산되는 제품을 자세히 들여다보면 마감이 미흡한 경우가 대부분이다. 한스 베그너(Hans J. Wegner)가 1949년에 디자인한 위시본 체어(Wishbone Chair)의 경우, 좌판을 짜는 데 한 시간가량의 집중적인 작업 시간이 필요했기 때문에, 제작사인 덴마크의 칼 한센 앤 선(Carl Hansen&Søn) 공장에서는 작업자들에게 정기적으로 건강을 위한 마사지를 받게 했다고 한다. 저가 제품 제조업체들도 작업자들에게 이와 같은 배려를 하고 있을지 의문이다.
- 시간이 지남에 따라 좌판이 서서히 늘어지면 처음과 같은 편안함을 느낄 수 없다. 이런 경우, 품질이 좋은 제품이라면 다시 엮어서 보수하는 것이 가능하지만, 그렇지 않은 경우에는 프레임 구조가 약해 다시 짜는 일이 쉽지 않다.
- 앉아서 몸을 움직일 때 삐걱대는 소리가 나거나, 심지어 방귀 소리와 유사한 소음이 나서 민망한 상황이 연출될 수 있다.
- 치마나 반바지를 입고 앉으면 피부에 짜임 자국이 남는다.
- 끈적한 음식물이 묻었을 때 닦아내기가 아주 까다롭다.

라탄 좌판

+ 라탄은 천연 소재로 통기성이 뛰어나 앉았을 때 쾌적하다.
+ 무게가 매우 가벼워 한 손으로도 쉽게 의자를 옮길 수 있다.

+ 라탄 좌판은 수선이 비교적 간단하고 비용도 저렴하다. 라탄을 미터 단위로 구매해 직접 교체할 수도 있다.

- 특정 부위에 집중되는 하중에 약하다. 따라서 좌판 위에 올라서는 것은 금물이다.

- 라탄은 천연 소재이므로 시간이 지나면 쉽게 부서진다. 이를 방지하려면 주기적으로 수분을 공급해 줘야 한다.

- 라탄은 직사광선이나 열원 근처에 두면 안 된다.

플라스틱 좌판과 셸체어(등받이와 좌판이 하나의 곡면으로 이어진 의자)

+ 시간이 지나도 형태가 잘 변형되지 않는다.

+ 표면을 물걸레로 쉽게 닦아낼 수 있어 관리가 수월하다.

+ 비슷한 크기의 나무나 금속 의자에 비해 가볍다.

- 좌판의 기울기가 너무 크고 소재가 미끄러워 마치 미끄럼틀을 타는 듯한 불안정한 느낌이 들 수 있다.

- 플라스틱 좌판은 통기성이 없어 더운 날씨나 습도 높은 환경에서는 피부에 닿을 때 불쾌할 수 있다. 피부 노출이 많을수록 의자에 더 끈적하게 달라붙는다.

- 플라스틱은 날카로운 모서리나 옷에 달린 단추, 징 장식 등에 의해 쉽게 긁히거나 손상될 수 있다.

– 좌석의 양쪽 측면이 높게 올라온 셸체어는 넓적다리를 압박해
움직임이 불편할 수 있다.

패딩 좌판

+ 장시간 앉아야 하는 만찬회 같은 자리에서도 편안하게 앉아 있
을 수 있다.

+ 좌판과 등받이가 패딩 처리된 의자는 소음을 흡수해 공간의 음
향을 개선하는 데도 도움이 된다.

– 얼룩이 쉽게 생기며 관리가 어렵다.

– 반드시 직접 앉아보고 판단해야 한다. 겉보기만으로는
패딩 좌석의 착석감을 판단하기 어렵다. 커버 아래
에 무엇이 들어 있는지, 앉았을 때 어떤 느낌인
지는 직접 확인해 봐야 한다. 좌판이 너무
딱딱하거나 고르지 않으면 오래 앉아 있
기 힘들다. 반대로 너무 푹신하면 자세
가 흐트러지거나 일어서기 어려울 수
있다.

금속 좌판

+ 금속으로 만든 의자는 썰매 모양의 러너(runner, 의자의 앞뒤
다리를 연결한 활 모양의 구조물)가 달린 경우가 많아 앉았을
때 약간의 탄성이 느껴지고, 식탁 주변에서 의자를 움직일 때
소음도 덜하다. 특수 죔쇠(clamp, 연결 장치)로 여러 개의 의

자를 고정해 강의실 등에서 일렬로 배치할 수도 있다. 이런 형태의 썰매형 의자는 학교나 식당 등 공공장소에서 자주 볼 수 있다.

+ 쌓아서 보관하기 좋고 일반적으로 목재보다 가볍고 튼튼해 더 높이 쌓을 수 있다.
- 금속 의자는 피부에 닿았을 때 차갑게 느껴진다.
- 손상되거나 마모된 경우, 집에서 수리하기가 어렵다.

메시 및 철망 좌판

+ 좌판에 구멍이 있어 일반 의자보다 가볍다.
+ 통기성이 좋아 더운 기후나 환경에서 쾌적하게 사용할 수 있다.
+ 패딩 의자보다 시각적으로 공간을 적게 차지해 공간이 더 넓어 보인다.
- 집에 메시나 철망 좌석 의자가 없더라도 여름날 야외 카페에서 한 번쯤 앉아본 경험이 있을 것이다. 무심코 털썩 앉았다가는 살이 구멍 사이로 밀려 나와 일어날 때쯤엔 허벅지에 자국이 선명히 남는다. 오래 앉아 있어야 한다면 방석을 준비하는 것이 좋다.

스틸레토 의자

하이힐을 신은 사람이 수 톤에 달하는 코끼리보다 나무 바닥에 더 큰 손상을 입히는 이유는 무엇일까? 스틸레토 힐의 뾰족한 끝은 전체 몸무게를 1평방인치도 안 되는 아주 좁은 면적에 집중시키는 반면, 코끼리의 넓은 발바닥은 하중을 훨씬 넓은 면적으로 분산시키기 때문이다. 따라서 가구 다리가 가늘고 뾰족할수록, 또 다리 수가 적을수록 바닥 손상의 위험은 더 커진다. 가구 다리에 긁힘 방지 패드를 대면 도움이 될 수는 있지만 스틸레토 다리는 접촉면이 작아 쉽게 미끄러질 수 있다. 바닥에 흠집이나 눌린 자국이 생기는 것이 걱정된다면, 특히 바니시 처리된 마룻바닥이나 소나무와 같은 연질목재 바닥에서는 스틸레토 다리로 지지하는 의자는 구매하지 않는 것이 좋다. 야외 테라스에서도 고려할 만한 사항이다. 새로 시공한 원목 데크에 정원용 가구가 보기 싫은 자국을 남기지 않도록 말이다.

적층 의자

적층 의자는 최소 세 개 이상을 겹쳐 쌓을 수 있는 의자를

말한다. 일반적으로 앞쪽에서부터 차곡차곡 쌓아 올리며, 의자를 쌓았을 때 전체적으로 약간 앞으로 기울어진 형태가 된다. 이 밖에도 다양한 형태의 적층 방식이 있는데, 예를 들어 스벤 마르켈리우스(Sven Markelius)의 오케스트라 의자처럼 뒤로 기울여 타워 형태로 쌓는 방식, 옆으로 포개는 방식, 또는 오케 악셀손(Åke Axelsson)의 예스티스(Gästis) 의자처럼 중심축을 따라 나선형으로 쌓는 방식도 있다. 가장 간단한 형태는 좌판을 위로 젖혀 수평으로 밀어 넣는 구조의 접이식 의자다. 어떤 방식이든 적층 시에는 앉을 때와는 다른 식으로 압력과 하중이 가해진다. 따라서 적층할 수 있는 의자를 구매할 때는 의자의 내구성이 원하는 수준에 부합하는지를 반드시 확인하도록 하자.

쌓아놓은 의자를 쉽게 꺼낼 수 있는가, 아니면 다리끼리 엉켜서 꺼내기 어려운가? 의자끼리 맞닿는 부분이 마모가 심한 재질로

되어 있지는 않은지, 나사나 돌출 부위로 인해 위아래 의자가 긁히지는 않는지도 확인해 보자. 일반적으로 다섯 개 정도까지는 무리 없이 쌓을 수 있고, 여덟 개 이상을 쌓는 경우는 드물다. 이보다 많이 쌓으려면 돌리(dolly, 적층식 의자용 운반대) 위에 올려 안정성을 확보해야 한다.

현대 의자 이야기

잘 만든 편안한 의자가 디자이너의 화려한 경력에 출발점이 될 수 있다는 이야기는 이미 앞에서 언급한 바 있다. 반대로 지독히 불편한 의자도 그와 같은 역할을 할 수 있음을 보여주는 사례가 있다. 바로 요나스 볼린(Jonas Bohlin)의 졸업 작품, '콘크리트(Concrete)'다. 1982년, 스웨덴 예술공예디자인대학교의 졸업 전시에서 처음 선보인 콘크리트는 볼린의 디자이너로서의 경력뿐만 아니라 스웨덴 포스트모더니즘의 서막을 여는 신호탄이기도 했다. 콘크리트를 통해 수십 년간 표준화와 내구성 테스트에 몰두했던 스칸디나비아 디자인에 더 자유로운 새로운 시대가 열린 것이다. 스웨덴의 가구회사 셸레모(Källemo)의 대표 스벤 룬드(Sven Lundh)는 이 의자를 처음 보고 이렇게 외쳤다고 한다. "품질은 엉덩이가 아니라 눈과 가슴으로 느끼는 것이다!" 콘크리트는 이후 마치 판화 작품처럼 번호를 매겨 100점 한정판으로 출시됐다.

그렇지만 우리에게는 의자는 의자로서의 제 기능을 할 것이라는 믿음이 있어야 하지 않을까? 예술, 공예, 가구 사이의 경계는 어디까지일까? 굳이 경계를 그을 필요가 있을까? 진정한 독창성이 있는 곳에는 기쁨이 따르기 마련이고, 그 누구도 값싸고 조악한 물건에서는 감동을 얻지 못한다. 바로 이 지점에서 오늘날 우리가 직면한 문제점을 마주하게 된다. 우리가 걱정해야 할 것은 한정판으로 생산되는 독창적 예술품이 아니라, 대량 생산업체들이 아무 부끄러움 없이 만들어 내는 형편없는 품질의 제품들이다.

스웨덴 디자인 역사에서 최근에 눈여겨볼 전환점은 2010년대의 낙관적 분위기 속에서 본격화된 디자인 산업의 변화다. 오늘날엔 식료품이든 의류든 자동차 부품 소매업이든 온라인에서 제품을 판매하는 업체라면 어디든 상관없이 가구를 상품 목록에 포함하고 있다. 하지만 이들 업체 중 가구 디자이너를 고용하고 있는 곳은 거의 없다. 이러한 변화는 결국 가구 산업의 제품 다양성과 품질, 가격 구조 등에 매우 중대한 영향을 미쳤으며, 그 영향은 결코 긍정적이라고 보기 어렵다.

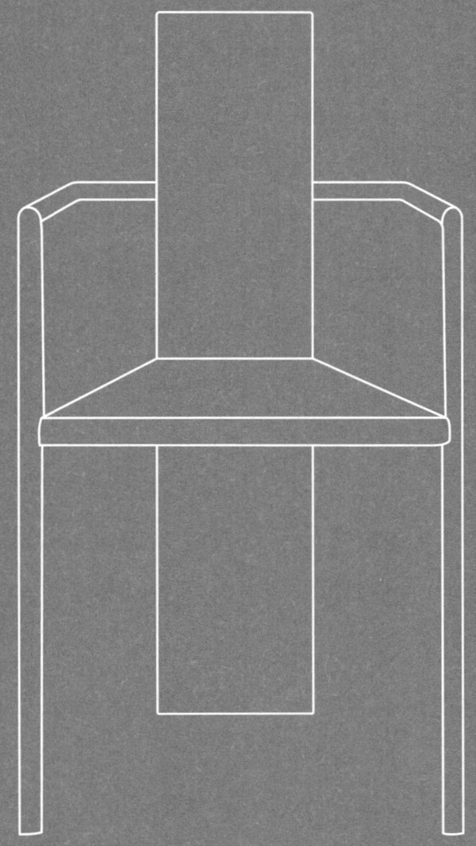

볼린의 콘크리트는 스웨덴 디자인사에서 급진적 전환점을 만들어 냈다. 그전까지 스웨덴 디자인 분야에서는 과학적 원리에 기반한 제품 개발이 지배적이었지만 이 작품을 계기로 가구 디자인을 바라보는 새로운 관점이 열렸다. 가구를 예술적 오브제로 인식하게 된 것이다.

스툴

스툴은 인류가 가장 오래전부터 사용해 온 좌석 가구 중 하나로, 고대 그리스 시대에 이미 사용됐다. 기술적 측면에서 보자면 스툴은 등받이나 팔걸이가 없다는 점에서 의자와 구분된다. 또한 접어서 보관할 수 있는 접이식 스툴도 있다. 스툴을 고를 때는 올바른 치수를 가장 중요하게 고려해야 한다. 사람이 앉든 물건을 올려두든 간에 스툴이 흔들리거나 기울어지지 않아야 한다. 스툴을 구매하기 전에 고려해야 할 몇 가지 사항을 살펴보도록 한다.

좌판 높이

권장 높이는 42~45센티미터로, 일반 의자와 같은 높이다. 바 스툴이나 바 의자의 권장 높이는 80쪽에 따로 정리돼 있다.

좌판 모양

앉았을 때 엉덩이를 편안히 올려두기에 충분할 정도로 좌판이 넓어야 한다. 높은 곳에서 물건을 내릴 때 사다리 의자처럼 사용할 생각이라면 발을 안정적으로 올려놓을 수 있는 크기여야 한다. 요즘에는 이른바 '창의적' 형태의 좌판이 다양하게 나오고 있지만 신체적 특성에 전혀 부합하지 않는 경우가 많다. 좌판의 크기와 모양이 내 엉덩이와 잘 맞는지 반드시 확인해야 한다.

좌판의 곡선 처리

편안한 착석감을 위해서는 의자와 마찬가지로 좌판 가장자리의 모서리, 즉 무릎 뒤쪽이 닿는 부분이 둥글게 처리되어 있어야 한다. 스툴은 등받이가 없으므로 전체 좌판 둘레가 모두 둥글게 처리되거나 어느 쪽이 앞쪽인지 명확하게 구분되도록 설계돼야 한다.

다리

스툴은 보통 세 개나 네 개의 다리로 구성돼 있다. 다리의 개수와 위치, 다리와 좌판의 각도에 따라 안정성이 달라진다. 예컨대 다리가 바깥쪽으로 약간 벌어지게 설계된 스툴은 무게 중심이 낮아져 더 안정적이다. 일반적으로 스툴의 재료가 무거울수록, 특히 다리보다 좌판이 무거운 경우 더 안정적이다. 다리의 설계 방식은 하중 지지력에 직접적인 영향을 주므로 다리를 지지해주는 스트레처가 어떤 식으로 연결돼 있는지 주의 깊게 살펴봐야 한다.

다리 사이를 연결하는 스트레처들은 최대한의 강도를 확보하기 위해 보통 동일한 높이에서 만나지 않도록 설계된다. 하나의 다리에 같은 높이로 여러 개의 구멍을 뚫으면 나무가 과하게 깎여나가 약해지기 때문이다. 이에 대한 해법으로 스트레처의 끝을 비스듬히 깎아 다리 안에서 서로 엇갈리도록 연결하는 방식이 있

스트레처가 서로 다른 높이에서 만나는 방식 (일반적 방식)

스트레처가 같은 높이에서 만나는 방식(매우 드문 방식)

H자 스트레처는 높이 차이를 고려할 필요가 없다.

는데, 이를 위해서는 수준 높은 솜씨와 더불어 품질이 뛰어난 목재, 매우 강력한 접착제가 필요하다. 요나스 린드발(Jonas Lindvall)이 스웨덴 가구회사 스톨랍(Stolab)을 위해 디자인한 바 스툴 '미스 버튼(Miss Button)'이 대표적인 예다. 또 다른 해결책으로는 H자 스트레처로 연결하는 방식이 있다.

적층 가능성

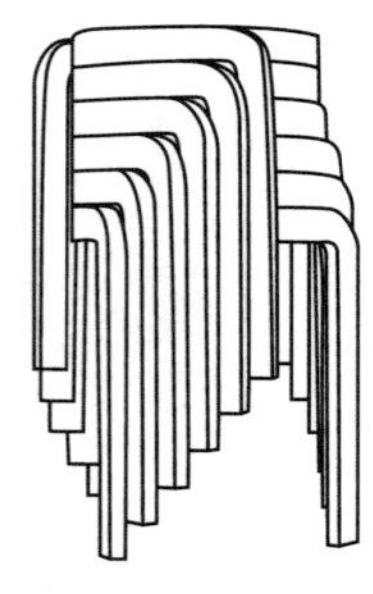

대부분의 스툴은 쌓을 수 있기 때문에 보관이 용이하다. 하지만 쌓는 기능에만 집중해서 다리의 위치나 구조가 정해진 의자는 앉았을 때 편안하지 않다. 스태판 홀름(Staffan Holm)의 세 다리 스툴 '스핀(spin)'은 쌓았을 때 나선형을 이룬다. 또한 그 자체로 장식적이기 때문에 굳이 벽장 안에 보관할 필요가 없다. 스

툴을 고르기 전에는 앉았을 때의 편안함과 적층 가능성, 이 두 가
지를 모두 확인하자.

사다리형 스툴(stepladder stools)

　　스웨덴 가정에서 흔히 볼 수 있는 사다리 구조의 스툴이
다. 윗부분에는 손잡이 구멍이 나 있어 쉽게 들고 옮길 수 있다.
필요할 때는 추가 좌석으로 사용할 수 있을 뿐 아니라, 손이 닿지
않는 높은 선반이나 찬장에 물건을 올리거나 내릴 때 쓰는 발판
으로도 활용할 수 있다. 발을 안정적으로 올려놓을 수 있을 정도
로 디딤판이 깊은지, 단과 단 사이의 간격이 충분한지도 확인하
자. 이 간격이 너무 좁으면 사다리로 활용할 때 정강이가 디딤판
에 닿게 된다. 또한 손잡이 구멍에 손이 충분히 들어가서 스툴을
안정적으로 쥘 수 있는지도 확인해야 한다.

스툴 구매 시 유용한 팁
- 직접 앉아보자. 그냥 가만히 앉아 있기만 하지 말고 적극적
  으로 몸을 움직여 보자. 식사할 때처럼 테이블 쪽으로 몸을
  숙여보기도 하고, 현관에 놓을 생각이라면 신발 끈을 묶는
  자세로 몸을 굽혀보는 등 다양한 동작을 취해보자.
- 스툴의 무게 중심이 낮을수록 안정적이다.
- 좌판을 돌려 높이를 조절하는 스툴은 높은 위치에서는 불
  안정하게 느껴질 수 있다. 전시장에서 설정된 높이뿐만 아

니라 가능한 모든 높이로 조정해서 직접 앉아 상태를 점검
하자.

- 스툴을 좌우로 흔들어 보고 견고한지, 바닥 위에서 얼마나
  안정적인지 확인하자. 세 다리 스툴은 바닥이 고르든 울퉁
  불퉁하든 항상 안정적이다. 수학자들의 말처럼, 세 점이 하
  나의 평면을 정의하기 때문이다.

- 사다리형 스툴처럼 높이가 있는 스툴을 사용할 때는 주의
  해야 한다. 디딤판의 한쪽 끝에 올라서면 균형을 잃고 스툴
  전체가 넘어질 수 있다.

- 사다리형 스툴을 고를 때는 디딤판의 너비와 기울기를 확
  인해야 한다. 미끄러지거나 걸려 넘어질 위험을 피하려면
  표면이 미끄럽지 않은지도 반드시 확인해야 한다.

- 스툴은 등받이가 없어 주로 좌판을 잡고 옮겨야 한다. 스툴
  을 직접 들어 옮겨보자. 한 손으로도 쉽게 잡을 수 있는가?
  끌지 않고 옮기기 위해서는 두 손을 써야 하는가?

숨겨진 명작

사다리형 스툴은 스웨덴 디자인의 숨겨진 고전이다. 오늘날까지 약 70만 개가 판매된 것으로 추정된다. 이 스툴은 한때 부엌에서 하루 8시간을 보내던 주부들이 의자로, 손이 닿지 않는 선반이나 찬장에서 물건을 꺼낼 때 사용하는 발판으로 활용했다. 스웨덴 모탈라(Motala)의 린드크비스트 브라더스 AB(Lindqvist Brothers AB)가 처음으로 이 스툴을 생산한 것으로 알려져 있지만 특허 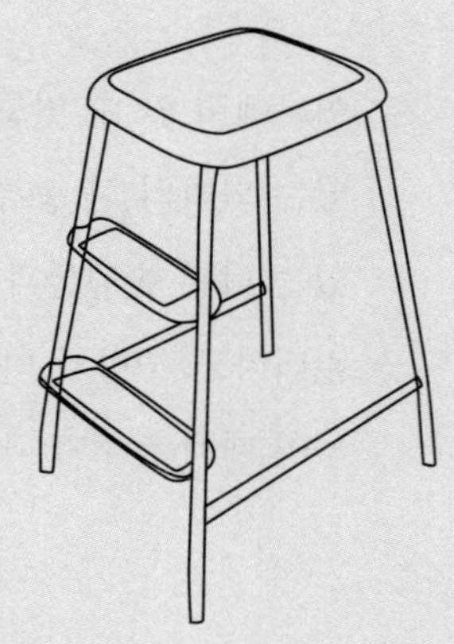 를 출원하지는 않았다. 그 결과, 또 다른 스웨덴 회사인 AWAB(Anderstorps Werkstad AB)에서 매우 유사한 디자인의 스툴을 생산했고, 같은 시기에 거의 똑같은 스툴이 서로 다른 상표로 유통되었다.

바 스툴

이름에서 알 수 있듯이 바 스툴은 술집이나 식당에서 흔히 볼 수 있는 의자의 한 종류다. 손님들은 바 스툴에 앉으면 직원이나 서 있는 다른 손님들과 눈높이를 비슷하게 맞출 수 있다. 집에 바가 없더라도 주방의 아일랜드나 다른 작업 공간 주변에 바 스툴을 두어 때때로 추가 좌석으로 활용할 수도 있다.

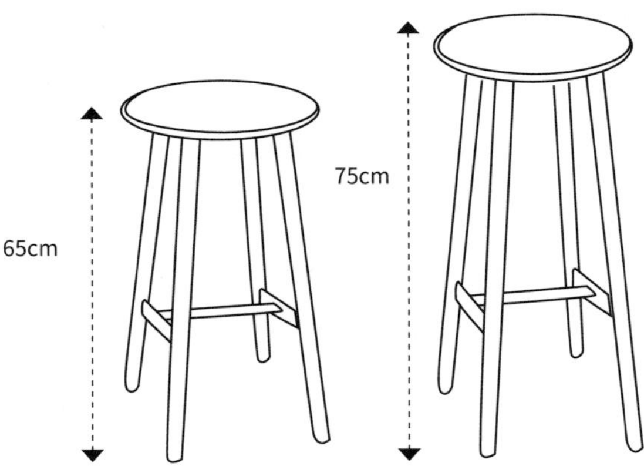

좌석 높이

바 의자와 바 스툴은 일반적으로 65센티미터 또는 75센티미터, 이 두 가지 표준 높이로 제작된다. 바 스툴을 고를 때 가장 흔히 저지르는 실수는 높이를 잘못 선택하는 것이다. 스툴의 높이가 너무 낮으면 상판 밑으로 몸이 가라앉아 팔을 들어올려야 하고, 반대로 너무 높으면 허벅지가 들어갈 공간마저 없는 경우가 생긴다. 어떤 높이를 선택할지는 스툴을 사용할 테이블이나 바 카운터의 높이에 따라 달라진다. 좌석 높이가 65센티미터인 스툴은 일반 가정용 식탁, 벤치, 주방 아일랜드에 가장 잘 어울린다. 좌석 높이가 75센티미터인 스툴은 더 높은 바 카운터나, 상판보다 높게 돌출돼 있어 인테리어 디자이너들이 '날개(wing)'라고 부르는 카운터에 적합하다. 필요에 따라 좌석의 높낮이를 조절할 수 있는 모델도 있다.

등받이

바 의자와 바 스툴의 차이는 등받이의 유무다. 바 의자는 등받이가 있고 바 스툴은 등받이 없이 다리만 좀 더 긴 스툴이다. 바 의자의 등받이는 좌판에서 수직으로 연장된 짧은 등받이부터 일반적인 견고한 등받이까지 그 형태가 매우 다양하다. 허리를 지지해 주는 기능이 중요하다면 마음에 드는 바 의자의 등받이가 실제로 허리를 잘 받쳐주는지를 살펴보는 것이 좋다. 어떤 경우엔 등받이가 장식적 요소에 불과해 앉은 자세에 거의 영향을 주지 않기 때문이다. 등받이의 실제 목적과 상관없이 오히려 등받이의 디자인 요소 때문에 좌석이 불편하게 느껴질 수도 있으므로 의자를 고를 때는 다양한 자세로 앉아보며 시험해 봐야 한다. 등을 곧게 펴고 앉아보고, 바 쪽으로 몸을 기울여도 보고, 등을 기대거나 구부정하게 앉아보기도 하고, 식사하거나 신문을 읽을 때처럼 팔을 크게 움직이기도 하면서 불편함이 없는지 확인하자.

상판과의 접점

바 의자를 고를 때는 좌석의 편안함과 등받이의 지지력뿐만 아니라 실제로 사용하게 될 조리대와 그 모서리의 형태까지 함께 고려해야 한다. 조리대의 모서리가 날카로운데, 그 아래로 바 의자를 밀어 넣어 사용할 계획이라면 등받이는 마모와 마찰에 강해야 한다. 예를 들어 플라스틱 재질의 등받이는 날카로운 모서리와 반복적으로 강하게 접촉하다 보면 결국 긁히거나 파이기 시작할 것이다. 이런 경우에는 조리대 아래로 완전히 들어가는 등받이 없는 스툴을 선택하거나, 부드러우면서도 내구성 있는 섬유 소재로 마감된 바 의자를 고르는 것도 좋은 대안이다.

다리와 스트레처

바 스툴이나 바 의자를 구매할 때는 발을 디딜 수 있는 스트레처가 있는지 꼭 확인해야 한다. 스트레처는 스툴에 올라탈 때 디딤대 역할을 한다. 일반적으로 바 스툴은 너무 높아서 대부분 사람의 발이 바닥에 닿지 않기 때문에 앉은 상태에서 자세를 바꾸거나 내려올 때 발을 디딜 수 있는 스트레처가 꼭 필요하다다. 특히 사용자가 신발을 신은 채 사용하는 환경이라면 스트레처는 상당한 하중과 마찰을 견뎌야 한다. 성인의 다리 근육이 가하는 모든 힘을 견디고도 부러지지 않으려면 강도 높고 내구성 있는 재료로 만들어져야 한다. 또한 스트레처는 다리와의 연결 부위에 견고하게 고정돼 있어야 한다. 나무로 만든 스트레처일 경우, 모양과 접합 방식을 보면 내구성을 가늠할 수 있다. 금속 스트레처일 경우, 용접 상태를 보면 장기간 사용 시 발생할 수 있는 마모나 손상의 위험을 어느 정도 예측할 수 있다.

다리 공간

식탁에 몇 명이 앉을 수 있는지를 계산할 때는, 한 사람이 차지해야 하는 공간, 즉 팔꿈치에서 팔꿈치 사이의 거리인 60센티미터를 확보하는 것이 중요하다. 바 의자나 바 스툴도 마찬가지다. 조리대나 바 주변에 몇 명이 앉을 수 있는가를 계산할 때는 한 사람당 60센티미터를 기준으로 삼으면 된다. 물론 바에서는 오랜 시간 식사를 하며 앉아 있는 일이 드물기 때문에 이보다 조금 좁게 설정하는 경우도 있다. 하지만 바 스툴에 필요한 공간을 계산할 때 간과해서는 안 되는 중요한 점이 하나 있는데, 대부분의 바 스툴이 무게 중심을 낮추고 안정성을 높이기 위해 다리가 바깥쪽으로 벌어지도록 디자인된다는 점이다. 따라서 좌석 면적보다 바닥에 닿는 다리 사이의 너비가 더 넓다. 이 점을 고려하지 않고 스툴을 너무 가깝게 배치하면 사용자가 앉기 위해 스툴을 옆으로 옮길 때 스툴끼리 서로 부딪치고 얽힌다. 따라서 바 스툴을 배치할 때는 좌석 크기나 팔꿈치 사이의 거리뿐만 아니라, 실제로 차지하는 바닥 면적까지 고려해야 불편함 없이 스툴에 오르내릴 수 있다.

다양한 좌판과 소재

바 스툴의 좌판 스타일과 소재 선택은 단순한 미적 취향의 문제가 아니다. 앉았을 때의 편안함과 마모나 손상에 대한 내구성까지도 신중하게 고려해야 한다.

목재
나무로 만든 좌판은 앉는 사람의 체온을 흡수해 되돌려주기 때문에 금속이나 플라스틱처럼 차가운 소재보다 더 따뜻하고 쾌적하게 느껴진다.

금속
금속 소재를 사용한 바 스툴은 몸에 닿을 때 다른 소재보다 더 차갑게 느껴진다.

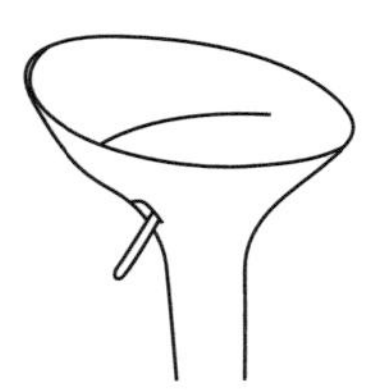

플라스틱
청소와 관리가 간편하고 물기나 음식물 얼룩에 강하며 온실처럼 온도 변화가 큰 환경에서도 잘 견딘다. 그러나 플라스틱은 쉽게 긁힐 수 있다. 셸체어형 좌석은 특정한 소재의 옷과 만났을 때 특히 더 미끄러울 수 있다. 플라스틱은 통기성이 없으므로 더운 날씨에 맨살에 닿으면 땀이 차고 끈적하게 느껴질 수 있다는 점도 염두에 둬야 한다.

직물

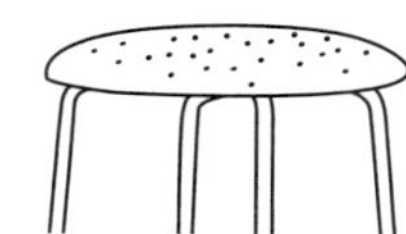

직물 소재 좌판은 부드럽고 아늑한 느낌을 준다. 하지만 소재에 따라 얼룩이 쉽게 생기며 반바지나 치마를 자주 입는다면 맨살에 끈적하게 달라붙어 불쾌감을 줄 수 있다.

가죽

가죽으로 마감된 좌판은 고급스러운 느낌을 주며 시간이 지날수록 멋스러운 파티나(patina, 자연스러운 표면 변화)가 생긴다. 하지만 청바지의 단추나 지퍼처럼 날카로운 물체에 긁히기 쉬우므로 주의가 필요하다. 인조 가죽은 가죽보다 저렴하면서도 다소 거칠게 다뤄도 비교적 잘 견딘다.

직조 좌판

리넨이나 면 소재의 띠를 엮어 만든다. 부드럽고 통기성이 좋지만 시간이 지나면 늘어지기 쉬워 사용 후 몇 년이 지나면 다시 팽팽하게 조여야 할 수도 있다.

끈/라탄

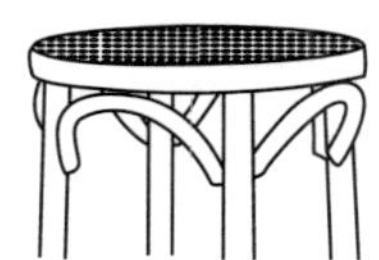

일반적으로 원목이나 가죽보다 가격 대비 효율이 좋은 편이다. 하

지만 끈을 꼼꼼하게 엮는 작업은 시간이 오래 걸리기 때문에 저가 제품일수록 더욱 꼼꼼히 품질을 확인해야 한다. 끈으로 짜인 좌판은 엉덩이에 자국을 남기고, 엉덩잇살이 적은 사람에게는 불편하게 느껴질 수 있다. 고급형과 저가형은 마감 상태와 팽팽한 정도에서 품질 차이가 뚜렷이 드러난다. 또한 휴대전화처럼 딱딱한 물건을 뒷주머니에 넣은 채 앉는 등의 국소적 압력이 가해지면 쉽게 손상될 수 있다. 좌석 위에 올라서는 것은 당연히 안 된다.

바 의자 구매 시 참고할 사항

- 바 의자나 바 스툴의 좌석 높이는 카운터 높이와 맞아야 한다. 일반 의자와 테이블에서처럼 좌판과 카운터 또는 테이블 상판 사이에 27~30센티미터의 간격을 두는 것을 권장한다. 이보다 짧거나 더 길면 목이나 어깨에 부담이 갈 수 있다.

- 바 의자의 높이 조절이 가능하다면 매끄럽게 작동되는지 확인하자. 저가 제품은 시간이 지나면 뻑뻑해져서 좌석을 올리거나 내릴 때, 마치 로켓에 탄 것처럼 불안정하게 튀어오른다.

- 높이 조절이 가능한 좌석은 회전 기능이 함께 있는 경우가 많다. 이럴 때 원하는 위치로 의자를 고정할 수 있는지 확인해야 한다. 그렇지 않으면 회전을 멈추려고 계속 힘을 줘야 하므로 무척 불편하다.

- 너무 미끄러운 재질의 좌판은 피하는 것이 좋다. 몸이 계속

미끄러지면 그때마다 다시 자세를 잡아야 하므로 상당히 피곤하다.

- 바 스툴은 등받이가 없기 때문에 사용하지 않을 때는 카운터 아래로 밀어 넣을 수 있다. 그 덕분에 바닥 공간을 충분히 확보할 수 있어 특히 좁은 공간에서 유용하다.
- 앞뒤 깊이가 너무 긴 좌판은 카운터에서 멀리 떨어져 앉거나 반대로 등받이와 멀리 떨어지게 만들어 자세가 불편할 수 있다. 앞쪽으로 몸을 기울여야 할 경우, 스툴의 구조에 따라 안정성에 영향을 미쳐 넘어질 것 같은 느낌을 줄 수 있다.
- 러너가 달린 썰매형 바 스툴은 바닥에서 끌 때 소음이 적고 자세를 바꿀 때도 안정적으로 느껴질 수 있다. 다만 너무 둥근 썰매형 베이스는 안전 블록이 장착돼 있지 않은 경우 뒤로 넘어질 위험이 있으니 주의하자.
- 항상 직접 앉아보고 안정성을 확인해야 한다. 앉는 자세를 바꿀 때 기울거나 삐걱거리는가?
- 키가 작은 사람은 바 스툴에서 내려올 때 종종 살짝 뛰거나 미끄러져 내려와야 한다. 이런 동작에도 스툴이 얼마나 잘 견디는지, 좌판의 앞쪽 가장자리는 마모에 얼마나 강한지를 살펴봐야 한다. 이러한 움직임으로 인해 손상되기 쉬운 부위가 없는지도 확인하자.

"앉기 위한 가구는, 앉는 것 자체가
예술 행위가 될 필요가 없도록
예술적으로 만들어져야 한다."

— 브루노 마트손(Bruno Mathsson, 가구 디자이너)

벤치

벤치는 다양한 공간에서 쓰인다. 주방의 식탁 옆에 두면 여러 사람이 좀 더 자유롭게 앉을 수 있고, 현관에서는 신발을 신고 벗을 때 앉는 용도로 사용된다. 또한 욕조 옆에 두고 걸터앉으면 아이가 목욕하는 동안 함께 놀아주기에 편하고, 이런저런 욕실용품을 올려두는 용도로도 쓸모 있다. 햇볕이 잘 드는 베란다나, 정원의 한구석을 편안한 휴식 공간으로 만들어 주는 것도 벤치다.

용도가 무엇이든, 벤치는 넘어지지 않고 안정적이어야 하며, 앉았을 때 좌판의 가운데 부분이 처지지 않아야 한다. 벤치의 좌판은 엉덩이를 편하게 지지할 수 있을 정도로 넓어야 하는데, 그렇지 않으면 마치 철도 레일 위에 앉은 것처럼 불편할 수 있다. 또한 상체에 힘을 주지 않고도 자연스럽게 일어설 수 있도록 벤치 아래에는 다리가 들어갈 수 있을 만큼의 충분한 공간이 있어야 한다. 다만 벤치를 가끔 사용한다면, 벤치 아래에 선반이 달린 수납형 벤치를 선택하는 것도 가능하겠다.

다음은 벤치를 구매할 때 참고해야 하는 몇 가지 기준과 표준 치수다. 특히 온라인으로 구매하거나 지금의 규격과 맞지 않는 빈티지 제품을 구매할 때, 다음과 같은 기준과 치수를 참고하면 잘못된 선택으로 인해 반품해야 하는 번거로운 상황을 피할 수 있다.

- 벤치 좌석의 높이는 일반 식탁용 의자와 비슷한 41~45센티미터 정도가 적당하다. 식탁 옆에 두고 쓰는 용도가 아닐 때에는, 이 범위 내에서 낮은 높이의 벤치를 선택해도 좋다.
- 식탁과 함께 사용할 때 목을 긴장시키거나 어깨를 들지 않고 편안하게 앉으려면 좌석과 식탁 상판 사이에 27~30센티미터 높이의 공간이 있어야 한다.

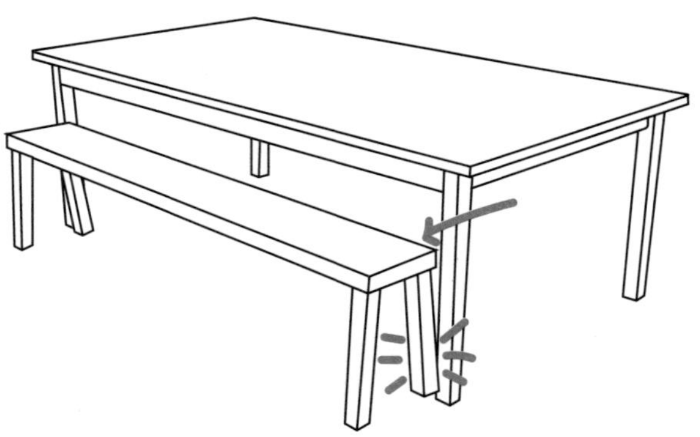

벤치의 길이는 식탁의 길이와 식탁 다리의 위치를 고려해 정해야 한다. 이 길이가 맞지 않으면 벤치를 식탁 가까이로 당겼을 때 벤치의 좌판이 식탁의 다리나 스트레처에 걸리고 어쩔 수 없이 몸은 식탁으로부터 멀어진다.

- 좌석 면의 앞뒤 너비가 40센티미터 정도는 돼야 편안하다. 이보다 좁으면 좌석의 모서리가 넓적다리를 눌러 불편할 수 있고, 너무 넓으면 상체가 부자연스러운 각도로 기울어진다.
- 벤치에 앉을 수 있는 사람 수는 성인 1인당 약 60센티미터의 폭(팔꿈치 사이의 거리)을 기준으로 계산한다.
- 벤치의 앞쪽 가장자리가 테이블 밑으로 약간 들어가는 것이 이상적이다. 그렇지 않으면 사용자가 몸을 앞으로 숙여야 하고 장시간 앉아 있을 때 허리에 통증이 생길 수 있다.

벤치를 사기 전에 알아야 할 것들

··· 벤치는 등받이가 없어 곧은 자세로 오래 앉아 있기 어렵기 때문에 식탁용으로는 사실 그다지 적합하지 않다.

··· 여러 사람과 함께 벤치에 앉을 때, 특히 좁은 치마를 입은 여성의 경우 벤치를 넘어가기가 불편하다.

··· 다리가 바깥쪽으로 약간 벌어진 형태의 벤치는 비슷한 형태의 테이블이나 스툴과 마찬가지로 더 안정적이고 쉽게 넘어지지 않는다.

사무용 의자

홈오피스에서 의자는 인체공학적 작업 환경을 만드는 데 결정적인 역할을 한다. 물론 어떤 일을 하느냐에 따라 다르지만 장시간 앉아서 일하기에 적합한 의자만 찾을 수 있다면 책상은 단순한 것을 선택해도 괜찮다.

좋은 사무용 의자 또는 책상 의자는 허리를 제대로 지지해 줄 수 있어야 한다. 또 책상의 높이에 맞춰 조절할 수 있거나 애초에 알맞은 높이로 설계된 것이어야 한다. 하루 종일 책상 앞에 앉아 일하다 보면 자세를 바꾸고 싶어지기 마련이다. 다양한 자세 변화에 유연하게 대응할 수 있는 의자를 선택해야 통증이나 피로를 줄일 수 있다.

다음은 다양한 사무용 의자 가운데 어떤 것을 고를지 결정할 때 고려해야 할 몇 가지 중요한 사항들이다.

조절이 가능한 등받이

의자를 고를 때는 척추의 자연스러운 S자 곡선을 따라 허리를 제대로 받쳐줄 수 있는지를 꼭 확인해야 한다. 그렇지 않으면 영화 〈반지의 제왕〉 속 '골룸'처럼 구부정한 자세가 될 수 있다. 책상 앞에서 일할 때 허리에 무리가 가지 않게 하려면 의자가 허리 안쪽 곡선에 밀착돼야 한다. 또한 가끔 자세를 바꿔줄 수 있도록 등받이의 높이와 각도를 조절할 수 있어야 한다. 높이 조절

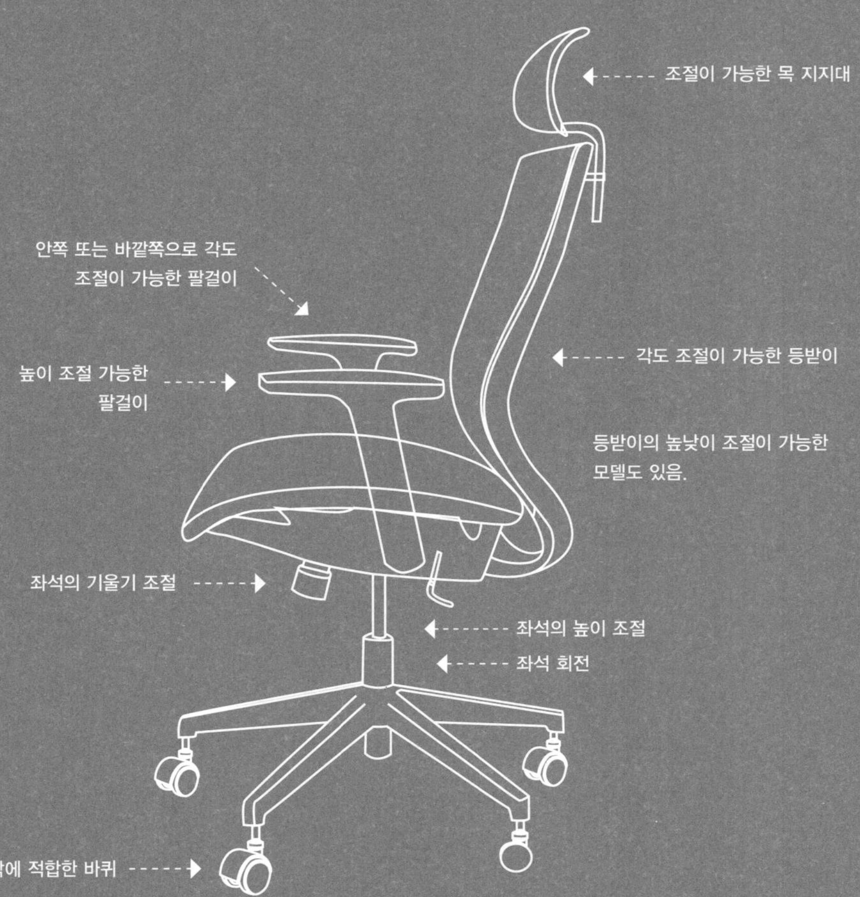

조절이 가능한 목 지지대
안쪽 또는 바깥쪽으로 각도 조절이 가능한 팔걸이
각도 조절이 가능한 등받이
높이 조절 가능한 팔걸이
등받이의 높낮이 조절이 가능한 모델도 있음.
좌석의 기울기 조절
좌석의 높이 조절
좌석 회전
바닥에 적합한 바퀴

이 가능한 모델을 선택하면 좌석의 높이도 본인의 체형에 맞게 조정할 수 있어 더욱 유용하다.

좌석의 기울기 조절이 가능한가?

의자의 좌석이 자기 몸에 잘 맞는지 반드시 확인해야 한다. 앞뒤 길이와 좌우 너비 모두 너무 크지도 작지도 않아야 한다. 좌판이 너무 크면 넓적다리는 잘 받쳐주겠지만 시간이 지나면서 오히려 불편할 수 있다. 좌석의 앞부분과 무릎 뒤 사이에는 7~8센티미터 정도의 공간이 있어야 한다. 혈관과 신경이 피부 가까이에 분포한 부위여서 장시간 압박을 받으면 혈액 순환에 지장이 생기고 결국 종아리와 발이 붓기도 한다. 반대로 좌석 면이 너무 짧아 넓적다리의 절반 정도만 받쳐준다면 좌석의 앞단이 넓적다리 근육을 눌러 불편할 수 있다.

가능하다면 좌석의 기울기를 조절할 수 있는 의자를 선택하는 것이 좋다. 책상에서 작업할 때 좌석의 앞쪽이 뒤쪽보다 2~3센티미터 정도 낮으면 이상적인 자세를 유지할 수 있다. 일반 의자에 앉았을 때와는 반대되는 형태지만 허리와 목이 인체공학적으로 안정된 위치에서 유지될 수 있도록 도와준다. 또한 좌석이 미끄럽거나 셸체어처럼 몸을 감싸는 곡면 형태의 의자는 피하는 것이 좋다.

좌석의 높이 조절이 가능한가?

인체공학자들은 좌석의 최적 높이에 대해 일반화된 기준을 제시하지 않는다. 신체의 전체적인 자세를 함께 고려해야 하기 때문이다. 의자에 앉았을 때는 발바닥이 바닥에 평평하게 닿아야 하고, 상체는 손목을 굽히지 않고 키보드에 닿을 수 있는 높이를 유지해야 하며, 정면에서 올바른 눈높이로 모니터를 볼 수 있어야 한다. 일반적으로 바닥에서 좌석 면까지의 높이는 41~45센티미터 사이가 적당하다. 높이 조절이 가능한 책상 의자를 선택하면 현재 사용하는 책상이 아닌 다른 높이의 책상에서도 사용할 수 있고 사용자가 바뀌어도 불편함 없이 사용할 수 있기 때문에 활용도가 높다.

팔걸이 조절이 가능한가?

공간이 충분한 경우, 팔걸이가 있는 책상 의자를 선택하면 좋다. 팔걸이의 높이와 좌우 움직임을 조절할 수 있다면, 팔뿐 아니라 목과 어깨 근육까지 안정적으로 지지해 준다.

팔걸이가 있는 의자를 구매할 때는, 책상 아래로 밀어 넣을 때 의자의 팔걸이가 책상 서랍이나 에이프런에 부딪히지는 않는지도 반드시 확인해야 한다.

회전의자인가?

공간이 여유롭다면 바퀴가 달리고 회전이 가능한 의자를 선택하는 것이 좋다. 이런 의자는 뒤쪽 선반에 있는 물건을 잡거나 책상 주변으로 잠깐씩 이동해야 할 때 훨씬 편리하다. 이때 바닥을 보호하는 것이 중요하다. 바닥에 러그를 깔면 의자의 바퀴가 러그의 가장자리에 걸릴 수 있기 때문에, 바닥 전체를 덮도록 카펫을 깔아야 할 수도 있다. 단단한 바닥인지, 카펫이 깔린 바닥인지에 따라 적합한 바퀴가 다르므로 사용 환경에 맞게 바퀴를 교체할 수 있는지도 확인하면 좋다.

좌석 소재

앞서 언급한 여러 요소를 점검했다면 이제 좌석의 소재에 대해 생각해 볼 차례다. 같은 의자라도 커버의 소재에 따라 외관뿐 아니라 사용감도 크게 달라질 수 있다.
가죽은 내구성이 뛰어나고 멋진 파티나를 만들어 내지만 일반적으로 가격이 좀 더 비싸고 통기성이 떨어져 오래 앉으면 땀이 찰 수 있다. 또한 움직일 때 찍찍거리는 소리가 나기도 한다.

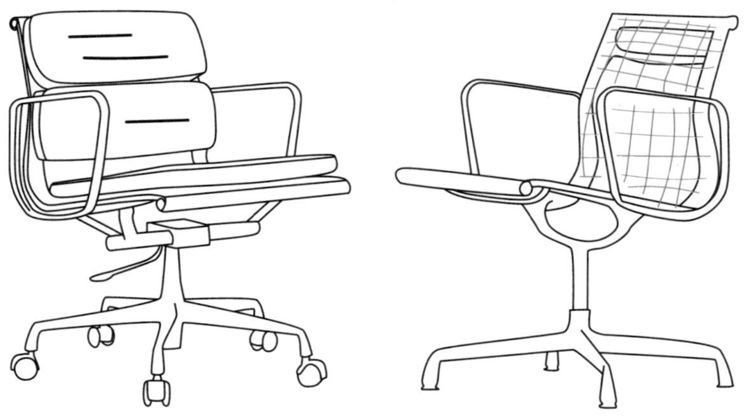

좌석이 패딩 처리된 책상 의자는 앉았을 때 부드럽고 편안하고, 메시 의자는 통기성이 좋아 시원하다.

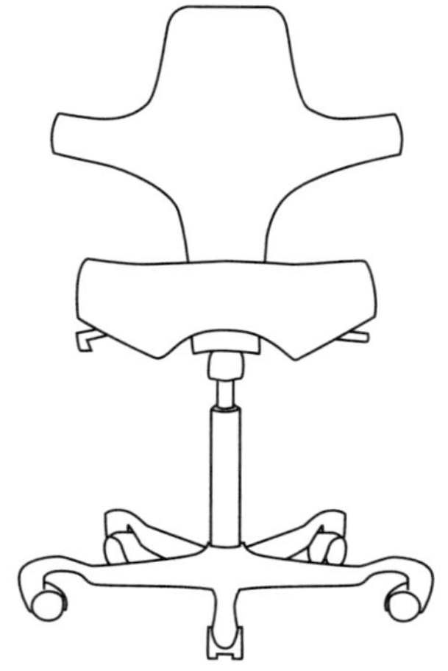

안장형 의자(saddle chair)는 이름 그대로 말을 탈 때처럼 양다리를 벌리고 앉는 의자다. 이런 의자는 바른 자세를 유도해 허리가 구부정해지는 걸 막아준다. 안장형 의자의 형태는 다리의 혈액 순환에 좋은 것으로 알려져 있다. 일반 사무용 의자보다 몸을 더 자유롭게 움직이게 해준다.

대부분의 천은 가죽보다 부드럽고 가격도 저렴한 편이다. 단, 잘못 선택하면 보풀이 일거나 찢어질 수 있으니 단순히 색상만 선택할 것이 아니라 직접 만져보고 품질을 확인할 수 있도록 샘플을 받아보는 것이 좋다. 특히 하루 8시간 이상 앉아 일하는 사무용 의자는 집에서 사용하는 의자보다 더 빨리 마모될 수 있으므로 내구성이 강한 소재를 선택해야 한다. 마모와 보풀 현상은 의자의 특정 부위에 집중되는 경우가 많으므로 장기간 사용을 염두에 둔다면 마틴데일 테스트(Martindale test, 마모 및 보풀 저항성 평가)와 색상 견뢰도(colorfastness, 색이 변하거나 이염되지 않는 정도)에 약간의 추가 비용을 투자할 가치가 있다(소파 커버에 대한 자세한 내용은 '소파'편을 참조하라).

그물망 또는 메시 소재는 구멍이 뚫려 있어 통기성이 좋고 시각적으로도 더 깔끔해 보이지만, 청소하기가 까다롭고 찢어지면 수리하기가 어렵다.

색상

마지막으로 많은 사람이 가장 먼저 고려하는 요소인 커버의 색상이나 색조에 대해 살펴보자. 먼저 스키복의 색상을 고려할 때와 마찬가지로 검은색과 흰색은 피하는 것이 좋다. 세탁이 어려운 책상 의자라면 더욱 그렇다. 흰색 커버는 신문이나 인쇄물을 만져서 더러워진 손이 닿기만 해도 금세 얼룩이 생긴다. 검은색 커버는 색이 바래는 것도 문제지만, 먼지나 머리카락, 보풀,

비듬 같은 것이 흰색 못지않게 눈에 잘 띈다는 단점이 있다. 일반 적으로는 회색이나 기타 중간 색조가 더 낫다. 의자를 공간에 자 연스럽게 배치할 것인지, 아니면 강한 인상을 주는 포인트로 만 들 것인지에 따라 전략은 달라진다. 후자의 경우, 대비 효과나 카 멜레온 효과를 활용하면 공간의 포컬 포인트(focal point, 시선이 머무는 중심)로 선택한 의자에 시선을 모을 수 있다.

더 나은 인체공학을 위한 팁

- 일반 의자에서 작업할 경우, 허리 지지대 역할을 하는 쿠션을 등받이에 부착하는 것도 고려해 볼 만하다. 이는 사무용 의자가 제공하는 허리 지지대와 같은 기능을 한다.
- 화면의 위치가 너무 낮은 노트북으로 장시간 작업하면 상체와 목이 아래로 처지기 쉽다. 눈높이를 올려 자세를 개선할 수 있도록 노트북 스탠드를 마련하는 것이 좋다.
- 뒷부분이 앞부분보다 두꺼운 쐐기형 방석도 있는데, 이런 방석은 앉았을 때 몸이 약간 앞으로 기울어진 자세가 되도록 도와준다.

소파

소파를 산다는 것은 단순한 소비라기보다는 집이라는 공간에 대한 '투자'에 가깝다. 침대 다음으로 집 안에서 부피를 많이 차지하고, 구매가가 비쌀 수밖에 없는 가구이기 때문이다. 또 우리가 깨어 있는 동안 가장 오래 머무는 가구가 소파라는 말이 있을 만큼, 사용량도 많고 마모도 심하기 때문에 충동적으로 구매하기보다 꼼꼼한 사전 조사와 신중한 선택이 필요하다. 하지만 소파처럼 가죽이나 천으로 속을 감싸서 만드는 가구는 품질이 좋고 나쁨을 구별하기가 까다롭다. 그렇기 때문에 이제부터 소파와 관련한 다양한 선택지 사이에서 겉으로 드러나는 차이뿐 아니라 눈에 보이지 않는 품질의 차이까지 함께 짚어보고자 한다.

소파 구매를 위한 7가지 체크리스트

세부적으로 살펴보기에 앞서 새 소파를 고를 때 염두에 둬야 할 핵심 요소 7가지를 간단히 살펴보자.

- 크기: 소파를 둘 공간은 얼마나 크며, 몇 명이 앉을 것인가?
- 앉는 습관: 평소 소파를 사용할 때 어떤 자세로 앉고, 어떻게 활용하는가?
- 프레임의 강도: 품질과 내구성은 어떤 수준인가? 가격대는 어느 정도이고, 얼마나 오래 사용할 수 있는가?
- 충전재: 충전재는 무엇이며 얼마나 푹신하고 편안한가?
- 관리: 커버는 탈부착할 수 있는가? 유지 관리에 드는 시간

은 얼마나 되는가? 손이 많이 가는가?

- 스타일: 디자인, 재단 방식, 형태는 어떠한가?
- 색상: 색조와 명암, 그리고 공간과의 조화는 어떠한가?

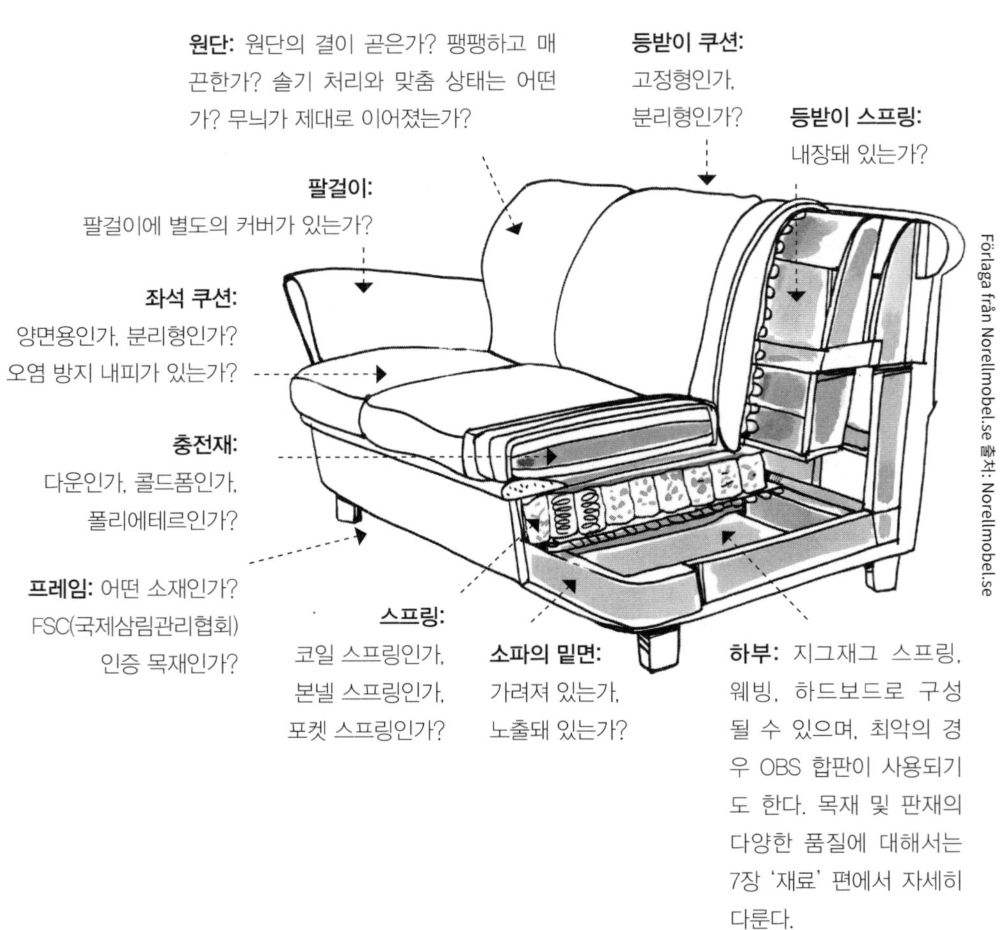

소파의 구조

프레임

소파를 고를 때는 겉모습보다 먼저 그 안에 숨은 구조, 즉 기본 골
조부터 살펴야 한다. 프레임은 사람의 골격에 비유할 수 있으며,
그 위에서 나머지 모든 요소가 균형을 이루며 형태를 완성한다.
고급 소파의 프레임은 대개 단단한 원목으로 만들어진다. 프레
임은 눈에 잘 드러나지 않기 때문에 저가 제품을 만드는 제조업
체들이 가장 먼저 원가를 절감하는 부분이기도 하다. 그 결과, 소
파의 수명은 짧아지고 수리나 복원도 어려워진다. 가장 기본적인
모델의 경우 편안함이나 내구성이 떨어지는 소재인 OSB 합판이
나 파티클보드로 프레임이 제작되기도 한다.

또한 소파의 커버 밑으로 프레임이 느껴지지는 않는가도 확인해
야 한다. 날카로운 모서리나 각진 프레임은 시간이 지나면서 커
버를 마모시킬 수 있다. 제조업체들이 마모를 방지하기 위해 프
레임 위에 얇은 완충재를 덧대는 경우가 많아 매장에서 천을 씌
운 소파의 품질을 정확히 평가하기는 어렵다. 프레임이 부분적으
로, 또는 완전히 노출된 디자인의 소파는 내부 구조와 마감 상태
를 눈으로 확인할 수 있어서 구매 전에 제품을 꼼꼼히 검사하고
품질을 평가할 수 있다는 이점이 있다.

프레임의 품질을 평가하는 실용 팁
- 프레임의 견고함을 확인할 수 있는 간단한 방법은 소파의

앞다리 중 하나를 잡고 살짝 들어보는 것이다. 이때 반대편의 앞다리가 바닥에서 들리지 않는다면 프레임이 압력을 받아 휘거나 뒤틀리고 있다는 신호일 수 있다. 또 시간이 지날수록 소파가 처지거나 휘어질 가능성이 있다는 뜻이기도 하다.

- 매장에서 소파를 살 때 반드시 직원에게 소파의 구조에 대해 질문하자. 직원이 설명을 제대로 하지 못한다면 그 매장은 품질에 크게 신경을 쓰지 않는 곳일 가능성이 높다.

- 소파의 무게도 프레임의 견고함을 판단할 수 있는 하나의 단서가 된다. 원목 프레임으로 제작된 소파는 대체로 더 무겁다. 또한 직접 소파의 밑면을 들여다보는 것도 유용하다. 기본적인 소파는 밑면이 덮여 있지 않은 경우가 많아 프레임의 재질을 눈으로 확인할 수 있다.

- 고급 원목이 품질 기준의 한쪽 끝에 있다면 반대편에는 저가의 파티클보드가 위치한다. 그리고 둘 사이에는 다양한 품질의 소재들이 존재한다. 예를 들어 일부 소파는 용접된 금속으로 제작되며, 어떤 제품은 합판으로 만들어진다. 합판의 경우 적층된 판이 몇 겹이냐에 따라 품질이 달라지지만 일반적으로 파티클보드보다 충격에 강하고 내구성도 높은 편이다. 또한 합판은 시간이 지나 나사가 헐거워지면 다시 조일 수 있는 데 반해, 파티클보드는 나사를 조이면 내부가 망가지기 쉬워 결국 나사 박을 자리를 옮기기 위해 새 구멍을 뚫어야 한다. 게다가 저가형 파티클보드는 습기에

취약해 습한 환경에서는 쉽게 팽창하거나 뒤틀릴 위험이
있다.

스프링

업홀스터리 가구(upholstery furniture, 충전재를 천이나 가죽으로
감싼 가구)에 대해 자세히 알기 전에는 소파의 편안함을 좌우하
는 것이 깃털이나 다운 쿠션이라고 막연히 생각했다. 하지만 실
제로는 그 아래에 있는 구조가 훨씬 더 큰 역할을 한다. 소파에 스
프링이 들어 있는가? 있다면 어떤 종류의 스프링인가? 모든 소파
에 스프링이 들어 있는 것은 아니다. 저가형 제품은 전체가 콜드
큐어 폼(cold cured foam, 냉경화 우레탄폼)으로만 되어 있고, 파
티클보드 위에 폴리에테르만 덧대어져 있는 경우도 있다. 소파의
주요 스프링은 쿠션 아래, 프레임 안쪽에 있다. 따라서 웨빙층(소
파 프레임에 탄력 있는 끈을 가로세로 방향으로 엮어 지지력을
형성하는 층) 위에 탄성과 충격 완충 기능이 있는 층이 추가되었
는지 확인해야 한다. 이 층에는 지그재그 스프링, 본넬 스프링, 또
는 포켓 스프링이 사용되기도 한다.

지그재그 스프링

지그재그 스프링은 물결 모양의 강철 와이어를 프레임의 한
쪽 끝에서 다른 쪽 끝까지 늘어놓는 구조다. 스프링의 줄과 줄
사이를 고무 밴드로 팽팽하게 연결하기도 하는데, 밴드가 하
중을 분산시켜 고른 탄력과 안락감을 높여준다.

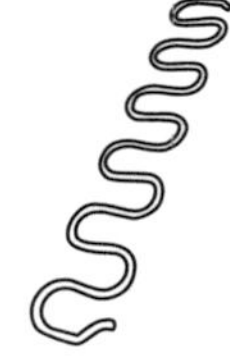

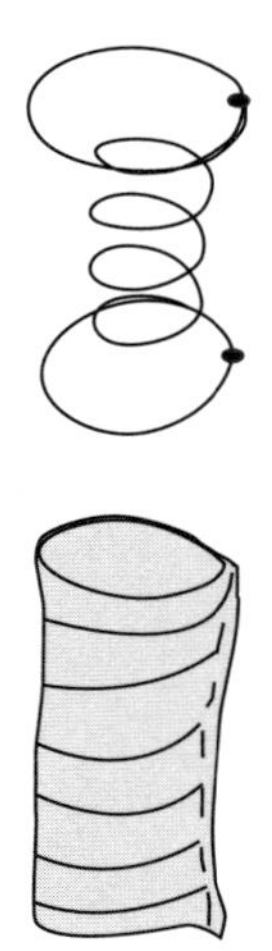

본넬 스프링

본넬 스프링은 나선형 스프링을 서로 묶거나 갈고리로 걸어서 스프링 전체를 한 판으로 연결하는 방식이다.

포켓 스프링

포켓 스프링은 나선형 스프링 하나하나가 개별적으로 주머니에 싸여 고정된 구조로, 하중이 각 스프링에 독립적으로 전달된다. 따라서 본넬 스프링과 달리, 하나의 스프링이 눌렸을 때 인접한 스프링에 미치는 영향이 거의 없다. 이 방식은 소파의 부위별로 스프링의 탄력을 달리 조절할 수 있어 착석 시 편안함을 높여준다. 개별 스프링은 코일의 수에 따라 강도가 달라지며 코일 수가 많을수록 저항력이 커진다.

업홀스터리

소파에 사용되는 일반적인 충전재는 콜드폼(cold foam)과 폴리에테르(polyether)다. 폴리에테르는 석유 기반의 플라스틱으로, 대부분 화석 연료에서 추출하기 때문에 환경에 관심이 많은 소비자에게는 문제가 될 수 있다. 폼 플라스틱은 여러 등급으로 생산되며, 충전재의 밀도가 높고 무거울수록 품질이 우수하다.

저가형 소파는 프레임과 쿠션 사이에 얇은 폼 한 겹만을 사용하는 경우가 많다. 이에 반해 고급형 소파는 타르트를 만들 듯 여러 겹의 층으로 제작된다. 가장 아래에는 목재 프레임 바로 위에 단단한 폼 층이 놓이고, 그 위로 중간 정도의 탄성을 지닌 층이, 그리고 맨 위에는 가장 부드러운 층이 덧대어진다. 이러한 구조는 전체적으로 쿠션감을 높여 앉을 때 한층 더 안락한 느낌을 준다. 이렇게 제대로 제작된 소파는 아무리 세게 눌러도 프레임이 느껴지지 않는다.

고급 소파는 편안함을 극대화하기 위해 하나의 쿠션 안에 여러 겹의 폴리에테르를 서로 다른 밀도로 접착해 만든다. 다시 말해 등받이 쪽은 더 부드럽고, 무릎 뒤쪽이 닿는 좌석의 전면부는 더 단단하게 설계하는 것이다. 이러한 구조 덕분에 의자처럼 뒤는 낮고 앞은 높은 기울기를 구현할 수 있지만 코너 소파에서는 쿠션의 위치를 마음대로 바꿔 사용할 수 없다. 코너 부분의 쿠션은 부채살처럼 여러 겹으로 구성되어 있어 앞쪽 가장자리는 단단하며 등받이와 만나는 뒤쪽은 훨씬 부드럽게 설계되어 있기 때문이다. 만약 소파에 양면 사용이 가능한 쿠션을 쓰면, 폴리에테르층에 경사(앞·뒤의 밀도나 두께의 차이)를 넣을 수 없기 때문에 착석감은 그만큼 단순해질 수밖에 없고, 이런 차이는 소파의 안락감을 가늠하는 지표가 되기도 한다. 콜드폼 외에도 일부 제조업체들은 천연 소재를 사용해 소파를 제작한다. 이 경우 주재료는 천연고무와 천연 라텍스이며, 그 위를 다운으로 덮어 마감한다.

콜드폼

폼을 제조할 때는 폴리올(polyol)이 첨가된다. 콜드폼에는 한 종류의 폴리올이 사용되고 폴리에테르에는 또 다른 종류의 폴리올이 사용된다. 일반적으로 콜드폼이 폴리에테르보다 약간 더 고급 소재로 평가된다.

콜드폼은 품질 등급이 매우 다양하므로 마음에 드는 소파를 발견하면 수치를 확인해야 한다. 밀도는 미국에서는 세제곱피트당 파운드(lb/ft³)로, 그 외 대부분 지역에서는 세제곱미터당 킬로그램(kg/m³)으로 측정한다. 밀도가 높을수록 앉았을 때 단단하게 느껴지고, 그만큼 내구성도 더 뛰어나다. 반면 처음에 부드럽고 편안하게 느껴지는 소파는 시간이 지나면 형태가 무너지고 내구성 또한 떨어진다. 콜드폼의 심재(core)의 밀도는 보통 세제곱미터당 20~55킬로그램(20~55kg/m³)이지만, 이 범위에서 양극단의 수치는 착석감이나 내구성 면에서 모두 바람직하지 않다. 일반적으로 오랜 시간 좋은 상태를 유지하려면 심재의 밀도는 세제곱미터당 30~35킬로그램(30~35kg/m³) 정도가 적절하다.

폴리텍스와 몰텍스

폴리텍스(polytex)와 몰텍스(moltex)는 폼 생산 과정에서 생긴 찌꺼기나 파편을 잘게 분쇄한 다음 접착제를 주입해 고압으로 압착한 재료다. 폐기물로 만들어지기 때문에 원재료에 따라 밀도나 경도가 달라질 수 있다.

섬유 볼과 와딩

합성 양모라고도 불리는 와딩(wadding)은 섬유 구조가 느슨하다. 반면 섬유 볼(ball fiber)은 이름 그대로 작은 섬유 덩어

화학물질 등록·평가·허가 및 제한 규정

유럽연합 내에서 가구용 폼을 제조할 때는 '화학물질 등록·평
가·허가 및 제한 규정(REACH)'을 따라야 한다. 소파를 구매
할 때 구성 요소가 EU 에코라벨(EU Ecolabel)이나 오코 텍스
스탠다드 100(Oeko–Tex Standard 100) 같은 친환경 인증 마
크를 갖췄는지 확인하자. 유럽 외 다른 지역에서 수입된 소파
는 해당 국가의 화학물질 관련 규정을 따를 수 있으며, 그 규
정은 유럽연합과 다를 수 있다. 특히 난연성 폼에는 바람직하
지 않은 화학물질이 포함될 수 있으므로 주의해야 한다. 특정
국가에서는 화재 안전 규정상 난연 성분이 의무적으로 사용되
기도 한다. 또한 일부 제조업체는 소비자의 건강보다 수출 가
능성을 우선시해 이런 폼을 사용하기도 하므로 꼼꼼하게 확인
해야 한다.

리 형태로 뭉쳐져 있어 더욱 안정적 형태를 유지한다. 그러나
두 소재 모두 시간이 지나면 형태가 무너지기 때문에 정기적
으로 털고 두드려서 부풀려 줘야 처짐이나 꺼짐을 방지할 수
있다. 와딩은 주로 소파의 프레임을 감싸는 완충재로 쓰이며
섬유 볼은 봉투형 쿠션(envelope cushion)의 충전재로 주로
사용된다.

다운/오리털

이 소재들은 좌석 쿠션이나 푹신한 베개의 충전재로 사용된
다. 진짜 다운은 일반 깃털보다 훨씬 비싸고 업체마다 동물복

지 수준이 달라 다양한 등급으로 생산된다. 원래 다운은 새의 피부와 가장 가까이에 있는 부드러운 깃털로 매우 부드럽지만, 저품질의 다운에는 딱딱한 입자가 많이 섞여 있다. 더구나 '다운'이라는 용어가 실제 다운이 아닌 깃털 제품에 오용되는 경우도 빈번하다. 재활용 깃털을 구매할 수도 있으므로 라벨을 꼼꼼히 읽고 제대로 확인하도록 하자.

다운과 깃털 충전재는 몸이 폭신하게 파고드는 듯한 편안함을 주지만 가격이 비싸고 관리가 까다롭다. 깃털이나 다운으로 속을 채운 쿠션이나 베개는 내피가 꼼꼼하게 봉합되어 있지 않으면 충전재가 새어 나올 수 있다. 충전물을 느슨하게 채운 등받이 쿠션이나 베개는 충전물이 한쪽으로 쏠리지 않고 고르게 분포되도록, 칸막이가 나뉘어 있는 격벽 구조를 갖춰야 한다. 다운은 한쪽으로 쉽게 뭉치는 특성이 있는데, 칸막이는 충전물이 고르게 분배된 상태를 유지하고 사용 후에도 쉽게 형태가 복원되도록 돕는다. 착석감을 높이기 위해 쿠션 내부의 구역마다 충전재의 양이 다르게 들어간다. 예컨대 등받이 쿠션의 하단부는 허리 지지력을 높이기 위해 상단보다 충전재가 더 많이 들어간다. 좌석 쿠션의 경우, 사람이 앉는 중심부에는 다운을 더 많이 넣고 등받이와 만나는 부위에는 다운을 적게 넣어 불룩함 없이 깔끔하게 이어지도록 한다. 고급 소파 제조사들은 이러한 내부의 구획이 겉에서 보이지 않도록 다시 전체적으로 얇은 다운층을 덮는 방식으로 제작하기도 한다. 또한 앉았다 일어섰을 때 더 쉽게 복원되고 형태 유지가 더 잘 되도록 다운에 다른 소재를 혼합하기도 한다.

말총은 말과 소의 꼬리나 갈기털에서 얻는 천연 섬유로, 특수한 가공을 거쳐 곱슬하고 탄력 있는 형태로 만든 뒤 가구의 충전재로 사용한다. 자세한 정보는 6장 '침대' 편을 참조하라.

소파 커버

커버의 선택은 주로 개인의 취향과 선호에 달려 있다. 만일 여러 대안 사이에서 선택에 어려움을 겪고 있다면 선택의 폭을 좁힐 수 있는 몇 가지 기준을 참고하면 도움이 될 것이다. 당신이 가장 중요하게 생각하는 부분은 무엇인가?

커버는 고정형일 수도 있고 탈착형일 수도 있다. 쿠션이 고정된 경우라도 마찬가지다. 만약 탈착할 수 있는 커버라면 충전재 위에 보호용 안감이 덧씌워져 있어야만 커버 원단이 콜드폼과 직

소파의 뒷면

가죽 소파는 라디에이터나 기타 열원으로부터 30센티미터 거리 내에 두면 좋지 않다. 가죽 소파의 등받이 뒷면에는 인조가죽을 사용하는 경우가 많은데, 등받이 뒷면은 벽 쪽으로 향해 열이나 햇빛에 직접 노출될 일이 거의 없기 때문이다. 게다가 인조가죽을 쓰면 제작비도 줄일 수 있다.

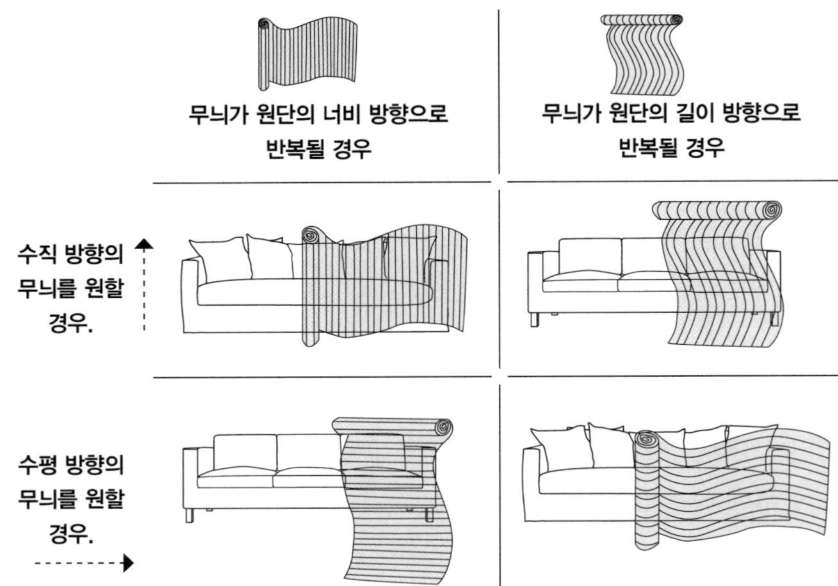

무늬가 있는 소파를 구매하거나 커버를 교체할 때는 원단에 무늬가 반복되는 방향을 고려해 자신이 원하는 방향으로 제작해야 한다. 어느 방향이 가장 좋은지는 원단의 폭과 소파 쿠션의 크기 등에 따라 달라질 수 있다.

접 마찰해 닳는 것을 막을 수 있다. 소파 위에서 몸을 움직이다 보면 커버도 미세하게 움직이는데 이때 안감이 충전재와 커버 사이에서 완충 역할을 하여 마찰로 인한 마모로부터 커버를 보호해 준다.

겉감 원단은 말할 필요도 없이 사용자가 직접 선택하는 부분이다. 안감은 커버의 겉감과 충전재 사이에 있어서 잘 드러나지 않는 천이다. 고급 소파의 경우 충전재 전체를 감싸는 안감에 면 소재를 쓰는 반면, 좀 더 저렴하고 기본적인 소파는 펠트처럼 보이는 100퍼센트 폴리프로필렌 부직포를 사용한다.

소파에 대해 논하거나 제품 설명을 제대로 이해하려면 이 분야에서 쓰이는 고유한 용어들을 알아야 한다. 폴리프로필렌과 직물에 관한 일반적인 정보는 7장 '재료' 편(377~387쪽)을 참고하라.

마틴데일 테스트

소파 커버의 내구성은 마틴데일 테스트를 통해 측정할 수 있다. 원단 위에 강철 디스크를 진동시키면서 원단이 찢어지기 전까지의 진동 횟수를 세어 원단의 마모 저항성을 테스트하는 방법이다. 진동 횟수가 많을수록, 즉 더 많은 회전수를 버틸수록 원단의 내구성이 우수하다는 것을 의미한다.

보풀 저항 등급

원단에 보풀이 얼마나 쉽게 생기는지는 보풀 테스트를 통해 측정할 수 있다. 이 테스트에 근거해 원단의 마모 및 마찰에 대한 저항성을 다섯 단계로 분류한다.

1. 원단 전체에 심한 보풀이 생긴다.
2. 전체적으로 보풀이 뚜렷하게 보인다.
3. 노출이 많은 부위 위주로 보풀이 적당히 생긴다.
4. 보풀이 거의 없고, 있어도 눈에 잘 띄지 않는다.
5. 보풀이 전혀 없다.

퇴색 저항성 또는 견뢰도

가구용 원단은 햇빛과 자외선에 민감할 수 있다. 색상이 얼마나 오래 유지되는지를 나타내는 견뢰도는 1에서 8까지의 등급으로 측정되며, 숫자가 클수록 더 우수하다. 실내에서 사용하는 경우 보통 4등급이나 5등급이면 충분하다. 이 지표는 특히 짙은 색상이나 무늬가 있는 원단에서 중요하다. 소파 전체가 고르게 퇴색하는 경우가 드물기 때문이다. 햇빛에 더 많이 노출되는 부분은 색이 더 많이 바래고, 쿠션에 덮여 있던 자리처럼 가려진 부분은 색이 전혀 바래지 않을 수 있다.

건식 마찰 견뢰도

젖거나 눅눅하지 않은 마른 상태에서 두 원단을 마찰했을 때 색이 이염될 위험은 어느 정도일까? 소파에 앉았을 때 소파 커버의 염료가 옷에 묻어나지는 않을까? 반대로 사용자의 옷이 소파에 얼룩을 남기게 될 가능성도 고려해야 한다. 만약 가족 중에 진한 청바지를 즐겨 입는 사람이 있다면 흰색 소파 커버는 현명한 선택이 아닐 것이다.

습식 마찰 견뢰도

이 테스트는 소파 커버 원단이 젖은 바지와 같은 축축한 표면과 마찰할 때 색이 빠지거나 이염되는 정도를 측정한다. 1에서 5까지의 등급으로 측정된다.

수축

소파 커버를 세탁했을 때 크기가 줄어들거나 형태가 변하지
는 않을까? 세탁이 가능한 소파 커버라면 원단의 수축 여부는
당연히 중요하게 고려해야 할 사항이다.

담배 테스트

천이나 가죽이 불붙은 담배에 노출되었을 때 불길로 번지지
않고 그 열을 견딜 수 있는지를 확인하는 표준 실험실 테스트
다. 이 테스트에 통과했다는 것은 해당 직물이 방염성이 있다
는 의미일 뿐, 불에 탄 자국이 남지 않는다는 뜻은 아니다.

소파 쿠션

소파의 좌석 쿠션과 등받이 쿠션.

봉투형 쿠션

등받이 쿠션이 아닌 장식용으로 배치하는 쿠션. 커버를 봉투
처럼 씌운다고 해서 붙여진 이름이다.

볼스터(bolster)

소시지 모양으로 길쭉한 소파 쿠션.

리넨과 패턴 맞춤

리넨 소재는 팔걸이나 모서리가 각진 소파의 커버로는 적합하지 않다. 시간이 지나면 커버 원단이 마모돼 구멍이 생길 수 있기 때문이다. 무늬가 있는 커버를 선택할 경우 봉제 상태나 무늬 연결 상태를 보면 품질을 가늠할 수 있다. 세심한 제조업체는 무늬가 정확히 이어지도록 재단과 봉제 과정에 신경을 쓰지만 대량 생산되는 제품은 이 같은 마감 수준을 구현하기 어려운 경우가 많다.

소파의 속옷

모든 소파의 밑면(밑창)이 천으로 마감되어 있는 것은 아니다. 하지만 밑면에 천이 덮여 있지 않으면 먼지가 쉽게 내부로 들어가 스프링 주변에 쌓여 시간이 지났을 때 문제가 생길 수 있다. 따라서 밑면을 감싸는 천의 유무 자체가 소파의 품질을 판단하는 하나의 기준이 되기도 한다. 기본형 모델의 경우 소파 내부의 구조가 그대로 보이거나 부직포와 비슷한 얇은 플라스틱 망으로만 덮여 있다.

고급형 모델에는 벨크로나 지퍼로 열 수 있는 바닥 커버가 있어 수리나 점검을 위해 내부를 살펴보기가 쉽다. 최상급 모델은 바닥 커버에 브랜드 로고가 인쇄되어 있기도 하다. 소파의 밑면을 그냥 지나치지 말고 반드시 확인하도록 하자. 그리 번거로운 일도 아니다. 소파에 앉아서 휴대전화로 밑면을 재빨리 찍기만 하면 된다.

좌석 깊이

소파 좌석의 깊이는 좌석과 등받이 쿠션이 모두 제자리에 있는 상태에서, 좌석 쿠션의 앞쪽 끝에서부터 등받이 쿠션과 맞닿는 지점까지를 측정한 값이다. 즉, 실제로 사용할 수 있는 좌석 공간을 실측하는 것이다. 프레임의 앞쪽 끝에서 뒤쪽 끝까지나, 좌석 쿠션의 앞쪽 끝에서 뒤쪽 끝까지를 재는 것이 아니다. 이 부분은 등받이 쿠션의 위치나 크기에 따라 크기가 달라질 수 있기 때문이다. 소파의 뒤쪽 부분(등받이 아래쪽)은 의자와 마찬가지로 무릎 뒤가 닿는 앞쪽 부분보다 더 부드럽거나 낮아야 한다. 그러나 저가형 소파는 쿠션의 충전재가 뭉쳐서 가운데 부분이 오히려 볼록해지고 가장자리가 얇아지는 등 오히려 반대의 형태를 보이기도 한다.

가구 디자인을 위한 기준

뫼벨팍타(Möbelfakta)는 스웨덴의 공인 시험기관이 수행하는 자발적이고 공정한 가구 품질 인증 제도로, 내구성·소재 품질·안정성·난연성·마감·안전성 등 다양한 항목을 유럽 및 국제 표준(EN, ISO)에 따라 평가한다.

좌석 높이

바닥에서 좌석 쿠션의 가장 높은 지점까지를 측정한 높이다. 좌석 쿠션은 앉았을 때 눌리기 때문에 쿠션 속 충전재의 부드러움과 앉는 사람의 체중에 따라 높이가 달라진다. 따라서 정적인 좌석 높이와 실제 사용 시의 치수인 동적인 좌석 높이는 서로 다를 수 있다. 체중이 무거운 사람이 앉을수록 쿠션이 더 많이 눌리기 때문에 같은 소파라도 체감 좌석 높이는 다르다.

등받이의 기울기와 높이

등받이의 기울기는 소파에서 곧게 앉을 수 있는지, 기댄 자세로 반쯤 누워 앉기 좋은지를 결정한다. 기울기가 클수록 상체의 무게를 지탱하기 위해 등받이 프레임이 더 튼튼해야 한다. 또한 기울기가 클수록 좌석은 더 깊어야 하고, 좌석에서 바닥까지의 높이는 낮아야 다리가 허공에 뜨지 않는다.

앉은 상태에서의 등받이 높이는 소파 전체 높이와는 다르다. 등받이 높이는 제품 설명에 명시되지 않는 경우도 많지만, 정확히 재려면 좌석 쿠션의 가장 높은 지점부터 등받이 상단까지를 측정해야 한다. 등받이 상단이 물결 모양이나 낙타 등 모양인 소파의 경우, 좌석 쿠션의 가장 높은 지점에서 등받이의 가장 낮은 지점까지를 측정한다.

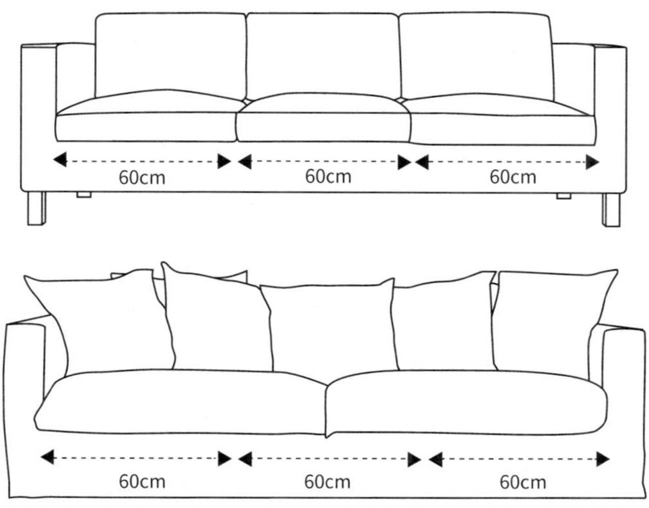

소파에 몇 명이 앉을 수 있을까?

소파를 구매할 때, 소파에 몇 명이 앉을 수 있는지는 크게 고민하지 않는 경우가 많다. 대부분의 판매처에서 몇 인용 소파인지 미리 명시해 놓기 때문이다. 하지만 판매자가 제시한 인원 수가 정확한지를 어떻게 확인할 수 있을까? 중고 소파를 살 때 인원수를 대략적으로 추정하려면 어떻게 해야 할까? 이때 좌석 쿠션의 개수만으로 판단하면 정확하지 않다. 3인용 소파라 해도 디자인에 따라 좌석 쿠션이 세 개로 된 모델도 있고 한 개, 두 개 또는 네 개로 구성된 것도 있다. 따라서 성인 한 명당 팔꿈치 공간을 포함해 60센티미터의 폭이 필요하다는 기준에 근거해 계산하면 가장 안전하다.

좌석 쿠션의 너비, 충전재의 밀도, 쿠션 사이의 간격에 따라 어떤 좌석은 사실상 앉기 어려울 수도 있다. 따라서 소파 전체가 편하게 앉을 수 있는 상태인지 반드시 확인해 봐야 한다. 예를 들어 3인용 소파라도 가운데 자리가 불편하다면 아무도 그 자리에 앉으려 하지 않아 실제로는 2인용이 될 수 있다. 특히 가운데 앉았을 때 쿠션 사이로 꺼지면서 등이나 엉덩이에 단단한 프레임이 닿는 게 느껴진다면 그 자리는 쓸 수 없게 된다.

소파는 앉을 수 있는 사람이 몇 명인지보다 '편하게' 앉을 수 있는 사람이 몇 명인지가 중요하다. 1장에서 살펴본 근접학 이론을 떠올려 보자. 신체 치수 외에도 우리가 감정적으로 필요한 공간에 대해 다루는 이론이므로 다시 한번 살펴보기를 권한다. 금요일 저녁에 가족들과 오순도순 붙어 앉는 것은 괜찮아도 그다지 친하지 않은 손님들과 그렇게 가까이 붙어 앉고 싶지는 않을 것이다. 따라서 특정 소파에 몇 명이 앉을 수 있는지를 가늠할 때, 단지 좌석 수가 아니라 편안한 거리감까지 고려하는 것이 바람직하다.

팔걸이의 폭

팔걸이나 소파의 측면 프레임 부분이 넓고 높을수록 소파 전체 너비에서 실제로 앉을 수 있는 공간은 줄어든다. 예를 들어 소파 전체 너비가 186센티미터인데 양쪽 팔걸이가 각각 20센티 미터라면 남는 좌석의 너비는 146센티미터밖에 되지 않는다. 따라서 3인용이라 하더라도 세 명이 편하게 앉기에 부족할 수 있다.

넓은 팔걸이는 비스듬히 기대거나 누워 있기를 좋아하는 사람에
게는 좋은 선택지다. 그에 반해 좁고 패딩이 거의 없는 팔걸이는
머리를 대고 누워 있기를 좋아하는 사람에게는 불편하다.

소파 구매 시 유용한 팁

- 실제로 소파를 놓을 수 있는 공간 크기는 어느 정도인가?
  단순히 벽 길이와 소파 길이만 비교해서는 안 된다. 소파의
  깊이와, 장식적으로, 혹은 구조적으로 돌출된 부분들까지
  고려해야 한다. 또한 걸레받이, 라디에이터, 창턱, 전기 콘
  센트, 문이나 발코니 문을 여닫을 수 있는 여유 공간과 TV
  장식장, 책장, 그릇장, 사이드보드처럼 문이 달린 가구의 개
  폐용 공간을 확보하는 것도 잊지 말자.
- 소파 앞쪽의 공간은 어느 정도인가? 등받이가 많이 기울어
  진 소파일수록 앉았을 때 앞쪽으로 다리를 더 뻗기 때문에
  소파 앞에 더 넓은 공간이 필요하다.
- 커버는 마모에 얼마나 잘 견디는가? 일반적으로 가정용 소

파에 권장되는 최소 기준은 마틴데일 15,000~25,000이다.

- 보풀이 얼마나 잘 생기는가? 보풀 저항 등급이 4 또는 5라면 일상적으로 사용하기에 충분하다.

- 좌석 및 등받이 쿠션의 밀도는 어느 정도인가? 매일 사용하는 소파라면 일반적으로는 세제곱미터당 30~35킬로그램($30{\sim}35kg/m^3$) 정도를 권장한다. 이보다 밀도가 낮으면 금세 탄력을 잃고 꺼질 수 있다.

- 소파 유지 관리에 얼마나 많은 시간과 노력을 들일 수 있나? 깃털 충전재가 들어간 쿠션은 형태가 뭉치지 않도록 자주 두드리고 털어줘야 탄력이 유지된다.

- 마지막으로 점검해야 할 사항은 소파를 집 안으로 들여놓을 수 있느냐이다. 출입문의 너비, 현관이나 전실의 폭, 엘리베이터 크기, 계단 구조, 복도의 너비 등 소파가 지나가야 할 경로를 모두 측정해 봐야 한다.

소파 커버 세탁에 관한 일반적인 조언

소파 커버에 부착된 세탁 라벨의 지침을 반드시 따르도록 한다. 다음은 그 외에도 참고할 만한 몇 가지 사항이다.

- 커버를 여러 차례 나눠 세탁해야 하는 경우, 반드시 같은 세탁 코스와 동일한 세제를 사용하라. 동일한 원단이라도 세탁 온도, 세제, 세탁 코스가 다르면 물 빠짐이나 보풀 발생 정도에 차이가 생길 수 있다. 심한 경우 원래 단색이던 소파가 세탁 후 얼룩덜룩하게 변하기도 한다.

- 표백제와 섬유유연제는 사용하지 말고, 커버를 야외에서 말리는 것도 피하는 것이 좋다. 햇빛에 노출된 정도에 따라 색이 다르게 바랠 수 있다.
- 세탁 전에 커버를 잘 털어주자. 가능한 한 뒤집어 세탁하고 구석에 낀 깃털이나 이물질은 반드시 제거하자. 이런 것들이 남아 있으면 얼룩이나 변색을 유발할 수 있다.
- 원단 수축을 방지하려면 세탁 전에 지퍼, 단추, 벨크로 등 모든 여밈 장치를 반드시 잠가둬야 한다.
- 커버는 실내에서 평평하게 펼쳐 건조해야 한다. 제조사의 특별한 지침이 없는 한 건조기 사용은 피하자. 고온으로 건조하면 원단이 찢어지거나 손상될 위험이 있다.
- 커버는 완전히 마르기 전에 씌우는 것이 좋다. 내부 충전재가 젖을 정도로 축축해서는 안 되지만 약간 촉촉한 상태일 때 커버를 씌우면 형태 잡기가 훨씬 수월하다.

소파에 대한 일반적 불만 사항

- 색상과 소재가 카탈로그나 온라인에서 본 이미지와 일치하지 않는 경우가 많다. 특히 흰색, 회색, 베이지색, 녹색처럼 밝은 색상에서 이런 일이 자주 발생한다.
- 쿠션이 너무 단단하고 불편하다.
- 소파가 금방 탄력을 잃고 형태가 무너진다.
- 박음질이 조악하고 이음선이 맞지 않는다. 또한 각 부분이 제대로 맞물리지 않고 원단이 소파 프레임의 날카로운 모

서리와 마찰을 일으킨다.

- 무늬가 맞지 않는다.
- 등받이가 너무 낮아서 기대었을 때 등받이의 모서리가 등을 누르고, 그로 인한 불편함이 통증으로까지 이어진다.
- 소파 좌석의 앞뒤 길이가 충분하지 않아서 책상 의자에 앉았을 때처럼 허리를 꼿꼿이 세워야 한다.
- 소파에서 삐걱거리는 소리가 난다.
- 천이 빨리 닳고 보풀이 생긴다.
- 여러 사람이 동시에 앉으면 다리가 약해 흔들리는 느낌이 든다.
- 좌석 쿠션이 양쪽으로 밀려 올라가면서 가운데에 불편한 경계가 생긴다. 그래서 실제로는 매장에서 설명한 것보다 편하게 앉을 수 있는 좌석 공간이 좁다.

CPU

『인테리어 디자인과 스타일링의 기본』에서 소개한 CPU(Cost Per Use, 사용당 비용) 전략을 기억하는가? 저렴한 소파는 대개 구매 시점에만 싸게 느껴질 뿐이다. 가격표만 보고 판단했다가 장기적으로는 비용을 더 지불해야 할 수도 있다. 품질이 떨어지는 제품일수록 내구성이 낮아 더 빨리 교체해야 할 가능성이 크기 때문이다. 반면 품질이 좋은 가구는 오래 사용할 수 있을 뿐만 아니라, 수리하거나 커버를 교체해 가며 사용할 수 있어 결과적으로 훨씬 경제적이다.

어떻게 앉는가?

매장에서 소파를 고를 때, 실제로 집에서 사용하는 방식대로 앉아보지 않고 선택하는 경우가 많다. 아래의 자세들 중 자신의 평소 모습과 닮은 것이 있다면 주의사항을 확인하길 권한다.

좌석이 너무 깊은 소파는 피하라. 이런 소파에 앉으면 다리를 쭉 뻗은 인형처럼 어정쩡한 자세로 앉게 된다.

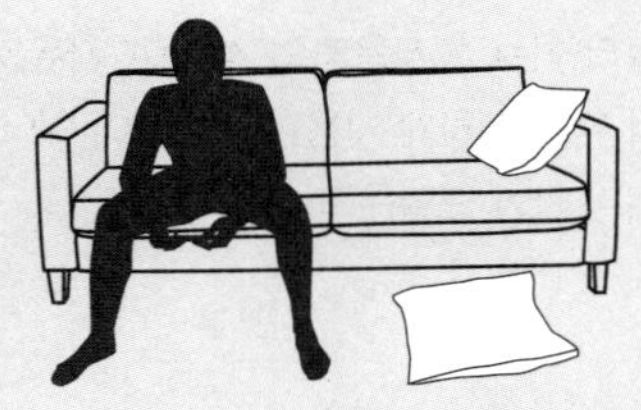

소파 앞쪽에 하중이 가해져도 모양이 변형되지 않고 탄성을 유지하는 좌석 쿠션을 갖춘 소파를 선택하라.

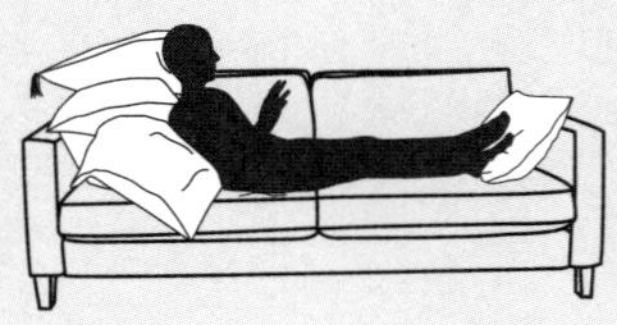

팔걸이가 너무 좁거나, 낮거나, 아예 팔걸이가 없는 모델은 피하라.

좌석 쿠션 아래, 앞쪽 가장자리에 프레임이 드러나지 않고 푹신하게 패딩 처리된 소파를 선택하면, 바닥에 앉아 등을 기대었을 때 편안한 자세를 취할 수 있다.

팔걸이에 앉는 것은 권장하지 않지만 아이들이나 청소년들은 어른이 보지 않을 때 자주 걸터앉는다. 사용자의 성향이 자유분방하거나 다소 험하게 사용할 가능성이 있다면 팔걸이가 약한 모델은 피하도록 하자.

소파에서 식사하거나 앞쪽 끝에 걸터앉는 습관이 있는 사람이라면(또는 그런 사람과 함께 산다면) 세탁이 가능한 커버가 있는 소파를 고르는 것이 좋다. 또한 소파에서 식사할 때처럼 앞으로 기울어진 자세로 앉으면 좌석 쿠션의 앞쪽 가장자리에 반복적으로 하중이 실리게 된다. 이 경우 소파 쿠션이 프레임 밖으로 튀어나온 디자인은 쿠션이 점점 미끄러져 내려가고 모양이 망가질 가능성이 있으므로 피해야 한다.

암체어(Armchairs)

"우리 집 거실 소파와 잘 어울리는 멋진 암체어 하나 추천해 주시
겠어요?"

이런 질문을 자주 받지만 질문자가 의자를 어떻게 사용할지 모른
다면 사실 대답하기가 어렵다.

만약 암체어가 소파 세트의 일부로, 사람들과 어울려 편하게 대
화를 나누기 위한 용도라면, 등받이가 뒤로 기울어져 반쯤 누운
자세로 앉게 되는 의자는 피하는 것이 좋다. 혹시라도 똑바로 앉
은 사람들이 당신의 콧속을 들여다보는 민망한 상황이 생길지도
모른다. 반대로 암체어를 텔레비전을 향해 두고, 주로 영화나 TV
시리즈를 보기 위해 사용할 거라면 등을 곧게 세우고 앉아야 하
는 단단한 패딩 의자는 피하는 것이 좋다. 또한, 편안히 앉아 책
읽는 시간을 즐기는 이들에게는 목을 잘 받쳐주는 독서용 안락의
자가 필요할 것이다. 책을 읽으며 오랜 시간 앉아 있다 보면 머리
의 하중을 덜기 위해 뒤로 기대고 싶어지기 마련이다.

암체어를 선택할 때는 자신이 원하는 스타일의 의자를 고르는 것
보다 자신의 평소 앉는 자세(혹은 원하는 자세)에 맞는 의자를 고
르는 것이 중요하다. 물론 두 요소가 양립할 수 없는 것은 아니다.
의자의 형태와 비례, 재질이 말해주는 시각적 언어와, 그 의자가
만들어진 방식과 구조를 설명하는 디자인 언어를 이해한다면 두
가지 모두를 충족시키는 것은 충분히 가능하다.

인테리어 디자이너들은 여러 아이템을 조합해 좌석 공간을 구성

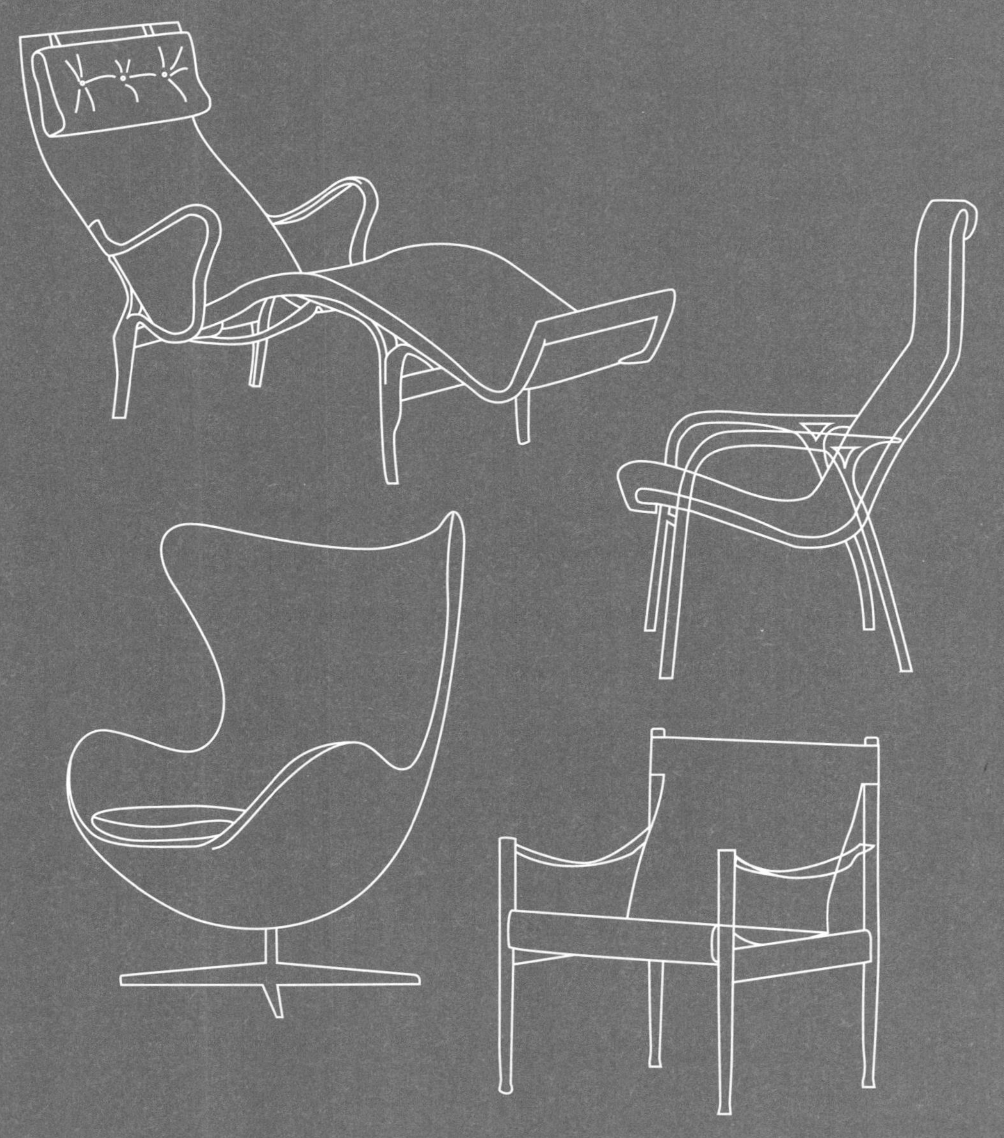

할 때 앉는 각도를 중요하게 생각한다. 하지만 일반 소비자가 온라인에서 암체어를 고를 때는 그저 마음 내키는 대로 정하는 경우가 많다. 사실상 좌석의 깊이나 등받이의 기울기에 대한 안내도 찾아보기 힘든 실정이다.

암체어는 앉는 자세와 착석 시 몸이 어떤 각도로 기울어지는지에 따라 몇 가지의 하위 유형으로 나눌 수 있다. 그에 대한 예시는 다음과 같다.

- 팔걸이 의자/클럽체어(chairs with arms/club chairs)
- 라운지체어(lounge chairs)
- 리딩체어/레스팅체어(reading armchairs/resting arm-chairs)
- 리클라이너(reclining armchairs)

암체어 선택의 기준

똑바른 자세로 앉기를 원한다면 좌석이 지나치게 푹신하지 않은 것이 좋다. 좌석이 너무 푹신하면 몸이 점점 아래로 미끄러져, 마치 쪼그려 앉은 듯한 불편한 자세가 되기 쉽다. 또한 좌석이 너무 깊으면 키가 작은 사람은 발을 바닥에 댈 것인지, 등을 등받이에 대고 다리를 앞으로 쭉 뻗을 것인지, 둘 중 한 자세를 선택해야 하는 상황에 놓이게 된다.

등받이가 기울어진 암체어의 경우, 등받이의 기울기와 등받이 높이의 조화가 중요하다. 등받이의 기울기가 30도 이상이라면 머리의 무게를 지탱해 줄 목 받침이 필요하다. 또한 편안한 착석감을 위해서는 좌석의 깊이도 그만큼 더 깊어야 한다.

휴식이나 눕는 용도로 설계돼 등받이가 깊게 젖혀지는 의자의 경우, 사용자가 발을 바닥에 편하게 둘 수 있도록 좌석의 높이가 낮아야 한다. 의자가 너무 높으면 다리가 허공에 떠 있게 되어 허벅지 근육에 부담을 줄 수 있다. 이럴 때는 풋 스툴이 유용하다.

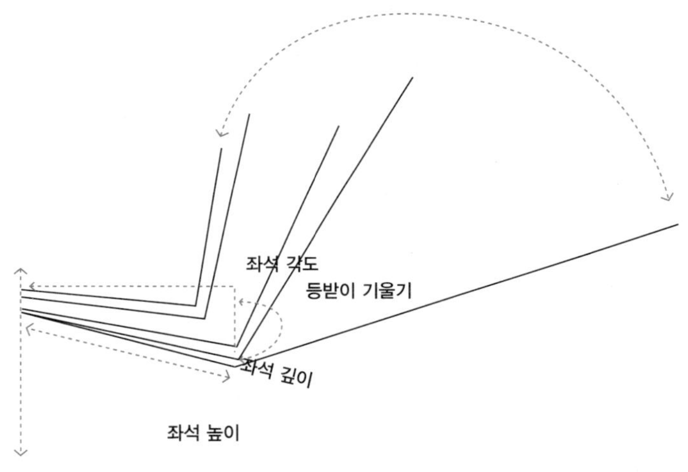

의자나 리클라이너의 좌석 각도를 보여주는 그림이다. 좌석의 높이, 좌석의 깊이, 좌석의 각도, 등받이의 기울기가 서로 어떻게 연관되어 있는지를 설명하고 있다. 등받이의 기울기가 크면, 발이 바닥에 닿을 수 있도록 좌석의 높이는 더 낮아져야 한다. 이 그림은 비요른 클라르크비스트(Björn Klarqvist)의 저서 『주거 계획(Bostadsplanering)』에서 가져온 것이다.

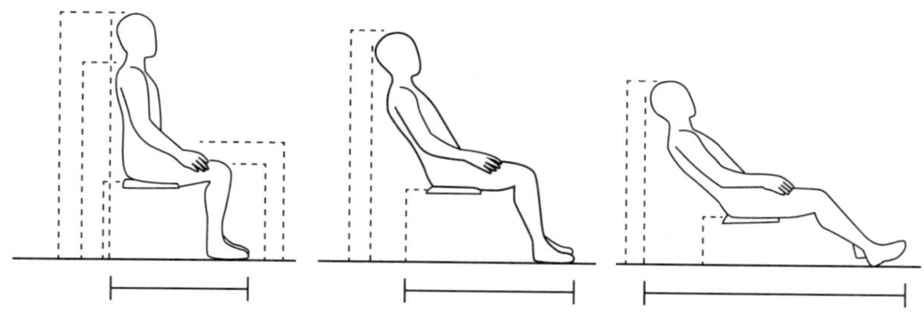

소파나 암체어의 등받이가 뒤로 많이 젖혀질수록, 사용자의 앞쪽에는 다리를 뻗기 위한 공간이 더 많이 필요해진다. 공간이 협소하다면 다양한 모델을 살펴볼 때 이 점을 놓치지 말아야 한다.

- 좌석과 등받이가 지나치게 푹신한 암체어에서 앉거나 일어서려면 배에 힘이 더 많이 들어간다. 임신 중이거나 임신을 기다리는 여성이 사용할 거라면 반드시 고려해야 한다.

- 의자의 팔걸이 사이 간격이 좁으면 몸이 갇힌 듯한 느낌을 받을 수 있고 자세를 움직이기도 어렵다. 긴 영화나 드라마를 볼 때 특히 불편하게 느낄 수 있다.

- 좌석에 패딩 처리가 된 암체어를 구매할 경우, 좌석에 붙은 버튼 장식의 위치를 잘 살펴보자. 신체의 어느 부위에 닿는지, 패딩이 얼마나 단단한지에 따라 버튼 장식이 배기거나 압점을 만들어 불편함을 줄 수 있다.

- 노인들은 의자에서 좀 더 쉽게 일어나기 위해 팔걸이를 잡고 먼저 똑바로 고쳐 앉으려는 경향이 있다. 따라서 의자의 팔걸이가 견고하고 튼튼하며 손에 잘 잡히는 구조여야 한다.

암체어의 팔걸이와 등받이는 그 의자가 얼마나 쉽게 이동될 수 있는지를 가늠하게 해준다. 집안일을 하거나 방 구조를 바꿀 때, 의자가 푹신하고 깊을수록 옮기기가 더 어렵다. 또한 패딩 처리된 팔걸이보다, 나무나 금속으로 된 팔걸이가 손으로 단단히 잡기 쉬워 옮기기에 더 편하다.

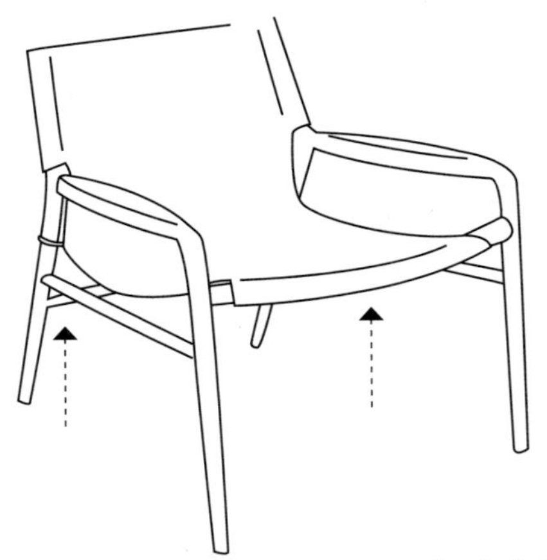

직물이나 가죽을 팽팽히 당겨 제작한 좌석의 경우, 앉았을 때 목재나 강철 프레임이 몸을 압박하는 느낌을 줄 수 있다. 특히 무릎 뒤쪽에 압박이 가해지지 않도록 프레임의 모양과 강철봉의 위치를 반드시 확인해야 한다. 직물이나 가죽 재질의 좌석은 시간이 지나면서 소재가 늘어나 점점 더 밑으로 꺼지는 경향이 있다.

암체어의 봉제 상태 점검

패딩 처리된 암체어의 경우, 팔걸이와 등받이 부분의 재봉선과 장식 요소의 마감 상태를 꼼꼼히 점검해야 한다. 파이핑(piping, 가장자리에 덧댄 띠)은 곧고 균일해야 하며 원단에서 너무 튀어나오지 않고 밀착돼 있어야 한다. 파이핑이 불룩하게 튀

어나와 있다는 건 천이 지나치게 당겨졌다는 신호다. 과도하게
당겨진 천은 빨리 마모돼 시간이 지나면 찢어질 수 있다. 또한 덧
댄 천이 직조 방향에 맞게 곧게 놓여 있는지도 확인하자. 제대로
만들어진 가구는 좌석 앞면을 따라 천의 결 방향이 반듯하게 맞
춰져 있다.

가구가 주는 시각적 인상은 가구
의 색상만이 아니라 배경과의 대비
나 그 가구가 공간의 맥락 속에서
얼마나 조화로운지에 따라서도 달
라진다. 시각적 효과에 대해 더 자
세한 내용이 궁금하다면 『인테리어
디자인과 스타일링의 기본』에서 확
인하기 바란다.

조화롭게 할 것인가, 돋보이게 할 것인가?

새로 구매할 암체어가 공간에 자연스럽게 스며들기를 바라는가, 시선을 사로잡는 포인트가 되기를 바라는가? 벽지 색상이나 기존 가구를 고려해 어떤 색상과 명도를 선택하느냐에 따라 새 의자는 더 돋보이거나 덜 돋보이게 될 것이다. 의자가 방 안의 포컬 포인트 역할을 하기 원하는지, 배경의 일부처럼 조화를 이루기를 바라는지는 충분히 고려해 볼 만한 문제다.

“나에게 가구는 사람과도 같다.
특징과 개성이 있어야 하지만
그 개성을 과하게 드러내서는
안 된다.”

— 셰르스틴 회를린 홀름퀴스트
(Kerstin Hörlin-Holmquist, 가구 디자이너)

흔들의자

예로부터 사람들은 몸을 살살 흔들면서 긴장을 풀어왔다. 아이를 재우거나 통증을 완화하거나 마음을 가라앉힐 때도 몸을 흔드는 것은 효과적이다.

흔들의자를 어른용 요람으로 생각하는 것도 아주 틀린 말은 아니다. 실제로 흔들의자는 셰이커 공동체가 노인을 위해 만들었던 흔들침대에서 기원한 것이라는 설도 있다. 가장 단순한 형태의 흔들의자는 의자 다리에 로커(rocker, 흔들의자 밑 부분에 대는 활 모양의 나무 막대)가 달린 구조로, 사용자가 약간의 요령만 있으면 의자를 앞뒤로 흔들 수 있도록 만들어져 있다.

흔들의자의 디자인은 매우 다양하다. 등받이가 높거나 낮을 수 있고, 팔걸이가 있기도 하고 없기도 하다. 하부의 스트레처나 앞뒤로 흔들릴 수 있게 해주는 로커의 길이 또한 다양하다. 가장 초기 형태는 18세

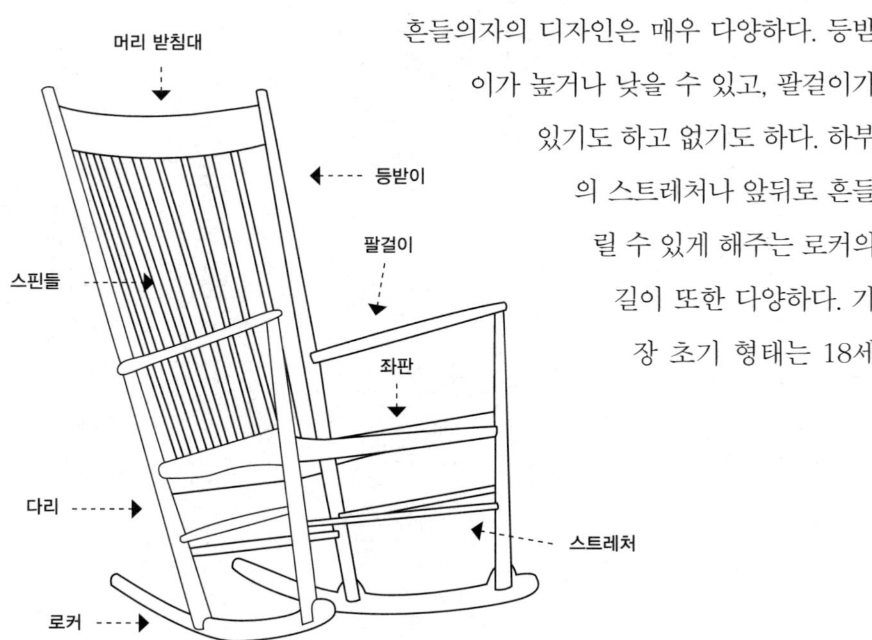

기 미국에서 처음 개발된 것으로 알려져 있다. 이후 이 새로운 의자의 형태는 유럽으로 전해졌고, 오늘날에는 전 세계 어디에서나 흔들의자를 볼 수 있다.

흔들의자는 건강에도 많은 이점이 있다고 알려져 있다. 규칙적 움직임은 혈액 순환을 촉진하고 림프계를 활성화할 뿐만 아니라 심신을 안정시키는 데 도움이 된다. 특히 노인 돌봄 프로그램에서 치매나 불안 증세를 완화하는 보조 도구로 흔들의자가 종종 활용된다.

흔들의자의 구조

좌석 높이

흔들의자의 좌석 높이는 일반의자보다 약간 낮다. 그래야만 등받이가 뒤로 크게 기울어져 있을 때도 발이 바닥에 닿아 의자를 쉽게 흔들 수 있기 때문이다.

균형점

모든 흔들의자에는 균형점이 있다. 균형점의 정확한 위치는 의자의 구조에 따라 달라진다. 아무도 앉지 않은 상태에서 의자와 바닥이 맞닿는 지점을 관찰하면 그 위치를 파악할 수 있다. 이 지점에서 위로 상상의 수직선을 그려보면 그 선은 평균적 성인이 의자에 앉았을 때 가슴 앞에서 주먹 하나 정도 떨어진 지점을 지나게 된다.

대통령의 흔들의자

미국의 전 대통령 존 F. 케네디는 흔들의자를 좋아했던 것으로 유명하다. 그는 흔들의자를 무려 열네 개 이상 소유하고 있었고, 그중 몇 개는 그를 위해 특별 제작된 것이었다. 심지어 출장길에도 전용기인 에어포스 원에 흔들의자를 싣고 다닐 정도였는데, 무엇보다 흔들의자가 만성적인 허리 통증을 줄이는 데 도움이 되었기 때문이라고 한다. 지금도 애팔래치아산 오크 흔들의자는 '케네디 의자'라는 별칭으로 불린다. 한때 스핀들백(spindle-back) 의자를 전문적으로 생산하던 스웨덴 네셰(Nässjö)의 한 가구 공장에서는 그의 이름을 딴 흔들의자를 제작하기도 했다. 케네디가 대통령으로 취임하며 백악관으로 옮길 때, 상원의원 시절 사용하던 가구 중 유일하게 가져간 것도 바로 흔들의자였다고 한다.

좋은 흔들의자는 등의 부담을 덜어줘야 한다. 만약 균형점이 너무 앞쪽에 있으면 사용자는 등을 편하게 기대기 위해 다리와 발로 의자를 계속 뒤로 밀어야 한다. 그러면 심신의 안정은커녕 오히려 하체에 부담을 주는 역효과를 가져올 수 있다.

풋 스툴

흔들의자에 풋 스툴을 함께 사용하면 미국식 표현으로 제로 그래비티 포인트(zero gravity point, 무중력 지점)라 불리는 상태에 도달할 수 있다. 다리를 들어 올리면 자연스럽게 몸이 뒤로 젖혀지면서 허리 아래쪽이 곧게 펴지고, 발이 심장과 같은 높이에 위치하여 마치 무중력 상태에 있는 듯한 깊은 이완감을 느끼게 되는 것이다. 가구 디자이너들은 이 상태를 가리켜 '흔들의자의 이상점(rocking perfection)'이라고 부른다.

흔들의자 구매 시 참고할 사항

- 등받이가 좌우로 휘어져 있지 않고, 위아래로도 굴곡이 전혀 없는 완전히 평평한 형태라면 피해야 한다. 인체공학적으로 설계된 흔들의자는 척추의 자연스러운 S자 곡선을 지지해 주지만 사람마다 체형이 다르므로 자신에게 잘 맞는 모델을 찾아야 한다. 허리를 받쳐주고 어깨를 편히 기댈 수 있는 여유 공간도 있어야 한다. 만약 등받이가 몸에 잘 맞지 않는다면 머리 받침에 묶을 수 있는 푹신한 쿠션이나 목 쿠션을 사용하는 것도 좋은 대안이다. 아니면 아예 다른 모델을 선택하자!

- 등받이가 너무 낮고 로커의 길이가 지나치게 긴 흔들의자는 뒤로 과하게 젖혀져서 머리와 등을 제대로 받쳐주지 못할 수 있다. 그 결과 몸에 힘이 들어가 어깨와 목에 통증을 유발한다.

- 로커의 길이와 곡률은 흔들림에 영향을 준다. 로커가 짧을수록 흔들림

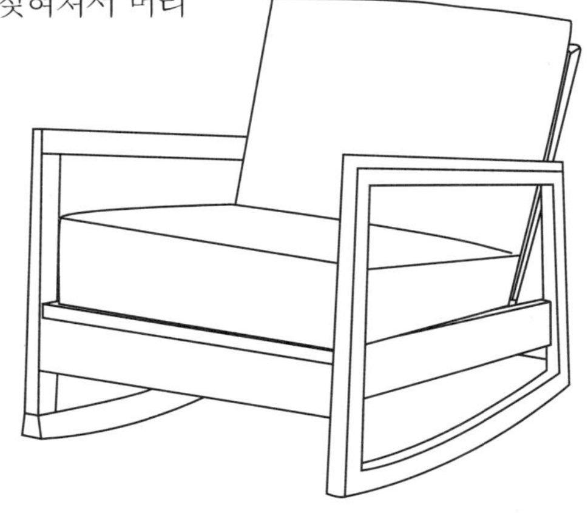

은 더 갑작스럽고 급해지며, 로커의 곡률이 완만하면, 흔들리는 폭이 매우 작아 움직임이 끊기듯 이어져 부자연스럽게 느껴진다.

- 흔들의자의 경우, 스트레처와 이음새의 품질은 안정성과 직결된다. 흔들의자는 본래 움직이도록 설계된 가구이므로 고정된 일반 의자보다 부품이나 연결 부위에 가해지는 힘이 더 크다. 따라서 흔들의자를 고를 때는 지지대, 스트레처, 이음새 등을 반드시 꼼꼼히 살펴보자. 부품들이 어떻게 조립돼 있는지를 살펴보면 의자의 품질을 가늠할 수 있다(이와 관련한 자세한 내용은 7장 '재료' 편에서 확인할 수 있다). 대량 생산된 저가형 흔들의자는 정성을 쏟은 수공예 제품에 비해 품질 면에서 확실한 차이를 보여준다.

- 팔걸이가 너무 좁으면 불편하고 둥근 형태의 팔걸이는 팔이 미끄러져 안정감이 떨어진다. 흔들의자가 흔들리는 동안에는 자연스럽게 팔을 올려둘 공간이 필요하므로, 팔걸이 앞부분이 팔뚝을 파고들지 않도록 날카로운 모서리 없이 부드럽게 처리돼 있는지 확인하자. 또한 팔뚝, 팔꿈치, 손목을 자연스럽게 올려놓을 수 있을 정도로 팔걸이의 너비가 넉넉한 것이 좋다.

- 등받이 한가운데를 세로로 지나는 스핀들이 있는 흔들의자는 피하는 것이 좋다. 막대가 중앙에 박혀 있으면 척추에 직접 닿아 불편함을 줄 수밖에 없다. 숙련된 디자이너는 등받이의 가로 지지대를 척추 양옆에 배치해 척추에 닿지 않

도록 설계한다.

- 의자가 삐걱거리지는 않는지 확인해야 한다. 온라인 경매
를 통해 골동품 흔들의자를 구매할 때는 소리를 확인하기
어렵다. 하지만 나중에 삐걱대는 소리 때문에 신경이 쓰여
제대로 휴식을 취하기 어려울 수 있으니 구매 전에 판매자
에게 소음 여부를 반드시 확인받도록 하자.

테이블

스웨덴어로 '테이블'을 뜻하는 'bord'는 고대 게르만어로 널빤지를 뜻하는 'boro'에서 유래했다. 인류가 아직 충분히 문명화되지 않았던 시절에는 음식을 먹거나 일을 할 때 단순히 널빤지를 무릎 위에 올려놓고 사용했을 것이라 추정된다. 오늘날 테이블은 우리의 일상에서 매우 다양한 모습으로 자리하고 있다. 몇 가지만 꼽자면 식탁, 사이드 테이블, 책상, 침대 협탁 등이 있다. 이 장에서는 대부분의 가정에 있는 여러 테이블에 대해 좀 더 자세히 알아보고자 한다.

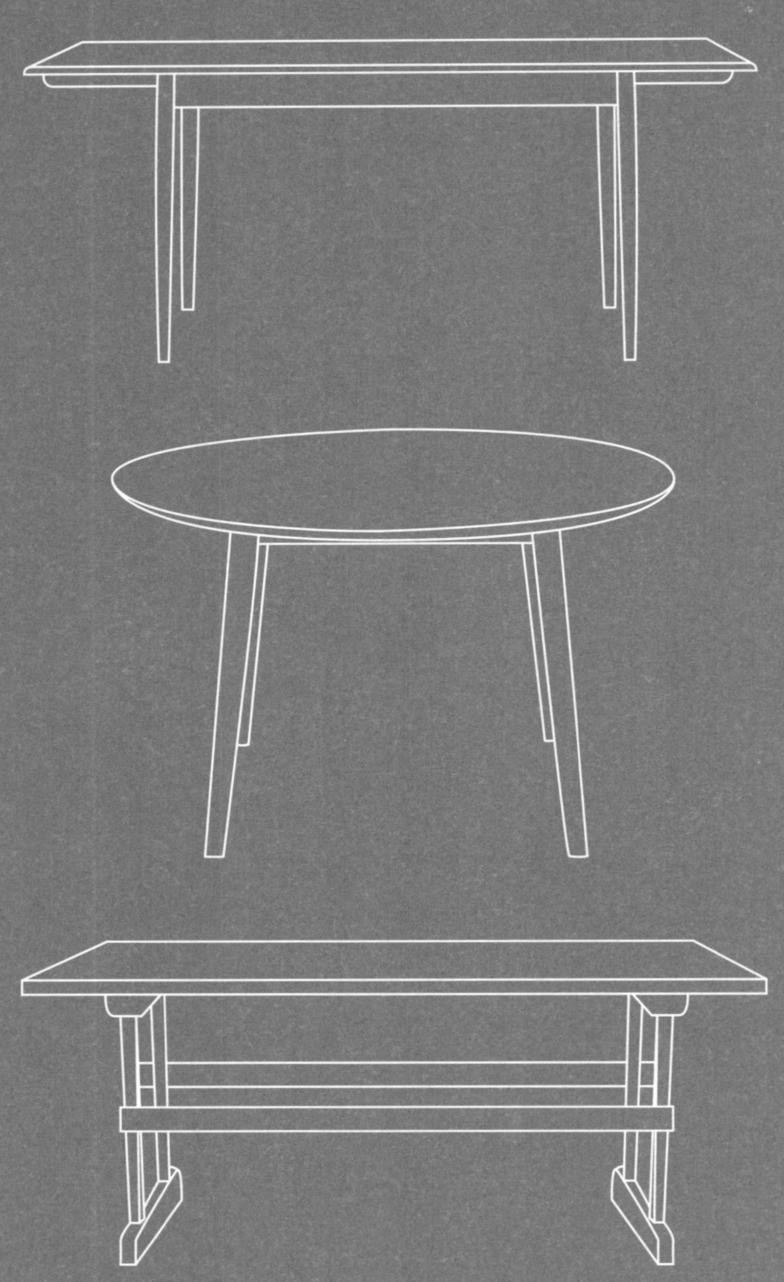

식탁

주방이 집의 심장이라면 식탁은 심장에서 온몸으로 퍼지는 대동맥이라고 할 수 있다. 이곳이야말로 가족이 모여 아침, 점심, 저녁 식사와 간식 같은 것들을 함께하며 에너지를 보충하는 곳이자, 이야기를 나누고 숙제를 하거나 조용히 신문을 읽는 일상의 중심이기 때문이다.

튼튼하고 견고한 식탁은 식사 시간을 더욱 즐겁게 만들지만 식탁 주변에서 우리가 느끼는 편안함은 훨씬 더 많은 요소에 의해 결정된다. 다음은 한 사람 또는 여러 사람이 함께 식사하기에 적합한 테이블을 선택하는 데 도움이 될 만한 사항들이다.

식탁의 구성 요소

식탁은 보통 상판과 네 귀퉁이에 달린 다리, 그리고 그 다리를 연결하는 프레임인 에이프런으로 구성된다. 길이가 긴 식탁의 경우에는 상판의 중앙이 처지지 않도록 에이프런 사이에 중앙 스트레처를 덧대어 보강하기도 한다. 아래로 곧게 뻗은 다리가 상판의 바깥 가장자리에 붙어 있는 식탁은 높은 수준의 제작 기술이 있어야 안정성을 확보할 수 있다. 물리학의 법칙에 따르면 식탁의 다리가 바깥쪽으로 약간 경사져 있을 때 충격에 더 강하다. 식탁이 충격과 흔들림에 얼마나 잘 견디며, 충격 후 진동이 얼마나 빨리 사라지는지를 간단히 확인하려면, 테이블을 옆에서 밀어본 뒤 그 반응을 관찰하면 된다. 불안정한 테이블은 진동이 사라지기까지 시간이 걸리는 데 반해 안정적인 구조는 흔드는 것조차 쉽지 않다.

식탁 상판

식탁의 상판이 어떻게 만들어졌는지 꼼꼼히 살펴보자. 흔히 '원목 상판'이라 하면 한 장의 판재로 만든 상판을 떠올리지만, 실제로는 여러 판재를 접착하거나 짜맞춤 방식으로 연결해 만든다. 목재는 건조되면서 휘거나 갈라질 수 있으며, 대량 생산되었거나 졸속으로 제작된 테이블에는 접착제 자국이 남아 있는 경우도 있다. 상판이 무늬목으로 마감되었다면, 무늬목이 어떤 방식으로 붙여졌는지를 자세히 살펴봐야 한다(무늬목의 다양한 패턴에 관한 내용은 7장 '재료' 편의 340~341쪽에 자세히 나와 있다). 상판의 무게는 무늬목이 어떤 기판(substrate, 바탕판) 위에 접착됐느냐에 따라 달라지는데, 이것은 사진으로는 확인할 길이 없으므로 온라인으로 테이블을 구매할 계획이라면, 제품 설명을 반드시 확인해야 한다.

원목 상판의 품질은 사용된 목재의 종류에 따라 달라지지만, 제조업체가 목재의 특성을 얼마나 잘 알고 제작에 반영했는지에 따라서도 품질 차이가 크게 난다. 나무는 온도, 습도, 계절의 변화에 따라 변형되므로, 갈라짐이나 뒤틀림을 최소화하여 가능한 한 변형이 적은 상판을 제작하는 것이 핵심이다. 상판을 고를 때는 옆면, 즉 단면에 드러난 나이테 방향을 살펴보자. 단면의 나이테가 수직으로 서 있다면 갈라질 가능성이 거의 없다고 봐도 좋다. 반면 나이테가 눕거나 부채꼴로 퍼진 경우, 시간이 지나면서 상판이 형태를 유지하기 어려울 가능성이 크다(이와 관련된 자세한 설명은 7장 '재료' 편에서 찾아볼 수 있다).
석재나 콘크리트 같은 재료로 만들어진 상판은 일반적으로 매우 무거우므로, 전체 구조가 그 무게를 충분히 지탱할 수 있을 만큼 견고하게 설계되어야 한다.

에이프런

무거운 상판은 일반적으로 에이프런이나, 다양한 소재로 만든 다리 프레임 위에 고정된다. 목재는 길이 방향보다는 너비 방향으

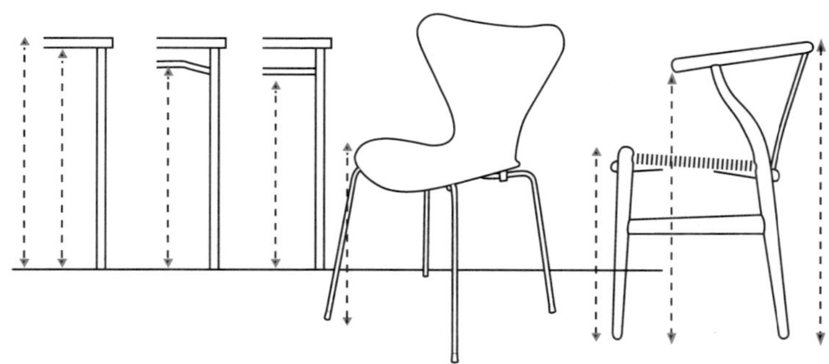

식탁과 잘 어울리는 의자를 갖추는 것은 단순히 미적인 이유뿐만 아니라 기능성과 인체공학적 측면에서도 중요하다. 의자 팔걸이가 좌석의 앞쪽 끝까지 돌출된 경우, 팔걸이가 테이블의 에이프런에 걸려 편안하게 앉을 수 없게 된다. 이러한 이유로 잘 설계된 의자의 팔걸이는 뒤로 약간 물러나 있다.

로 수축과 팽창이 일어나는 경향이 있기 때문에, 목제 식탁에서 중요한 기술적 과제이자 대량 생산 제품과 고급 제품을 가르는 기준은 에이프런을 부착하는 방식이다. 가장 단순하고 저렴한 가구는 에이프런이 금속 브래킷으로 연결되어 있지만, 품질이 좋은 식탁은 접시머리 나사나 목심(dowel)을 사용해 결합 부위가 눈에 띄지 않도록 고정한다.

상판 아래의 에이프런 높이는 식탁과 함께 사용할 의자를 선택하는 데도 영향을 미친다. 좌판과 상판 사이에 허벅지를 편안히 넣을 수 있는 여유 공간의 확보는 물론, 팔걸이가 있는 의자가 에이프런에 걸리지 않도록 하려면 에이프런의 높이를 신중히 고려해야 한다.

다리

식탁의 권장 높이는 72~75센티미터지만 다리 길이는 상판과 에이프런의 두께에 따라 달라질 수 있다. 상판의 네 귀퉁이에 다리를 부착하는 방식 외에도, 다양한 형태의 다리와 스트레처를 선택할 수 있다.

약간 바깥쪽으로 벌어진 다리는 직선형 다리보다 일반적으로 더 안정적이며 러너나 받침대(stands) 위에 고정된 다리도 바닥과의 접촉면이 넓어 잘 넘어지지 않는다.

물리학에서 무게 중심이란 물체의 전체 무게가 집중된 가상의 한 지점을 말한다. 가구는 무게 중심이 낮을수록, 즉 바닥에 가까울수록 쓰러질 위험이 줄어든다. 하지만 식탁의 무게 중심은 위에

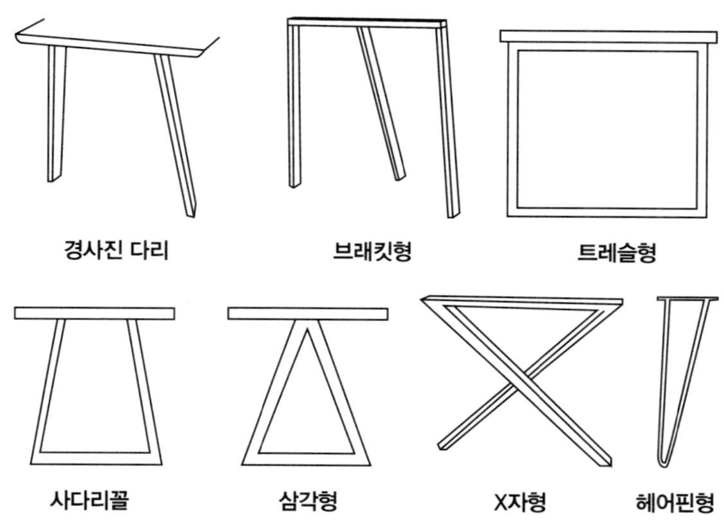

무엇을 어떻게 놓는지에 따라 달라진다. 예를 들어 무거운 냄비를 식탁 가장자리에 올려놓았을 때, 누군가가 팔꿈치를 괴고 몸을 기댈 때, 일어서면서 상판을 짚는 경우, 무게 중심이 순간적으로 이동해 식탁이 흔들릴 수 있는 것이다.

또 일상생활에서는 아이들이 장난치다 옆에서 밀 수도 있고, 누군가 식탁 옆을 비집고 지나갈 수도 있으며, 다른 가구에 부딪힐 수도 있다. 이처럼 힘이 늘 수직 방향으로만 가해지는 게 아니므로 식탁을 선택할 때 다리나 스트레처가 옆 방향에서 가해지는 힘을 얼마나 견딜 수 있는지를 고려해야 한다.

이음매가 고르지 않은 마루판, 솟아오른 타일, 두꺼운 러그 등 고르지 않은 바닥 위에 식탁이 놓일 경우에는 모든 다리가 바닥과

! 다리가 세 개인 원형 식탁은 바닥 표면이 고르지 않더라도 안
정적으로 선다.

제대로 닿지 않을 수도 있다. 따라서 다리의 모양이나 치수를 정
할 때 이 부분도 충분히 염두에 두어야 한다.

원형 식탁은 중앙에 기둥 다리 하나만 있어도 괜찮을 수 있지만
사각 식탁은 한쪽으로 하중이 치우치면 쉽게 기울거나 뒤집힐 수
있으므로 중앙에 있는 기둥 다리 하나만으로는 안정성을 확보하
기 어렵다.

식탁에 몇 명이 앉을 수 있을까?

식탁을 고를 때는 가족 구성원의 수와 식사 초대 시 최대
몇 명까지 앉을 수 있어야 하는지부터 생각해 봐야 한다. 성인
한 사람당 필요한 식탁 공간의 크기는, 양 팔꿈치 사이의 거리인
60센티미터를 기준으로 삼는다. 따라서 식탁 둘레의 길이를 60센
티미터로 나누면 수용할 수 있는 인원수를 대략 추정할 수 있다.
다만 의자의 형태나 팔걸이의 너비도 반드시 고려해야 한다. 식
사하는 사람들이 불편함 없이 자리에 앉고 일어설 수 있도록 충
분한 공간도 확보돼야 한다.

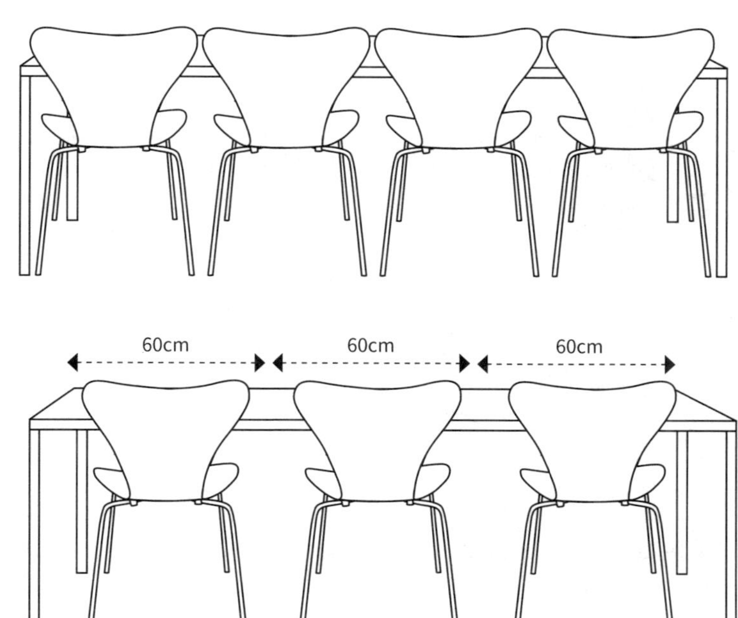

식탁에 몇 명이 앉을 수 있는지는 의자의 개수로 결정되지 않는다. 성인의 상반신 너비와 움직임을 위한 여유 공간이 실제로 필요한 좌석 간격을 결정한다.

노벨상 만찬장의 기다란 테이블을 준비하는 스태프들도 참석자들이 불편함을 느끼지 않도록 공간을 정밀하게 측정한다고 한다. 결혼식이나 격식을 갖춘 만찬과 같은 행사에 갈 때는 주로 부피감이 있는 의상을 입기 때문에 공간을 좀 더 넉넉하게 잡는 것이 좋다. 야외 행사처럼 손님들이 겉옷을 입고 있을 가능성이 있는 자리에서도 마찬가지다.

식탁 아래에는 식탁 다리와 의자 다리는 물론, 사람의 다리를 위한 공간이 필요하다. 비싼 가구를 구매하기 전에 항상 모든 치수를 꼼꼼히 확인하자.

식탁 다리의 위치

식탁에 몇 명이 앉을 수 있는지는 식탁 다리의 위치에 따라 달라진다. 다리 위치가 잘못 설계되면 성인 한 명당 필요한 공간인 60센티미터를 확보하지 못해 무릎을 부딪거나 식탁 가까이로 다가가 앉지 못하는 상황이 생길 수 있다. 대개 제조 과정에서 기능성과 사용자 편의성 대신 제작비와 운송비 절감을 최우선시할 때 이런 일이 발생한다.

만약 상판의 중심에서 바깥쪽 아래로 퍼지듯 뻗은 피라미드형 다리의 식탁을 고려하고 있다면, 그 구조가 선택하려는 의자와 잘

다리가 세 개인 작은 원형 식탁은 다리 위치로 인해 두 사람이
마주 보고 앉기 어려울 수 있다.

맞는지, 의자를 식탁 아래로 밀어 넣는 데 방해가 되지는 않는지
미리 확인해야 한다.

식탁 세팅을 위한 공간

식탁에는 식사하는 사람이 사용할 접시, 컵, 나이프나 포크
등을 놓을 공간이 필요하다. 일반적으로 1인당 가로 60센티미터,
세로 35~40센티미터 정도가 필요하다고 보는데, 이러한 표준이

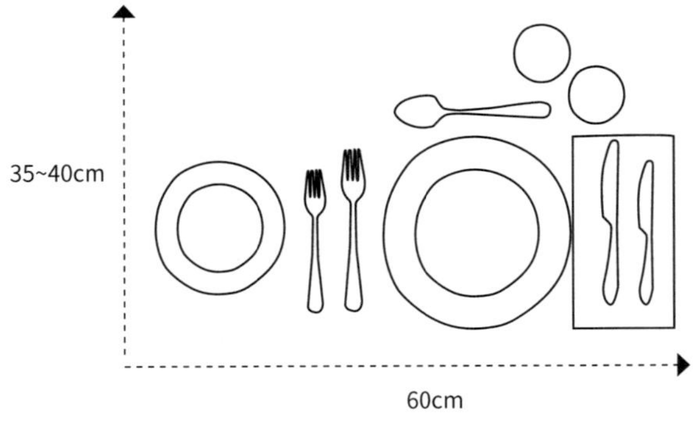

정해진 이후, 가정에서 사용하는 식기류의 크기가 커졌기 때문에 집에서 실제로 사용하는 접시와 유리잔의 크기를 직접 재보고 식탁 세팅을 테스트해 보는 것이 좋다. 일상적 식사인지, 손님 대접인지에 따라 세팅 방식이 다양해지므로 이미 갖고 있는 식기 세트나 구매 예정인 그릇으로 미리 전체 구성을 시뮬레이션해 보는 것이 바람직하다. 아직 식탁이나 식기 세트가 없다면 마스킹 테이프로 바닥에 식탁 크기를 표시하고 종이로 접시와 그릇, 서빙 접시 등을 가상으로 오려 만들어 그 안에 배치해 보자.

식기, 물병, 서빙용 그릇을 위한 공간

식탁이 넓을수록 마주 앉은 사람 사이의 간격도 그만큼 더 넓어진다. 요즘 사용하는 그릇과 냄비의 크기는 50년 전보다 커졌기 때문에, 음식을 식탁 가운데에 놓고 나눠 먹을 거라면 공간이 충분한지 확인하자.

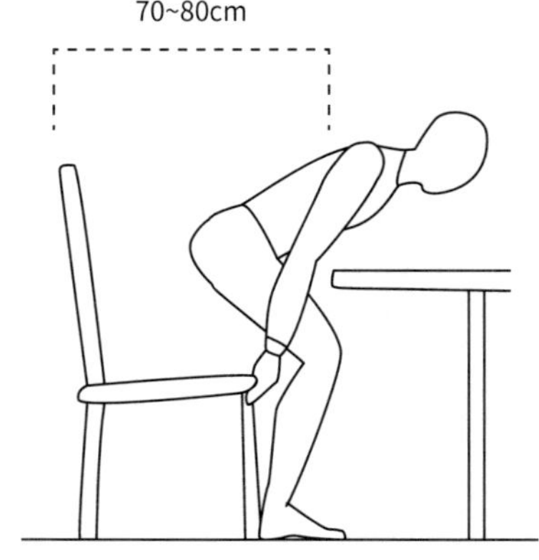

공간 확보하기

식탁은 앉고 일어설 때 불편하지 않도록 벽에서 최소 70~80센티미터는 떨어져 있어야 한다. 일반적으로는 80센티미터가 권장되지만 공간이 협소하다면 70센티미터도 괜찮다. 식탁이 주방에 있다면 오븐이나 식기세척기 같은 가전제품의 문을 열어야 하므로 주방 작업대와 120센티 미터 정도의 간격을 두는 것이 좋다.

식탁의 모양이나 크기가 나와 맞는가?

우리는 옷에 대해서는 상당히 깐깐하다. 유행하는 옷이 몸에 너무 꽉 끼어 숨쉬기조차 어렵거나 엉덩이마저 제대로 가리지 못할 정도로 짧다면 서슴지 않고 패션 업계를 비판한다. 입고 생활하기에 불편할 뿐만 아니라, 그런 옷이 어울리지 않는 사람들을 배제함으로써 많은 사람에게 좌절감과 불쾌감을 안기기 때문이다. 이렇듯 범용성은 결코 간과되어서는 안 되는 중요한 주제임에도 불구하고 유감스럽게도 인테리어 디자인에서는 거의 논의되지 않는 실정이다.

오늘날의 가구와 인테리어 디자인이 도무지 이해할 수 없는 형태와 비례를 내세우고 있음에도, 왜 그러한 부조리에 대해 아무런 의문이 제기되지 않는 것일까? 요즘 우리가 영감을 받는 인테리어는 마치 종이 인형처럼 깡마른 사람들만을 위해 만들어진 것처럼 보인다. 테이블과 의자의 조합조차 전혀 어울리지 않는 경우도 많다. 의자에 앉을 수 없어서 식당 방문을 포기해야 하는 사람들은 어떤 기분이겠는가? 최신 유행에 따라 집을 꾸몄지만 정작 자신들이 그 가구와 어울리지 않는다는 사실을 뒤늦게 깨달은 사람들의 불편한 마음은 또 어떻겠는가? 물론 인스타그램에서 '좋아요' 수가 늘어나는 멋진 집을 갖는다는 건 기분 좋은 일이다. 하지만 정작 자기 몸이나 배우자의 긴 다리와 발을 뻗을 공간조차 없다면 무슨 의미가 있을까? 그럴싸한 효과를 내기 위한 노력과 그에 수반되는 자원 낭비는 비합리적 디자인의 기준을 만들어 낼 뿐만 아니라 그러한 유행에 영향을 받은 사람들에게 짜증과 좌절을 안겨줄 수밖에 없다. 지금은 '그래도 적어도 건강에는 해롭지 않잖아'라고 생각할 수도 있다. 하지만 정말 그럴까? 요즘 소셜 미디어를 지배하고 있는 '이상적 가구들'은 우리 몸, 특히 등과 허리 건강에 절대 이로울 수가 없다.

빈티지 식탁과 새 의자의 조합?

최근 들어 전통적인 러스틱 테이블(rustic table, 거칠게 마감된 원목의 소박한 테이블)에 현대적인 의자를 조합하는 방식이 유행하고 있다. 물론 잘 어울리지 않는다는 말은 아니다. 사실 내 집 온실에도 오래된 트레슬 테이블(trestle table, A자형 또는 T자형 지지대 위에 상판을 얹은 전통 구조의 테이블)이 있다. 하지

식탁을 구매하기 전에 생각해 볼 점
식탁 배치를 계획하고 치수를 잴 때 잊지 말아야 할 것이 있다. 식탁은 절대 단독으로 놓이지 않는다는 점이다. 의자의 폭과 팔걸이, 그리고 상판 아래로 완전히 밀어 넣을 수 없는 요소들은 모두 식탁 세트를 두는 데 필요한 실제 면적을 늘린다.

만 예전 가구 제작자들은 테이블을 안정적으로 고정하기 위해 지금과는 다른 방식들을 사용했으며 19세기 가구는 현대의 인체 측정 기준이나 표준화된 의자 크기를 염두에 두고 설계되지 않았다는 사실을 꼭 기억해야 한다. 따라서 큰돈을 쓰기 전에 테이블의 지지 구조, 스트레처, 치수 등을 꼼꼼히 확인해야 한다. 테이블 아래쪽 구조는 어떤가? 가지고 있는 의자를 그 테이블과 함께 사용할 수 있는가? 만일 테이블 중앙을 따라 길게 보강재가 달린 구조라면 큰 문제가 없겠지만 스트레처가 네 개의 다리 사이에 프레임 형태로 설치돼 있다면 의자를 밀어 넣을 수 없어 앉기가 매우 불편해진다. 테이블과 의자가 스타일 면에서 아무리 잘 어울려 보여도 다리 구조 때문에` 부딪친다면 그 조합은 좋은 선택이 아니다.

식탁 상판의 일반적 형태

직사각형

1인당 식기 세팅 공간으로 가로 60센티미터, 세로 40센티미터가 필요하다는 점을 고려할 때, 두 사람 이상이 옆으로 나란히 앉기에 가장 자연스러운 형태는 직사각형이다.

타원형

타원형 식탁의 장점은 가장자리에 앉은 사람들이 중앙에 앉은 사람들을 더 잘 볼 수 있다는 점이다. 직사각형 식탁에서는 이런 시야 확보가 어렵다.

육상 트랙형/D자형 끝단

육상 트랙처럼 양 끝이 곡선으로 처리된 직사각형 식탁을 말한다. 모서리를 둥글게 처리하면 직선보다 제작 단가가 높아 가격대에 영향을 줄 수 있지만 시각적으로 더 완성된 인상을 준다. 또한 각진 모서리가 많은 공간에 놓였을 때, 공간의 균형을 부드럽게 잡아주는 효과가 있다.

보트형

배의 선체처럼 가운데가 넓고 양쪽 끝이 좁아지는 형태를 말한다. 타원형과 마찬가지로 테이블 끝 쪽의 사람들과 중앙의 사람들이 서로 쉽게 눈을 맞추며 대화할 수 있지만, 곡선 가공에 드는 비용 때문에 제작 단가가 더 높다.

원형

원형 테이블은 사교적 측면에서는 단연 최고다. 테이블에 앉은 모든 사람이 서로 눈을 마주칠 수 있기 때문이다. 모두가 대화에 참여할 수 있으며 누구도 소외되지 않는다. 다만 일반적으로 원형 테이블은 공간을 더 많이 차지한다.

정사각형

어디에 배치하느냐에 따라 탁월할 수도, 비실용적일 수도 있다. 원형 테이블과 마찬가지로 정사각형 테이블도 네 방향 모두에서 의자를 빼낼 수 있도록 테이블 주변에 충분한 공간을 둬야 한다.

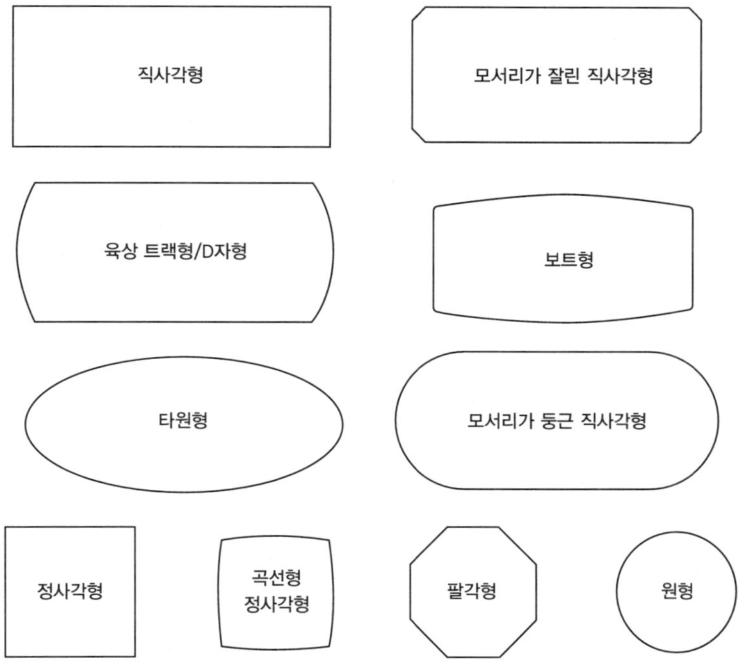

사교적 측면에서는 장점이 있지만 그만큼 더 넓은 공간을 차지한다는 점을 고려해야 한다.

곡선형 정사각형

1950~1960년대에 흔히 볼 수 있었던 디자인이다. 옆면을 곡선으로 처리한 덕분에 테이블 전체가 더 부드러워 보이지만, 직선형 식탁 매트와는 잘 맞지 않고 일반적으로 쓰이는 직각 테이블용 식탁보로는 깔끔하게 덮이지 않을 수 있다.

모서리가 잘린 직사각형

정사각형보다 시각적으로 더 세련된 인상을 준다. 잘린 모서리가
종종 테이블 다리의 장식 요소와 일체감을 주도록 디자인된다.

팔각형

일반적이지 않은 독특한 형태로, 격식 있는 공간에서 주로 볼 수
있다.

원형 식탁의 식탁보와 식탁 매트

대형 원형 식탁에 맞는 식탁보를 찾기란 생각보다 쉽지 않다. 하지만 제품
구색을 잘 갖춘 업체에서는 주문이 가능하다. 물론 직접 식탁보를 만들 수
도 있다. 일반적으로 판매되는 원단은 폭이 140~150센티미터다. 테이블 지
름이 그보다 클 경우에 원단을 이어 붙이지 않고 만들려면 폭이 그 두 배쯤
되는 원단을 찾아야 한다. 원형 및 타원형 테이블에 직선형 매트를 사용하면
매트의 네 모서리가 식탁 상판의 곡선 밖으로 튀어나가 잘 어울리지 않는다.

확장형 테이블

특별한 날에 좌석을 더 마련하기 위해 확장형 테이블을 사용하기
도 한다. 확장형 테이블은 평소에는 일상에 맞는 크기로 사용하
다가 손님이 많을 때는 상판을 늘려 사이즈를 키울 수 있다.
테이블을 확장했을 때 의자 다리와 테이블 다리의 위치가 어떻게

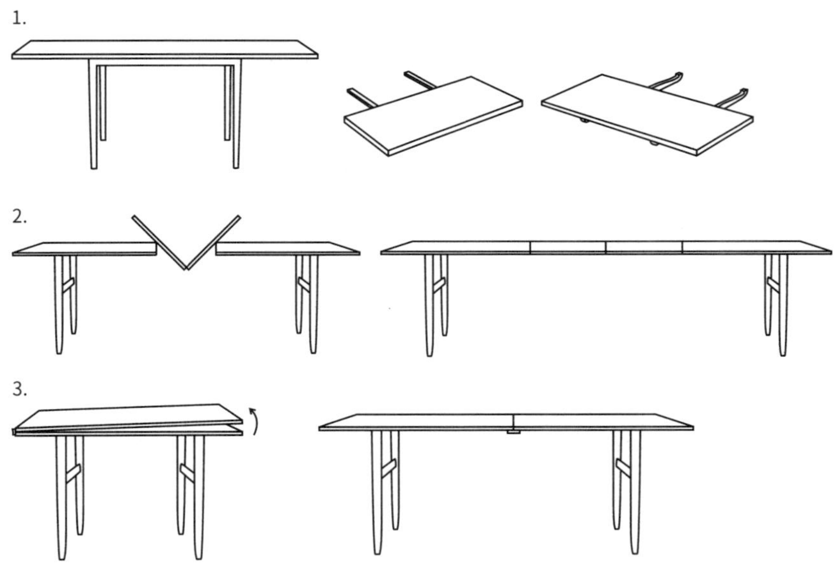

일반적인 확장형 테이블의 3가지 유형
1. 테이블 끝에 확장판을 추가하는 방식
2. 테이블 중앙을 양쪽으로 당겨서 확장판을 끼우는 방식
3. 상판이 이중 구조로 되어 있고 중앙에 경첩이 달려 있어서 펼치는 방식

달라지는지 확인하자. 확장용 날개를 붙이면 상판의 크기는 커진다 해도 다리나 스트레처의 위치 때문에 의자를 테이블 아래로 넣을 공간이 없어 앉기에 불편할 수 있다. 모든 가구 제조업체가 테이블과 의자 다리의 위치를 염두에 두지는 않는다. 소비자가 어떤 의자를 소유하고 있는지도 당연히 알지 못하므로 유의해야 한다. 확장되지만 실제로는 쓸모없는 테이블을 구매하고 싶지 않다면 말이다.

대표적인 확장 방식으로 '양 끝 확장식'과 '중앙 확장식'이 있다. 양 끝 확장식은 테이블 양 끝에 확장용 날개를 걸어 테이블 길이를 늘이는 방식이다. 이 방식의 장점은 테이블 중앙에 이음새가 없다는 점이다. 중앙 확장식은 테이블 상판의 한가운데를 양쪽으로 벌려 하나 이상의 확장판을 끼워 넣는 방식이다.

접이식 테이블

게이트레그(gateleg, 접이식 보조 다리를 펼쳐 상판을 지지하는 구조), 드롭리프(drop-leaf, 상판의 양쪽 끝이 접혀 필요할 때 들어 올려 사용하는 구조), 드로리프(draw-leaf, 상판 아래에 숨겨진 보조 상판을 양쪽으로 끌어내 확장하는 구조) 테이블은 모두 필요에 따라 상판의 크기를 조절할 수 있는 접이식 테이블의 유형이다. 드롭리프는 각진 형태나 둥근 형태 모두 가능하며 지지대 구조는 모델이나 제작 연도에 따라 다양하다. 이 유형의 테이블은, 중앙 부분이 고정되어 있고, 그 양쪽에 접히는 상판이 달려 있다는 공통점이 있다. 구형 모델에는 중앙에 서랍이 달린 경우가 많은데, 서랍은 주로 포크나 나이프, 각종 생활용품을 보관하는 데 사용됐다. 그러나 테이블을 접은 상태에서는, 상판 아래로 돌출된 이 서랍이, 의자가 들어갈 공간을 가로막아 착석 공간의 상당 부분을 차지한다는 단점이 있다(의자와 테이블의 치수에 대해서는 이 장의 앞부분을 참조하라).

접이식 테이블은 접혀 있을 때는 사이드보드처럼 활용할 수 있지만, 구형 테이블의 다리 구조가 인체공학을 고려해 설계된 현대 의자들과 잘 맞지 않는 경우가 많으므로 일상적으로 사용하는 식탁용으로는 추천하지 않는다. 그렇다고 해서 그냥 버리라는 말은 아니다. 기능 면에서는 아쉬움이 있지만 그 자체로 매력적인 가구여서 감성적 측면에서 큰 만족감을 줄 수 있다.

보통 접은 상태에서는 흔들림이 심하고 의자의 표준 높이와 잘 맞지 않는 경우가 많다. 게다가 테이블 다리나 서랍이 착석자의 다리 넣을 공간을 거의 다 차지해 버리는 일도 빈번하다. 그럼에도 잘 꾸며진 주방에서는 장식성과 실용성을 모두 갖춘 보조 테이블로 여전히 유용하게 사용될 수 있다.

빈티지 접이식 테이블을 구매하려 한다면 상판과 날개가 평평한지 먼저 확인해야 한다. 목재는 시간이 지나면서 휘는 경우가 많기 때문이다. 또한 테이블이 부딪치거나 밀렸을 때 펼쳐진 날개가 떨어지지 않게 막아줄 고정 장치가 있는지도 반드시 확인해야 한다. 게이트레그 테이블의 금속 부품은 오래되면 마모되므로 구매하기 전에 경첩의 품질과 안정성, 교체 가능 여부도 확인하자.

나만의 식탁 만들기

손재주가 있으면 누구나 자신만의 식탁을 만들 수 있다. 단, 방부 처리된 목재나 식탁용으로 부적절한 화학 처리를 거친 목재는 피하는 것이 좋다. 물론 음식을 식탁 상판 위에 바로 올려놓지는 않겠지만, 식탁 상판은 수저나 음식물과 쉽게 접촉되는 곳이고 결국 식사하는 사람과도 닿게 된다. 또한 식탁 밑면을 매끈하게 다듬는 것을 잊지 말자. 많은 사람이 눈에 잘 띄는 상판의 윗면만 중요하게 여기지만, 식탁의 밑면 또한 식사하는 사람의 무릎, 다리, 옷과 닿는 부분이다. 들뜬 나뭇결이나 거친 표면은 피부나 옷감을 손상시킬 수 있으므로 주의해야 한다.

MI 901 게이트레그 테이블

브루노 마트손 디자인

1936년, 가구 디자이너 브루노 마트손(Bruno Mathsson)은 17세기부터 스웨덴 가정에서 사용돼 온 전통적인 게이트레그 테이블을 훌륭하게 발전시킨 제품을 선보였다. MI 901 테이블은 접었을 때 상판 너비가 23센티미터에 불과하지만 완전히 펼치면 280센티미터까지 확장된다. 게다가 혼자서도 쉽게 펼치고 접을 수 있다는 장점이 있다. 이 테이블은 1950년대에 미국 잡지「일상 예술 계간(Everyday Art Quarterly)」이 스웨덴 디자인을 소개하는 기사에 사용한 단 한 장의 사진에 등장할 만큼 당시의 상징적 존재였다. 참고로 오늘날에도 여전히 생산되고 있다.

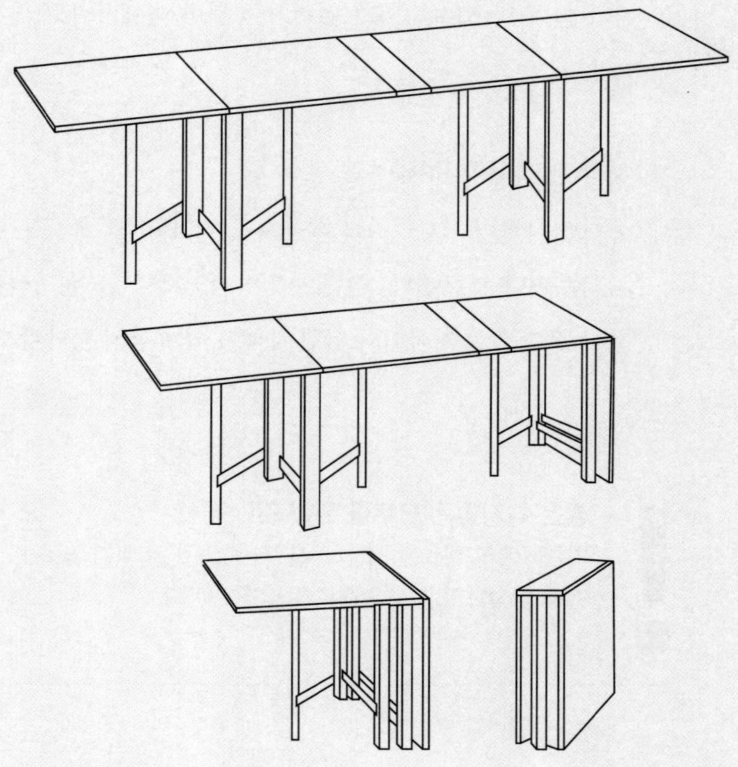

어린이 테이블

어린이 테이블의 높이는 나이보다 아이의 실제 신장에 따라 조정돼야 바람직하다. 하지만 성장 속도가 대체로는 일정하기 때문에 표준 높이는 연령대별로 제시되는 경우가 많다. 가구 디자이너인 세스 스템(Seth Stem)이 1989년에 출간한 『가구 디자인, 개념에서 작업 도면까지: 실용적 지침(Designing Furniture from Concept to Shop Drawing: A Practical Guide)』에 따르면 3세에서 6세 사이 어린이를 위한 테이블의 표준 높이는 56센티미터이며 의자 높이는 32센티미터다. 또한 아이들이 편하게 앉기 위해서는 아이 한 명당 51센티미터 너비의 공간이 필요하다고 명시하고 있다.

식탁에 대한 일반적인 불만 사항

- 식탁 상판이 커트러리나 유리잔, 접시, 냄비 등에 너무 쉽게 긁히거나 얼룩진다. 식탁은 일상적인 물건을 올려놓았을 때 보기 흉한 자국이나 긁힌 자국이 쉽게 남지 않아야 한다.

！ 좋은 디자인은 모두를 위한 것!
어린이에게 필요한 것은 단지 '작은 가구'가 아니라, 좋은 디자인의 원칙과 조형적 완성도를 갖춘 가구다.

인터넷으로 구매할 경우, 다른 사용자의 후기를 꼼꼼히 읽
어보도록 하자.

- 여러 사람이 앉아 식사할 때 테이블이 흔들리고 불안정하
게 느껴진다.

- 강한 세정제나 소독제에 의해 상판이 변색되거나, 반지나
팔찌 같은 장신구에 의해 흠집이 생긴다.

- 물잔을 놓아두면 자국이 생기고 한번 자국이 생기면 잘 지
워지지 않는다.

- 햇빛으로 원목 상판의 색이 바래진다. 긴 휴가 동안 테이블
러너를 깔아둘 경우 자국이 그대로 남는다.

- 식탁 다리 등이 손상되는 일도 있다. 바닥이 고르지 않은 곳
에서 테이블을 끌어 옮기면 진동으로 인해 프레임이나 접

시각적 무게

정확히 같은 크기의 식탁이라도 어떤 공간에 놓였느냐에 따라 크기나 부피
감이 전혀 다르게 느껴질 수 있다. 식탁의 색상과 소재가 주변 환경과 어떻
게 조화를 이루느냐에 따라 식탁이 실제보다 더 크거나 작게 보이기도 한다.
또한 표면적이 같더라도 프레임과 다리의 디자인에 따라 깔끔하거나 투박하
게 보일 수 있다.

이러한 개념은 가구로 꽉 찬 느낌이 들지 않게 연출하고 싶은 작은 방에서
특히 중요하다. 넓고 개방적인 방에서는 균형감을 주기 위해 시각적으로 더
무게감이 있는 식탁이 필요할 수도 있다.

합 부위가 손상될 수 있다. 심한 경우 다리가 헐거워지거나
부러지기도 한다.
• 유리 식탁은 자연광에서 보는 모습과 플래시를 사용해 사
진을 찍었을 때의 모습이 다를 수 있다.

커피 테이블

커피 테이블은 구조적으로 식탁과 매우 유사하지만 낮은 높이의 좌석과 어울려야 하므로 당연히 크기와 기능은 다르다. 잘못된 선택으로 인한 불편을 피하려면 다음과 같은 몇 가지 핵심 사항들을 반드시 고려해야 한다.

상판과 디자인

일반적인 기준으로 커피 테이블은 함께 놓이는 소파보다 너비가 크지 않아야 한다. 최대 너비는 소파 너비의 3분의 2이며 최소 너비도 소파 너비의 절반 정도는 돼야 균형이 맞는다. 기준을 벗어나면 테이블이 너무 커 보이거나 너무 작아 보이는 등 비례가 맞지 않을 위험이 있다.

커피 테이블의 상판 모양과 소파의 형태를 비교할 때, 인테리어 디자이너들은 가구들이 서로 관련성을 가지되 쌍둥이처럼 닮아서는 안 된다는 견해를 가진다. 동일한 형태의 가구를 나란히 두면 하나의 덩어리처럼 보여 시각적 흐름을 방해할 수 있기 때문이다. 반면 색상, 형태, 소재 면에서는 서로 조화를 이루고 상호 보완하는 것이 좋다. 예컨대 각진 소파에는 원형이나 타원형 테이블이 잘 어울린다. 반대로 곡선이 강조된 소파에 각진 테이블을 매치하면 전체적으로 안정감을 줄 수 있다. 인테리어 디자이너들은 소파 주변에 역동적 느낌을 조성하려고 노력한다. 예를

만약 커피 테이블의 모양과 크기로 인해 중심으로부터 먼 자리에 앉게 되는 사람들의 손이 커피 테이블에 닿지 않는다면, 소파 양쪽에 작은 테이블을 하나씩 추가해 문제를 보완할 수 있다.

들어 직사각형의 3인용 소파 앞에는 소파의 좌석과 높이가 같은 직사각형의 커피 테이블을 두는 것보다, 높이와 크기가 다른 한 세트의 원형 테이블 두 개를 놓는 편이 훨씬 잘 어울릴 수 있다.

높이

커피 테이블의 높이는 어느 정도가 적당할까? 이 문제에는 다양한 의견이 있지만 일반적으로는 소파 좌석 쿠션의 상단을 기준으로 위아래 ±10센티미터 정도의 범위 안에서 선택하는 것이 좋다고 알려져 있다. 단, 정확히 같은 높이로 맞추는 것은 피하는 것이 바람직하다.

만약 소파에 앉아 식사를 자주 하거나 간식을 즐기는 편이라면 몸을 심하게 숙이지 않아도 되도록 조금 높은 테이블을 선택하는 것이 좋다. 반면 몸을 뒤로 기대어 편히 쉬도록 디자인된 소파의 경우는 머리 위치가 낮아지므로 낮은 테이블이 더 적합하다. 하지만 아이가 있는 집이라면 아이가 기어오르거나 장식물을 만질 가능성이 있으므로 낮은 커피 테이블은 그다지 권장하지 않는다.

다리를 위한 공간

커피 테이블을 고를 때 디자인이나 외형에만 집중하다 보면, 앉았을 때 다리와 발을 위한 공간처럼 당장 눈에 잘 띄지 않는 요소들은 간과하기 쉽다. 예를 들어 소파의 등받이가 뒤로 많이 젖혀져 있을수록 발을 앞으로 뻗을 공간은 더 많이 필요하다. 지금 앉아 있는 자리에서 직접 확인해 보자. 몸을 뒤로 기울일수록 균형을 유지하기 위해 발을 앞으로 더 많이 내밀게 된다. 이 경우 몸을 안정적으로 지탱하려면 바닥에 발이 편안히 닿을 만큼 소파의 좌석이 낮아야 한다.

그렇다면 커피 테이블을 선택하는 데 있어 공간은 어떤 영향을 미칠까? 거실에 여유 공간이 충분하지 않다면, 뒤로 기대어 앉았을 때 발이 들어갈 수 있는 공간이 확보되는 테이블을 선택하는 곳이 좋다. 그렇지 않으면 다리를 펴기 위해 테이블을 앞으로 밀어야만 하며, 그 결과 테이블이 차지하는 바닥 면적이 더 커지게 된다. 따라서 실용적인 면을 고려하면 하부가 막힌 형태의 커피 테이블이나 거울로 마감된 큐브형 테이블, 오토만(ottoman, 등받이 없는 낮은 좌석) 등은 배치하기 어렵다. 보기에도 좋고 편하게 쉴 수 있는 소파 공간을 만들고 싶다면 공간의 배치를 사전에 신중하게 고려해야 한다.

커피 테이블 상판의 소재별 장단점

유리

장점: 공간이 협소하다면 일반적인 견고한 상판보다 공간을 더 넓어 보이게 하는 유리 상판 커피 테이블을 선택하라. 유리는 빛을 반사하기 때문에 실내를 더 밝게 해 개방감을 부여한다. 또한 유리 상판은 테이블 아래에 깔아놓은 러그의 무늬도 더 잘 드러나게 한다. 멋진 오리엔탈 러그를 깔아놓았는데, 러그의 메달리온(medallion, 카펫 중심부에 위치한 장식적인 문양)이 테이블 상판에 가려진다면 얼마나 아쉽겠는가?

단점: 지문이나 얼룩이 쉽게 눈에 띈다. 또한 유리에는 철 성분이 포함돼 있어 미묘하게 녹색을 띠는 경우가 많은데, 온라인의 제품 사진만으로는 식별하기 어렵다. 유리 테이블은 자연광과 인공조명 아래에서 매우 다르게 보이며, 사용하는 조명의 종류에 따라 집 안에서는 그 색감이 더 두드러질 수 있다. 구매 시 반드시 강화 유리로 제작된 제품인지 확인하자. 강화 유리는 충격에 훨씬 강하고, 혹시라도 깨질 경우 파편이 비교적 안전한 형태로 부서지므로 사고의 위험을 줄여준다. 유리에 대한 더 자세한 내용은 7장의 '유리' 편(392쪽)에서 확인할 수 있다.

목재

장점: 목재는 표면의 나뭇결과 불규칙성 때문에 자연스럽고 독특한 생명력을 지닌다. 또한 플라스틱이나 석재와는 달리 실내의

음향을 따뜻하고 부드럽게 반영한다. 나무는 몸의 열을 빼앗지 않고 되돌려주어, 손으로 만졌을 때 따뜻하게 느껴진다.

단점: 표면 마감 방식에 따라 관리가 더 까다로울 수 있다. 나무는 주변 환경의 습도 변화에 민감하게 반응하는 소재이므로 온도와 습도가 급격히 변하는 공간에서는 사용에 주의해야 한다. 예를 들어 겨울 내내 난방하지 않는 산장, 온실, 수영장과 같은 환경에서는 특히 유의해야 한다.

크롬

장점: 무광의 재질이 많은 공간에서는 크롬 소재의 광택 있는 표면이 주변 빛을 반사해 생기를 불어넣는다.

단점: 주변 색상을 그대로 반사하기 때문에 환경의 영향을 많이 받는다. 조명이나 창문을 통해 들어오는 자연광의 각도에 따라 왜곡되거나 눈부신 반사광이 생기기도 한다.

석재

장점: 묵직하고 견고하며 유행을 타지 않는 소재다.

단점: 모서리가 충격에 약해 쉽게 이가 나가거나 깨질 수 있다. 날카로운 가장자리는 이제 막 걸음마를 뗀 아이들에게 특히 위험하다. 또한 표면에 컵 자국이나 물 얼룩이 쉽게 생기므로 반드시 테이블보나 매트를 깔아 사용해야 한다.

콘크리트

장점: 천연석에 비해 가격 대비 효율이 높고 마모와 긁힘에 비교적 강한 편이다. 시간이 지나며 자연스럽게 생기는 파티나가 소재 특유의 매력을 더해준다.

단점: 표면 처리가 되어 있지 않다면 색이 있는 액체에 쉽게 얼룩이 생겨 보기 흉한 자국을 남길 수 있다.

래미네이트, 멜라민 등 합성소재

장점: 가벼워서 청소하거나 가구를 재배치할 때 옮기기 쉬우며 표면 오염에도 비교적 강한 편이다. 가격 대비 품질이 좋아 경제적이며, 자연의 질감을 모방한 디자인부터 다양한 패턴까지 선택의 폭이 넓다.

단점: 긁힘에 약하고 한번 손상되면 수리가 어렵다. 가족 중에 테이블 위에 발을 올리는 습관이 있는 사람이 있다면 테이블이 미끄러져 방 안을 가로질러 가 버릴 수 있다.

커피 테이블에 대한 일반적인 불만 사항

- 다리, 지지대, 하부 프레임이 불안정하다.
- 표면이 얼룩과 긁힘에 약하다. 특히 흰색 표면에는 커피나 포도주로 인해 영구적인 얼룩이 생길 수 있다.
- 표면과 다리 색상이 다르다(특히 목재나 무늬목 소재일 때). 사이드 테이블의 경우, 똑같은 제품인데도 상판의 겉모습은 크게 달라 보일 수 있다.

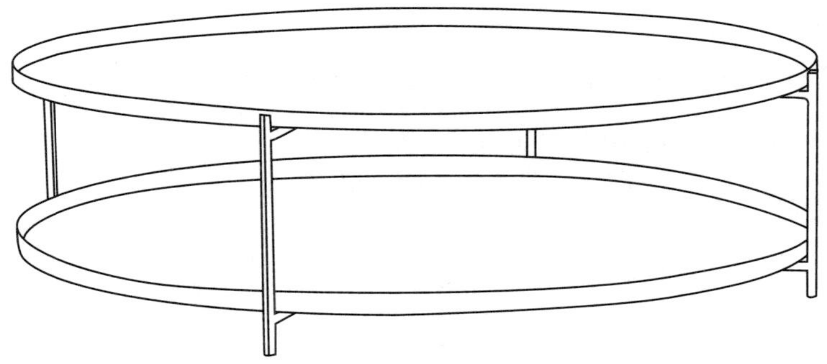

커피 테이블 아래에 선반이 있을 경우, 청소할 때 무척 성가시다. 선반이 바닥과 너무 가까우면 진공청소기가 들어가지 못해 번번이 테이블을 옮겨야 한다.

- 넘어질 위험이 있다. 테이블 구조가 어린이에게 안전하지 않다.
- 일부 테이블은 청소하거나 옮길 때 들기 어렵다.

실패하지 않는 테이블 선택법

당신이나 배우자가 테이블 위에 발을 올리는 버릇이 있는가? 부끄러운 일이다! 하지만 일단 농담은 접어두고 먼저 테이블을 고르기 전에 반드시 안정성과 상판의 견고함, 테이블의 무게를 꼼꼼히 확인하라. 발을 올렸을 때 테이블이 미끄러지면 곤란하기 때문이다. 또한 유리 테이블은 한곳에 쏠리는 하중에 취약하니 피하는 것이 좋다.

소형 테이블

작은 테이블은 집 안 곳곳에서 유용하게 쓰이며 공간에 아늑함을 더해준다. 예를 들어 소파나 안락의자 옆의 사이드 테이블, 복도에 두는 현관 테이블이나 반달형 콘솔 테이블, 사이드보드나 뷔페 테이블 등은 모두 집 안에서 실용적인 역할을 충실히 해낸다. 물론 테이블의 구조와 사양은 용도에 따라 결정되지만 여기서는 일상에서 흔히 볼 수 있는 몇 가지 소형 테이블의 유형과 그에 따른 구조적 특징, 자주 발생하는 문제점, 약점 등을 간략하게 살펴볼 것이다. 새 제품이든 중고 제품이든, 제품을 선택하는 데 도움이 되었으면 한다.

보조 테이블

의자나 좌석 옆에 두는 작은 테이블을 흔히 사이드 테이블, 혹은 소형 테이블이라고 부른다. 인테리어 디자이너들이 따르는 기본 원칙은, 하나의 좌석군에 있는 모든 사람의 손이 닿는 범위 안에 물건을 내려놓을 수 있는 표면이 있어야 한다는 것이다. 따라서 소파나 안락의자의 모양과 좌석의 위치 때문에 커피 테이블에 손이 닿기 어려운 경우, 보조 테이블이 좋은 해결책이 된다. 보조 테이블의 높이는 제조사나 디자인 스타일에 따라 다를 수 있지만 일반적으로 옆에 두는 소파나 의자의 팔걸이보다 약간 낮게 만드는 것이 원칙이다. 이렇게 해야 물건을 올려놓기 편하고,

앉았을 때 테이블 상판이 어깨 높이 이상으로 올라오지 않아 시야를 방해하지 않는다.

네스팅 테이블

네스팅 테이블(nesting tables)은 여러 개의 작은 테이블로 구성돼 있으며 크기 차이를 두어 서로 겹쳐 넣을 수 있게 만든 가구다. 과거에는 라디오를 놓는 용도로 인기가 있었지만 오늘날에는 소파나 안락의자 옆에 두고 사용하는 사이드 테이블로 더 자

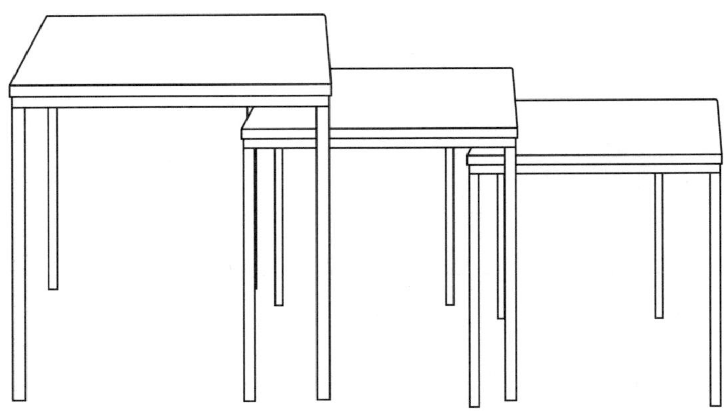

네스팅 테이블을 고를 때는 각 테이블이 실제로 잘 겹쳐 들어가는지 확인해야 한다. 그리고 각기 다른 높이의 테이블들이 제각기 기능적인 역할을 하는지, 아니면 그저 겉치레에 불과한 것인지 살펴봐야 한다. 저가형 제품 중에는 겹쳐 넣을 때 테이블의 돌출된 부분이 서로 마찰을 일으켜 아래쪽 테이블 표면에 흠집이 생기는 경우가 있다. 이를 방지하기 위해 일부 제조사는 큰 테이블의 하부에 펠트 패드를 부착해 작은 테이블의 표면을 보호하기도 한다.

주 활용된다. 네스팅 테이블은 필요에 따라 테이블을 빼내거나 집어넣을 수 있어 공간 활용에 효과적이라 다양한 상황에 맞게 사용할 수 있다.

반달형 테이블

사이드 테이블이나 창가 테이블로 사용하는 반달형 테이블은 한때 단순한 보조 테이블 이상의 용도로 쓰이곤 했다. 두 개의 반달형 테이블을 맞붙이면 완전한 원형 테이블이 되고 그사이에 추가로 확장판을 끼우면 더 많은 인원이 식사할 수 있는 다이닝 테이블로 재빨리 탈바꿈시킬 수 있었다. 하지만 요즘에는 주로 현관 테이블이나 창가 벤치가 없는 창문 밑을 장식하는 용도로 사용된다.

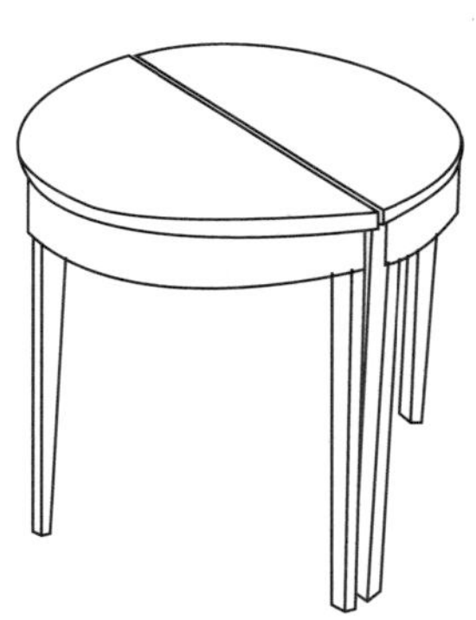

카트

카트, 바 카트(bar carts), 티 카트(tea carts)는 규모가 큰 집에서 물건을 한 방에서 다른 방으로 옮길 때 사용되었다. 바퀴가 클수록 문턱이나 러그 같은 장애물을 넘을 때 더 부드럽게 움직이기 때문에 빈티지 바 카트에는 크고 튼튼한 바퀴가 달린 경우가 많다. 특히 바퀴가 크면 유리병 등을 실어 이동할 때도 소음이 덜하고, 움직임도 안정적이다. 단순히 장식 목적이 아닌 실제

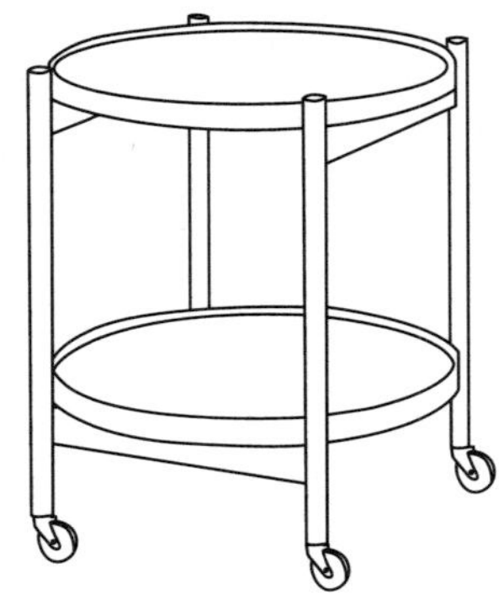

이동성을 고려해 카트를 구매하려는 사람이라면 염두에 둘 사항이다. 또한 이동 중 물건이 쏟아지지 않도록 트레이 가장자리에 적절한 턱이 있어야 한다는 점도 기억하라. 일반적으로 카트 높이는 60~65센티미터가 적당하다.

바퀴는 고정식인가, 회전식인가?

- 소형 카트로 좁은 공간에서 재빨리 방향을 바꾸거나 회전하려면 회전식 바퀴가 유리하다. 고정식 바퀴보다 훨씬 더 좁은 공간에서도 방향을 바꿀 수 있다.
- 회전식 바퀴 중에는 회전 기능을 잠글 수 있는 것도 있다. 회전 기능을 잠그면 바퀴는 앞뒤로 굴러가지만 회전은 하지 않으므로 울퉁불퉁한 바닥에서도 직선 주행을 할 수 있다.
- 회전은 가능하게 하면서 바퀴가 앞뒤로 구르는 것만 막아주는 간단한 브레이크 기능도 있다.

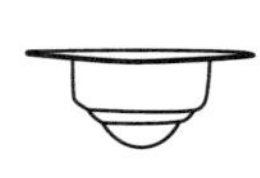

	가구용 캐스터	고무 바퀴	금속 바퀴	단단한 플라스틱	황동/금속	볼형
최적 표면	모든 표면	단단하고 매끄러운 표면	부드러운 표면, 카펫 등	긁힘 방지 바닥	컵 사용에 적합	구르지 않음
하중 지지력	중간	높음	높음	높음	높음	높음
회전 저항력	중간	중간	중간	낮음	높음	낮음
쿠션감	중간	높음	늦음	낮음	낮음	낮음
소음 수준	중간	낮음	높음(단단한 표면에서)	중간	높음	높음
표면 손상 위험	낮음	낮음	높음	중간	높음	높음

- 완전 잠금 시스템은 바퀴가 구르거나 회전하는 것을 모두 멈추게 한다. 특히 욕실처럼 바닥이 경사진 공간에서 카트를 안정적으로 고정해 두기에 적합하다.

서빙 카트 구매 요령

- 핸들과 조타감: 실제로 카트를 끌고 이동할 거라면 핸들이 튼튼하고 잡기 편한지, 카트를 얼마나 부드럽게 조종할 수 있는지 살펴봐야 한다.
- 높이와 너비의 비율: 카트의 높이에 비해 너비가 너무 좁으면 쉽게 넘어질 수 있다.
- 아이와 반려동물: 바 카트는 어린이나 반려동물에게 적합

하지 않다. 특히 하단 선반에 턱이 없으면 개가 흔드는 꼬리의 힘만으로도 병이 쓰러질 수 있다.

- 내열성 여부: 음식을 서빙하는 용도라면 표면이 내열성인지 확인하자. 상단 선반의 일부, 또는 전체가 세라믹이나 스테인리스 매트로 덮여 있으면 실용적이다.
- 선반 사이의 간격: 선반과 선반 사이의 높이가 충분한가? 포도주병, 욕실용 스프레이처럼 세워두는 물건을 수납하려면 선반 사이의 높이가 충분히 확보돼야 한다.
- 최대 적재 용량 및 무게: 최대 적재 용량은 얼마나 되는지, 비어 있는 상태의 무게는 얼마나 되는지 확인하자. 일부 카트는 짐을 실으면 조작이 어려워진다.
- 바퀴의 마모 상태: 빈티지 카트의 경우 바퀴의 접지면이 닳아 있을 수 있다. 바퀴 교체 가능 여부를 꼭 확인하자.

책상

책상을 고르는 일이 로켓 공학처럼 복잡하지는 않지만, 매일 사용할 책상을 고를 때는 꼭 피해야 할 함정이 몇 가지 있다. 어떤 크기와 모델이 가장 적합한지는 주로 다음 두 가지에 달려 있다.

1. 책상 위에서 작업하기 위해서는 어느 정도의 공간이 필요한지, 그리고 그 일을 하는 데 필요한 물품을 놓을 공간은 어느 정도 크기여야 하는지 고려해야 한다.
2. 책상을 들일 공간이 집이나 방 안에 확보되어 있는가.

작업 공간의 크기

필요한 작업 공간의 크기는 사용자의 디지털 장비의 크기와 책상에서 작업하는 동안 필요한 모든 사무용품의 크기에 따라 달라진다. 일반적으로 권장되는 책상의 최소 크기는 깊이 60센티미터, 너비 75센티미터 이상이다.

컴퓨터와의 거리

컴퓨터 모니터와 눈 사이의 권장 거리는 모니터의 크기와 제조사의 권장 기준에 따라 다르지만, 일반적으로 눈과 화면 사이에는 50~80센티미터, 즉 팔 길이 정도의 거리를 두는 것이 좋

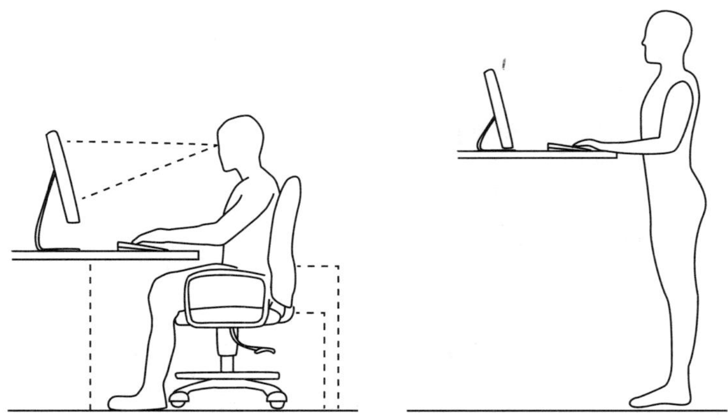

사용하는 화면의 크기에 따라 모니터의 상단을 눈썹 높이와 같게 하거나 아주 살짝 아래에 오도록 조정하는 것이 좋다. 이는 목을 부자연스럽게 굽히는 자세를 피하기 위한 것이다. 또한 컴퓨터 화면이나 주변 조명의 각도를 조절해 눈에 거슬리는 반사광을 피하도록 하자.

다. 모니터의 상단 테두리는 눈높이와 나란한 위치에 있어야 한다. 그래야 목을 숙이지 않고도 자연스럽게 시선을 아래로 둘 수 있다.

노트북으로 장시간 작업해야 한다면 노트북 거치대와 무선 키보드를 갖추는 것이 좋다. 모니터의 위치를 높이면 목을 굽히지 않아도 되기 때문에 목에 무리가 가는 상황을 피할 수 있다. 노트북 화면의 크기에 따라 다르지만 일반적으로 화면은 책상 높이보다 15~20센티미터 정도 높이는 것이 적당하다. 무선 키보드를 위한 공간과 더불어 컴퓨터의 오른쪽(오른손잡이인 경우) 또는 왼쪽

(왼손잡이인 경우)에 무선 마우스를 사용할 공간도 필요하다.

책상의 높이

책상의 높이는 의자의 높이와 다리 길이에 따라 달라지지만 발바닥 전체가 바닥에 닿은 상태로, 팔뚝은 책상 표면과 약 90도 각도를 이루면서 키보드나 마우스를 편안하게 사용할 수 있는 정도여야 한다. 이 자세를 유지하면 불필요한 근육 긴장이나 피로를 예방할 수 있다. 일반적으로 권장되는 높이는 72~75센티미터다.

인체공학적 관점에서 볼 때, 작업 시간이 긴 경우에는 수시로 작업 자세를 바꿔주는 것이 좋다. 높이 조절이 가능한 책상은 간단한 조작만으로도 높이를 올리거나 내릴 수 있어, 앉은 자세와 선 자세로 번갈아 가며 사용할 수 있다. 이런 책상은 주로 전원에 연결해 작동시키므로 전선의 길이는 물론, 근처에 콘센트나 전기 배선함이 있는지도 확인해야 한다. 물론 수동으로 책상 높이를 조절할 수 있는 제품도 있다. 가능한 한 작동하기 쉽고 단순한 시스템을 갖춘 책상을 선택하는 것이 좋다. 작동 방식이 번거로우면 작업 자세를 바꾸는 것을 결국 포기할 수도 있기 때문이다. 또한 현재 설정된 높이를 명확하게 표시해 주는 표시창이 있는 제품을 선택하면 매번 시행착오를 겪지 않고 원하는 높이로 재빨리 조정할 수 있다.

빈티지 책상

　빈티지 책상은 보기에는 매력적이지만 오늘날 필요한 기준에는 못 미치는 경우가 있다. 권장 높이 72~75센티미터를 충족시키지 못하는 경우도 있고 바닥에서 책상 하부까지의 공간이 최

빈티지 책상 중 흔히 볼 수 있는 형태는 작업 면 아래에 서랍이 달려 있고 장식적인 다리가 상부를 받치고 있는 구조다. 또 양쪽에 넓은 서랍이나 수납장이 있는 '크레덴자(credenza)'형 책상도 흔하게 볼 수 있다.

소 기준인 63센티미터에도 미치지 않아 편안하게 앉기 어려울 수
도 있다.

오래전에 만들어진 책상은 현대식 사무용 의자의 스타일과 어울
리도록 설계되어 있지 않다. 더구나 컴퓨터와 같은 기술 장비들
을 사용하며 하루 8시간 이상 앉아서 일하는 우리의 상황을 고려
해 설계되지도 않았다.

- 빈티지 책상은 작업대 아래에 넓은 에이프런과 서랍이 있는 경
  우가 많기 때문에, 다리나 허벅지를 위한 공간이 제한적이고
  앉은 자세를 바꾸기 어려운 경우가 있다.
- 빈티지 책상은 대체로 크기가 작고 폭이 좁은 경우가 많은데,
  컴퓨터 작업을 할 때 화면과 적정 거리를 유지해야 한다는 점
  을 잊으면 안 된다. 책상이 좁으면 화면과 너무 가까이 앉게 되
  어 목을 불편한 각도로 숙여야 한다.

눈을 위한 데스크 패드

데스크 패드는 책상 표면이 긁히거나 얼룩지는 것을 막아줄 뿐
아니라 단단한 표면에서 타이핑할 때 나는 소음을 줄여준다.
책상 표면이 흰색일 경우 빛 반사를 최소화할 수도 있다. 어두
운 방에서 자연광이 부족한 상태로 작업할 예정이라면 책상의
색상도 신중히 선택해야 한다. 어두운 책상은 빛을 더 많이 흡
수해 눈에 불필요한 피로를 줄 수 있다. 바른 작업 자세를 취하
는 것만큼이나 눈 건강을 지키는 것도 중요하다.

- 서랍은 오래될수록 잘 열리지 않거나 자주 걸리기 쉽다. 게다가 책상이 안정적으로 설치되지 않으면 타이핑할 때마다 서랍의 금속 손잡이가 덜거덕거리기도 한다.
- 크고 웅장한 중역용 책상은 양옆에 부속 구조물이 달린 경우가 많기 때문에 사무용 의자가 회전하거나 움직이는 공간을 크게 제한한다.

침대 협탁

침대 협탁, 침대 옆 탁자, 침대 옆 캐비닛, 나이트 스탠드(night-stand, 침대 옆에 두는 작은 테이블 또는 서랍장) 등 그 이름은 다양하지만 본질적으로 기능은 같다. 사람들은 대부분 침대 옆에 시계, 장신구, 책, 작은 조명 등을 올려둘 수 있는 탁자를 두길 원한다. 다음은 침대 협탁을 고를 때 고려해야 할 몇 가지 사항이다.

선반형 침대 협탁

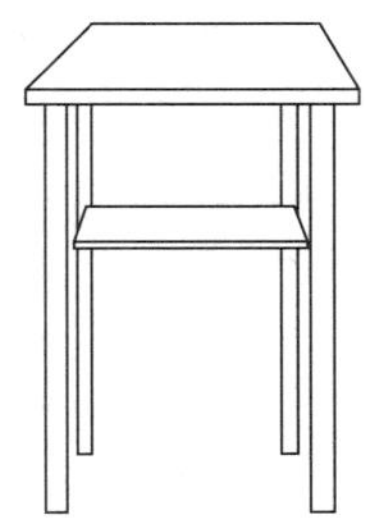

장점: 깔끔한 인상을 준다. 상판과 선반 모두 정리하기 쉽다.

단점: 물건을 보관할 공간이 적고 사적인 물건을 넣어둘 곳이 없다. 휴대전화 충전기, 디지털 라디오, 알람시계, 조명 등의 케이블을 탁자 뒤로 넘겨 감출 수가 없다.

서랍형 침대 협탁

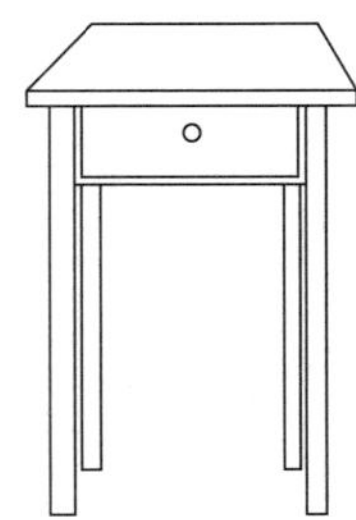

장점: 남들에게 보이고 싶지 않은 물건을 넣을 수 있는 서랍이 있다. 아울러 침실 분위기를 한층 살려줄 아름다운 손잡이를 선택하는 즐거움도 따른다.

단점: 침대 협탁의 서랍은 대부분 너무 작아서 책이나 신문 등 필요한 물건들을 모두 넣기에는 공간이 충분치 않다.

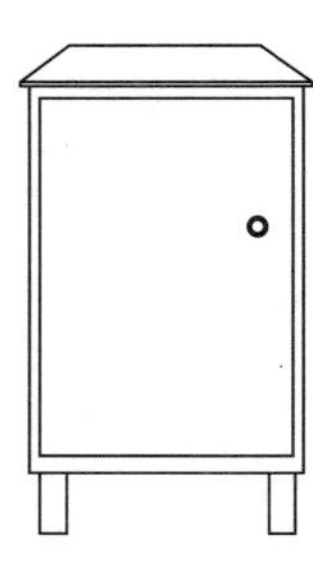

수납장형 침대 협탁

장점: 높이가 있는 물건이나 큰 책을 수납할 공간이 있으며 사적인 물건을 보관할 공간도 충분하다.

단점: 문이 열릴 수 있는 공간이 필요하다. 싱글 침대를 벽에 붙여 사용할 경우, 수납장은 침대의 한쪽 면에만 둘 수 있는데, 이런 상황에서는 문손잡이가 침대 쪽에 있어야 누워서도 쉽게 문을 열 수 있다. 만약 그렇지 않다면 문을 반대 방향으로 다시 달 수 있는지를 확인해야 한다. 또한 수납장 다리가 짧으면 진공청소기 사용이 어려울 수 있다.

침대 서랍장

장점: 용도에 따라 구분해서 물건을 수납할 수 있다.

단점: 서랍의 크기가 용도를 제한한다. 침대에 누운 상태에서는 맨 아래 서랍을 열기가 쉽지 않을 수 있다.

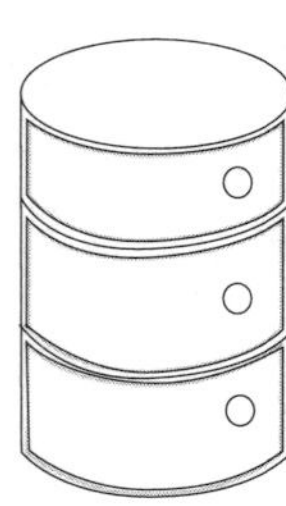

원형 캐비닛

장점: 수납공간이 가려져 있다. 앞쪽 공간을 덜 차지한다.

단점: 내용물이 뒤섞이기 쉽다. 여닫이문 혹은 미닫이문이 종이나 책에 쉽게 걸린다. 수납공간이 가득 차기 시작하면 더 심해진다. 둥근 형태 때문에 방의 모서리에 밀착되지 않으므로

협탁의 주변에 사용할 수 없는 죽은 공간이 생긴다.

스툴

장점: 침대 옆 탁자로, 또는 보조 의자로 사용할 수 있다. 작은 방에서는 시각적으로 가볍고 개방적인 해결책이 될 수 있다.

단점: 흔들리거나 불안정할 수 있다. 협탁으로 쓰기에 적당한 높이인가? 가려진 수납공간이 없고, 상판 면적도 작다.

일체형 스툴/탁자

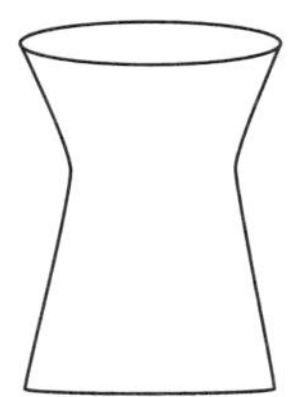

장점: 다양한 공간에서 두루 쓰이며, 일상의 변화 속에서도 함께할 수 있는 가구다.

단점: 가려진 수납공간이 없고 시각적으로 무겁다.

벽걸이형 협탁 선반

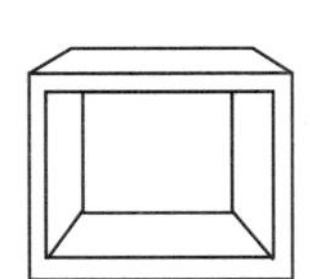

장점: 높이를 자유롭게 정할 수 있다. 고정된 다리가 없으므로 진공청소기를 사용할 때도 불편함이 없다.

단점: 한번 고정하면 나사 자국이 남거나 벽에 구멍이 생긴다.

박스스프링 침대용 협탁

박스스프링 침대(boxspring bed, 스프링이 내장된 박스형 받침대 위에 매트리스를 올려 사용하는 침대)나 디반 침대(divan, 하단이 서랍이나 천으로 감싼 받침으로 구성된 침대)는 일반 프레임형 침대보다 높기 때문에 침대 협탁 또한 매트리스의 높이에 맞춰 더 높아야 시각적 균형이 맞아 보인다.

선반 설치 전에, 베개와 이불, 침대 커버 등 침대 전체를 정돈한 상태에서 높이를 정해야 한다. 또한 선반을 침대 머리맡에 너무 가깝게 설치하면 침구가 깔끔하게 덮이지 않을 수 있다.

박스스프링 침대와 헤드보드는 방 안에서 가장 먼저 시선을 끄는 요소이므로 전체적으로 조화를 이루려면 비율 면에서 존재감이 있는 협탁이 필요하다. 다리가 가늘거나 속이 비치는 협탁은 어울리지 않는다.

침대 옆 수납장의 문을 여는 데 필요한 공간

여닫이문이 달린 협탁을 사용하는 경우, 손잡이가 달린 쪽이 침대 옆에 오도록 배치해야 한다. 그렇지 않으면 침대에 누워 협탁의 문을 열었을 때 수납장 안쪽이 열린 문에 가려져 보이지 않는다. 더블 침대라면 수납장을 침대 반대편으로 옮겨 문제를 해결할 수 있겠지만 싱글 침대에 사용할 수납장을 구매한다면 문을 양방향으로 달 수 있게 설계되어 있는지 미리 확인해야 한다.

높이

침대 협탁의 적절한 높이는 침대의 높이에 따라 달라진다. 매트리스보다 높거나 낮은 협탁은 각기 다른 장단점이 있다.

매트리스보다 낮은 협탁

장점: 손이 잘 닿는 높이라서 아침에 알람을 끌 때도 타조처럼 머리를 치켜들거나 팔을 멀리 뻗을 필요가 없다.

단점: 손이 너무 쉽게 닿는다는 것이 오히려 문제다. 이불이나 베개 혹은 팔이 무심코 닿아 물건을 떨어뜨릴 위험이 있다.

매트리스보다 높은 협탁

장점: 콘티넨털 침대의 헤드보드가 높은 경우, 협탁도 어느 정도 높아야 시각적으로 균형이 맞는다.

단점: 자는 동안 몸을 뒤척이다가 협탁의 모서리나 날카로운 부분에 부딪힐 위험이 있다.

페이스북 '트렌덴서(Trendenser)' 그룹의 한 회원이 휴대전화 알람을 사용하는 이들에게 금속 재질로 된 유명한 침대 협탁에 대해 경고했다. 알람이 울릴 때 금속 협탁 전체가 울림통처럼 진동한다는 것이다. 마치 타악기 오케스트라가 깨우는 것 같았다고. 공유할 만한 가치가 있는 조언이다.

수납 가구

수납 가구는 집 안의 거의 모든 공간에 놓인다. 옷장, 벽장, 책장 부터 서랍장, 진열장에 이르기까지 형태와 용도도 다양하다. 그러 나 어느 곳에 두고 어떻게 사용하든, 수납 기능을 갖춘 이들 가구 에는 공통점이 있다. 겉모습 못지않게, 내부 공간의 구조와 활용 성이 중요하다는 사실이다. 겉으로만 봐서는 알 수 없는 세부 요 소, 즉 얼마나 정교하게 설계되었는지, 구조는 견고하게 짜여 있 는지, 일상적으로 사용할 때 얼마나 원활하게 기능하는지에 따라 편의성은 크게 달라진다. 이 장에서는 수납 가구의 '품질'과 '개 념'면에서 주목해야 할 요소들을 차근히 살펴보며, 후회할 만한 선택을 피하는 방법까지 함께 이야기하고자 한다.

인테리어 디자이너라면, 다른 일들에 비해 '수납'을 다루는 일은 지루하다는 말을 함부로 해서는 안 된다. 수납은 고객들이 가장 자주 고민하는 문제이기 때문이다. 하지만 수납이라는 주제가 정 말 쉽고 재미있고 단순했다면, 이렇게 많은 사람에게 고민거리가 되지는 않았을 것이다. 나 역시 수납을 생각할 때마다 머리가 아프고 수납이 얼마나 '쿨'하고 간단한 일인지를 설교하듯 말하는 수납 고수들에게 일종의 알레르기 반응을 일으키는 것도 사실이다. 내게도 수납은 결코 '쿨'하거나 간단하지 않다.

인테리어 디자이너에게 수납은 '통곡물빵'과 같다. 누구나 몸에 좋다는 것은 알지만 너무 퍽퍽해서 의무감으로 뜯어 먹을 뿐 도무지 열정이 생기지는 않는 분야다. 수납은, 결국 치우고 정리해야 하는 일이며, 시간도 오래 걸릴뿐더러, 끝까지 해내려면 체력만이 아니라 의지력도 필요하다. 그래서 많은 사람이 최소한의 노력으로 최대의 효과를 내는 '마법의 공식'이나 '간단한 해결책'을 바라는 것일지도 모른다.

이 장에서는 물건을 어떻게 보관할 것인지가 아니라 어떤 가구에 보관할지를 중심으로 다룰 것이다. 서랍장, 옷장, 책장, 진열장 등 다양한 수납 가구를 구매할 때, 실제로 필요한 것을 제대로 선택하고 불필요한 실수를 막을 수 있게 도움을 주는 것이 이 장의 목표다.

덴마크 디자이너 한스 베그너는 평생 500개가 넘는 의자를 디자인한 것으로 널리 알려졌지만, 의자만이 아니라 수납 가구에도 깊은 관심을 가졌다. 1936년, 그는 코펜하겐에 있는 카레클린트(Kaare Klint, 가구 디자이너)의 가구 제작자 주간학교(Cabinetmaker Day School)에서 공부하며 셔츠와 넥타이부터 돌돌 말린 스포츠 양말까지 일일이 치수를 재어, 옷장과 선반의 최적 크기를 계산해 냈다.

옷장

옷장을 뜻하는 스웨덴어 'garderob'는 고대 프랑스어 'garde(지키다)'와 'robe(옷)'에서 유래했다고 한다. 두 단어가 결합되면서 '옷을 보관하는 장소'라는 의미가 만들어졌다. 영어 'wardrobe'도 같은 어원에서 파생됐지만 영어권에서는 스웨덴보다 훨씬 이전인 중세 시대부터 이를 지칭할 단어가 필요했다. 그래서 좀 더 거슬러 올라가 '주의 깊게 지키다', '감시하다', '보호하다'라는 뜻의 게르만어 'wardon'을 기원으로 삼았다. 이 말이 프랑스어에서는 'warder'로 바뀌었다가 다시 'garder'로 바뀌며 '지키다', '돌보다'라는 뜻으로 정착했다.

과거의 옷장은 이동 가능한 가구, 즉 나무로 만든 상자 형태에 가까웠고, 값비싼 의류를 좀이나 쥐로부터 보호하기 위해 주로 삼나무로 만들어졌다. 오늘날의 옷장은 독립형이나 붙박이형으로 나뉘며 여닫이문, 미닫이문, 접이문, 커튼 등 다양한 방식의 문이 달린다. 최근에는 아예 방 하나를 옷 보관용으로 쓰는, 이른바 '드레스룸' 또는 '워크-인 클로젯(walk-in closet)'이 점점 보편화되고 있다. 하지만 엄밀히 말해 옷을 보관하는 공간은 가구로 분류하기 어렵다. 따라서 이 책에서는 '걸어 들어가는' 개념의 공간은 배제하고 '들여다보는' 전통적 옷장에 국한해서 살펴볼 것이다.

수납의 수학

집마다 필요한 옷장의 수나, 어떤 옷장이 자신에게 가장 적합한지를 결정하는 것은 지극히 개인적인 문제다. 사람마다 옷의 양도 다르고, 걸거나 개거나 때로는 돌돌 마는 등 옷을 보관하는 방식도 다르기 때문이다. 그러므로 자신에게 필요한 수납공간이 어느 정도인지 가늠할 때는 우선 대략적인 추산을 해보는 것이 좋다. 대부분의 사람들이 옷장 구입을 계획할 때 수납량 판단에서 실수를 범한다. 집에 옷장이 몇 개나 들어갈지는 고민하면서 정작 자신이 가진 옷의 부피가 어느 정도일지는 고려하지 않는 것이다. 옷장을 둘 공간은 센티미터 단위까지 꼼꼼히 재면서도 옷이 차지할 실제 공간에 대해서는 전혀 감을 잡지 못하는 경우가 많다. 자신에게 필요한 수납공간을 빠르게 파악하려면 '옷걸이용 공간'과 '선반 공간'이 각각 얼마나 필요한지를 목록으로 정리해 봐야 한다. 당신에게는 실제로 몇 센티미터의 걸이용 공간과 얼마나 많은 선반이 필요한가?

옷걸이 수납

옷을 옷걸이에 걸어서 보관하는 것을 말한다. 옷들은 길이가 제각각이므로 길이에 따라 분류하고 크기별로 정리하는 것이 좋다.

짧은 길이의 옷

블라우스, 셔츠, 재킷, 짧은 코트 등

중간 길이의 옷

반으로 접어 거는 바지, 정장, 미디스커트 등

긴 길이의 옷

원피스나 드레스, 바지, 맥시스커트, 케이프, 긴 코트 등

옷걸이에 걸어둘 옷의 개수를 셀 때는 단순히 치수만 따지지 말자. 옷의 재질에 따라 걸어두는 게 좋은지, 접어서 보관하는 게 좋은지가 달라지기 때문이다. 예를 들어 니트류는 옷걸이에 걸어두면 늘어나거나 형태가 망가질 수 있으므로 접어서 보관하는 것이 좋다. 반면 잘 구겨지는 소재의 옷은 겹겹이 쌓아두기보다 느슨하게 걸어두는 편이 더 좋다.

필요한 옷걸이 봉 길이 계산하기

- 블라우스와 셔츠: 한 벌당 약 2.5센티미터

- 스커트와 바지(반으로 접어 걸 경우): 한 벌당 2.5~5센티미터

- 원피스 혹은 드레스, 재킷, 외투: 한 벌당 약 5센티미터

- 정장: 한 벌당 5~10센티미터

- 오리털 재킷, 모피, 스키복 등 부피가 큰 옷: 한 벌당 10~25 센티미터

옷장을 더욱 효율적으로 활용하려면 옷걸이 봉을 두 단으로 설치하는 것도 좋다. 위아래로 짧은 옷을 나눠 걸면 공간을 낭비하지 않고 수납량을 두 배로 늘릴 수 있다. 또한 봉을 두 단으로 설치할 때, 옷장의 하단에 절반 길이의 봉을 부착하면, 옷장의 반은 긴 옷을 위한 공간으로 쓰고, 나머지 반은 짧은 옷을 두 단으로 걸 수 있어 공간 활용도가 높아진다.

셔츠의 길이를 측정할 때 흔히 저지르기 쉬운 실수는 셔츠의 몸통 길이만 기준으로 삼는 것이다. 하지만 실제로는 소매 길이가 가장 길기 때문에 공간의 길이를 계산할 때는 소매 길이를 기준으로 삼아야 한다.

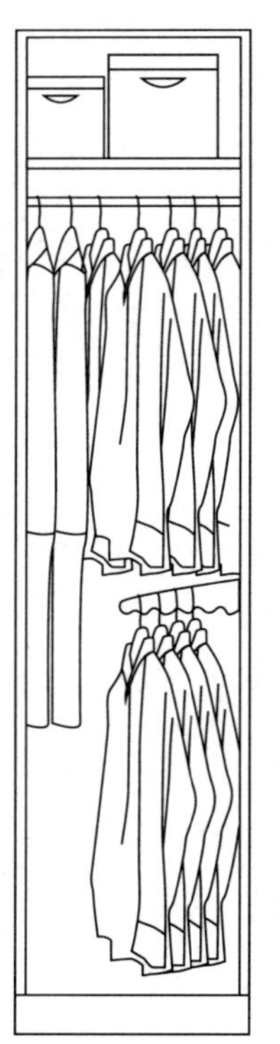
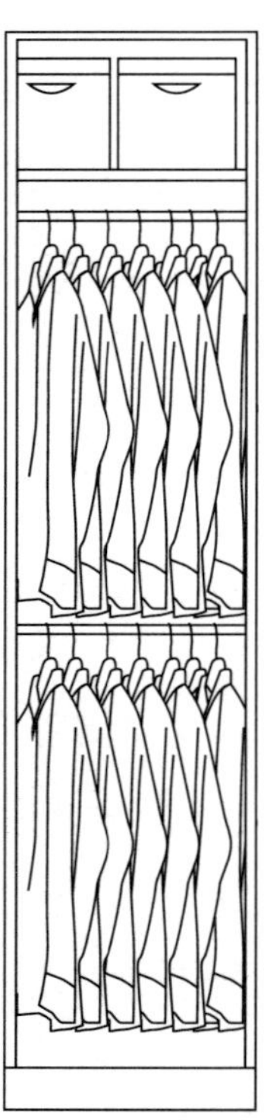

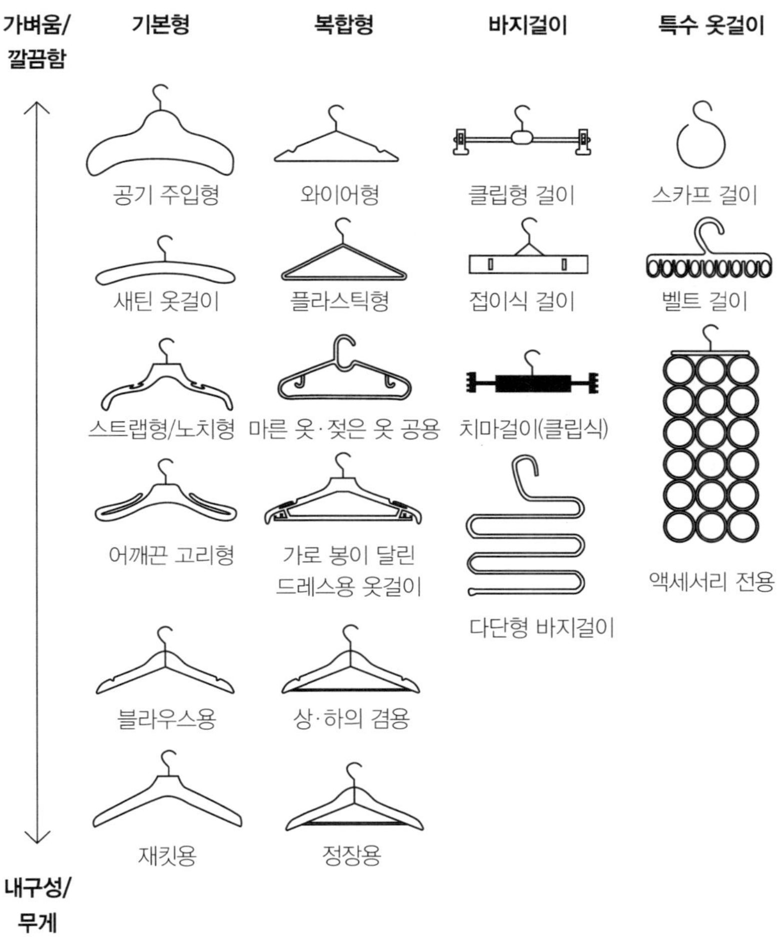

옷걸이

옷걸이는 종류에 따라 차지하는 공간의 크기가 달라진다. 이미
인터넷 쇼핑으로 같은 모양의 옷걸이 스무 개 세트를 샀으니,

자신과는 무관한 얘기라고 생각하는 사람이 있을 것이다. 하지만 아직 새로운 세계가 열릴 가능성은 남아 있다. 사실 나도 예전에는 기능이야 어떻든 옷걸이는 모양과 색깔을 통일하는 게 더 보기 좋다고 생각했다. 그러다 다양한 종류의 옷걸이를 접하게 되면서 생각이 완전히 바뀌었다. 옷걸이를 제대로 선택하면, 옷을 더 잘 관리할 수 있을 뿐만 아니라 옷장 정리도 훨씬 수월하다.

접어서 보관하기

옷을 접어서 쌓아두거나, 고정식 선반, 서랍, 철제 바구니에 겹쳐서 보관하는 방식이다. 이런 방식으로 보관할 수 있는 옷은 다음 세 가지 유형으로 나눌 수 있다.

두꺼운 옷
니트 스웨터, 카디건, 청바지 등

얇은 옷
티셔츠나 속옷 등

액세서리
넥타이, 벨트, 스카프 등

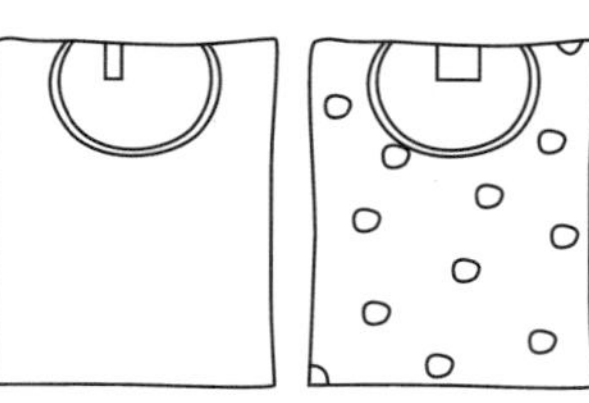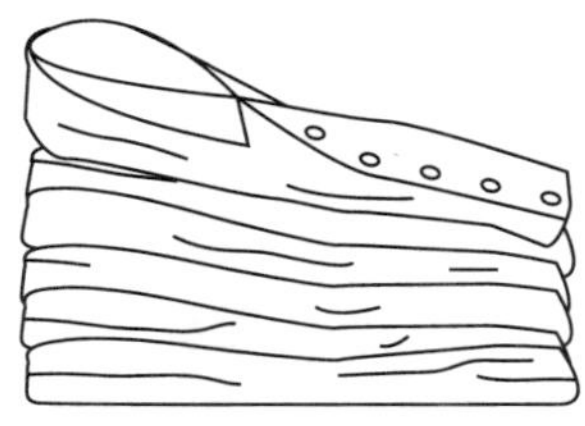

옷을 충분히 수납하려면 선반 크기가 최소 35×55센티미터는 되어야 하며 위아래 선반 사이에는 최소 30센티미터의 높이가 확보되어야 한다. 단, 옷이 쉽게 무너지거나 흐트러질 수 있으므로 너무 높게 쌓는 건 피해야 한다. 서랍이나 바구니를 당겨 꺼내는 구조는, 고정식 선반보다 안쪽 옷까지 쉽게 꺼내어 한눈에 확인할 수 있다는 장점이 있다. 특히 옷장의 깊이가 35센티미터를 넘을 때에 더욱 유용하다.

옷이 차지하는 공간 계산법

- 접어서 보관할 옷이 몇 벌이나 되는가?
- 옷은 어느 정도 높이까지 쌓았을 때 넘어지지 않고 안정적으로 유지되는가?
- 한 선반에 몇 개의 옷더미를 쌓아놓을 수 있는가?
- 선반 사이의 간격을 고려할 때, 옷더미는 어느 정도 높이까지 쌓을 수 있는가?

옷의 무게는 얼마이고 선반과 옷걸이 봉은 어느 정도까지 무게를 견딜 수 있을까?

- 옷장 속에 설치된 옷걸이 봉의 길이가 50센티미터일 때, 견딜 수 있는 최대 하중은 18킬로그램 정도다.
- 58×50센티미터 크기의 MDF 선반은 12~20킬로그램의 하중을 견딜 수 있다.
- 이러한 수치에 따라 당신이 옷걸이에 걸거나 접어서 보관할 수 있는 옷의 양은 어느 정도인가?

침구류 등의 수납

많은 사람이 옷장이나 리넨 수납장에 침구, 손수건, 목욕 수건 등을 함께 보관한다. 이때 필요한 공간의 크기는 침구류의 크기(싱글 침대용 시트인지, 더블용인지), 목욕 타월의 크기, 그리고 각 품목의 개수에 따라 달라진다. 물론 얼마나 깔끔하게 다림질하고 접어두느냐에 따라서도 달라질 수 있다. 필요한 공간을 가장 정확히 계산하려면 수납이 필요한 침구나 타월 등을 접은 후 직접 치수를 재봐야 한다. 다림질한 시트는 먼지도 적고 더 오래 깨끗하게 유지되며 잠자리를 쾌적하게 해줄 뿐 아니라, 보관 시에 공간도 덜 차지한다.

독립형 옷장

독립형 옷장은 크기가 다양하지만 일반적으로는 옷걸이의
너비와 옷걸이가 흔들릴 수 있는 여유 공간까지 고려해 표준 치
수에 맞춰 설계된다. 일반적인 기준에서 옷장 문은 너비가 60센
티미터를 넘지 않아야 한다. 그 이상이면 경첩에 무리가 가고 무
게로 인해 문이 처질 위험이 있다.

독립형 옷장의 장점

- 쉽게 옮길 수 있다. 공간 배치를 바꾸려 하거나, 집의 구조를
  변경하고 싶을 때도 유리하다.
- 양쪽 여닫이문의 장점은 두 문을 동시에 열 수 있다는 점
  이다. 문이 서로를 가리지 않기 때문에 옷장의 여러 구역에
  한 번에 접근할 수 있고 안에 있는 모든 옷을 한눈에 볼 수
  있다. 문이 한쪽만 열려 절반을 가리는 미닫이문보다 접근
  성이 더 좋다.

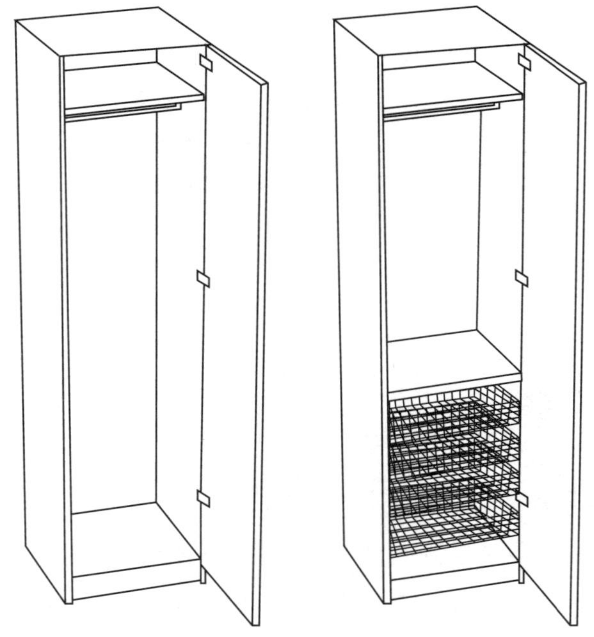

- 여닫이문이 달린 옷장은 옷을 고를 때 문 위에 잠깐 걸어둘 수도 있고, 문 안쪽에 후크를 달아 벨트나 넥타이 같은 액세서리를 보관할 수도 있다.
- 독립형 옷장은 붙박이장에 비해서 가격이 저렴한 경우가 많다.
- 대형 인테리어 매장이나 가구점에서 쉽게 구할 수 있어서 맞춤으로 제작되는 붙박이장보다 훨씬 빠르게 마련할 수 있다. 맞춤 제작 옷장은 제작 기간이 필요할 뿐 아니라, 설치할 때에도 목수의 도움을 받아야 할 수도 있다.

독립형 옷장의 단점

- 독립형 옷장은 모듈의 크기가 대체로 정해져 있어서 공간에 꼭 맞게 조정하기 어렵다.
- 넘어질 위험을 방지하기 위해 서랍이나 트레이를 완전히 앞으로 당겨 꺼낼 수 없는 경우가 많다. 따라서 서랍이 깊으면 안쪽에 있는 물건을 꺼내는 데 불편하다.
- 옷장 위쪽 공간이 '죽은 공간'으로 남기 쉬워 공간 활용이 비효율적이다. 그 위에 추가 모듈을 얹거나 바구니를 둘 수는 있지만 붙박이장처럼 일체감 있는 맞춤형 느낌을 주기는 어렵다.
- 양쪽 여닫이문 방식의 옷장은, 다른 가구나 전기 콘센트, 창틀, 몰딩 등에 문이 부딪힐 우려가 있는 장소에는 설치할 수 없다. 이런 공간에서는 미닫이문 옷장이 더 적절하다.

독립형 옷장을 구매할 때 고려할 점

- 특히 저가형 제품의 경우 문틀이 휘어진 흔적이 없는지 확인해야 한다. 문이 안정적인가? 시간이 지나면 처질 가능성

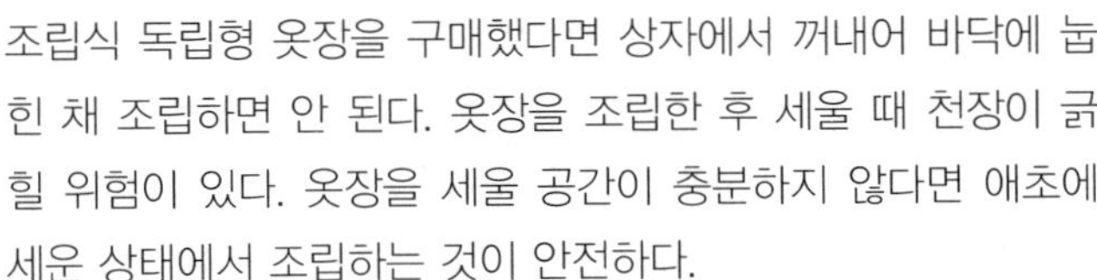

조립식 독립형 옷장을 구매했다면 상자에서 꺼내어 바닥에 눕힌 채 조립하면 안 된다. 옷장을 조립한 후 세울 때 천장이 긁힐 위험이 있다. 옷장을 세울 공간이 충분하지 않다면 애초에 세운 상태에서 조립하는 것이 안전하다.

은 없는가?

- 프레임과 선반의 두께는 어느 정도인지, 그리고 장기간 하중을 견딜 만큼 튼튼하게 짜여 있는지 꼼꼼하게 살펴보자.

- 모서리와 이음새의 마감은 어떠한가? MDF나 래미네이트 마감재는 품질 차이가 크다. 접착제 자국이나 울퉁불퉁한 면이 없는지 꼼꼼히 살펴야 한다.

- 측면에 뚫린 선반 조절용 구멍의 마감 상태도 중요하다. 구멍이 작고 정교하게 뚫려 있는지, 아니면 마치 산탄총에 맞은 것처럼 엉성하게 뚫려 있는지 확인하자. 일부 업체의 제품은 구멍 크기가 지름 3밀리미터에 불과해 선반 위치를 조절할 때 핀을 옮기기 힘들다.

가구 단위의 표준 치수

1950년대 스웨덴에서는 대량 생산의 효율성을 높이기 위해 주방 가구 단위의 표준 너비를 60센티미터로 정했다. 스웨덴 건축가협회, 스웨덴 공예협회(현재 스웨덴 디자인협회), 가정연구소, 건축표준화위원회가 10년 넘게 조사와 연구를 진행한 결과를 토대로 정한 표준 규격이다. 심지어 백만 호 주택 프로그램(Million Program)을 통해 공급된 공공주택도 벽면의 길이를 60센티미터 단위로 나눌 수 있도록 설계했다. 이는 60센티미터가 성인 한 사람의 팔꿈치에서 팔꿈치까지의 평균 너비에 해당하기 때문이다.

출처: 우우베 스니다레(Uuve Snidare), 『스웨덴의 주방(Kök i Sverige)』, 2004.

- 문이나 서랍이 닫힐 때 알아서 천천히 닫히는 소프트 클로징 기능(충격과 소음을 줄이며 부드럽게 닫히는 기능)을 갖췄는지 확인하자. 일부 제품은 이 기능이 추가 옵션일 수 있다.

미닫이 옷장

문이 서로 겹치는 구조이므로 일반적으로 옷장의 깊이는 최소 68.5센티미터 이상이어야 한다. 그래야 문이 겹쳐도 충분한 내부 공간을 확보할 수 있다. 깊이가 너무 얕으면 옷장의 문을 여닫을 때 옷걸이에 걸린 옷의 소매가 끼거나 끌릴 위험이 있다. 미닫이문의 가로 폭은 벽면의 공간에 맞춰 조정할 수 있으나 문의

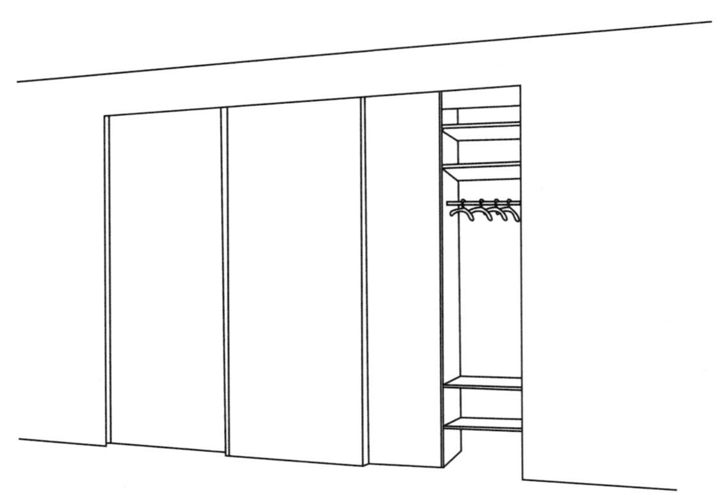

폭이 커질수록 무거워져 여닫기가 힘들다는 점에 유의해야 한다. 일반적으로 미닫이문 한 짝의 너비는 120센티미터를 넘기지 않는 것이 좋다.

바닥 레일

바닥 레일에는 노출형과 매입형, 두 가지 기본 유형이 있다. 노출형은 강력한 양면테이프를 사용해 간편하게 설치할 수 있다. 바닥 위에 레일이 그대로 놓이고 문은 롤러를 따라 움직인다. 매입형은 바닥에 홈을 파서 그 안에 롤러가 들어가도록 한 것으로, 구조적으로 훨씬 더 안정감이 있다.

문의 윗부분에는 두 가지 유형 모두 비슷한 방식의 상단 레일을 사용하는데, 문의 무게가 주로 바닥 레일에 실리므로 바닥 레일의 품질이 전체 구조의 안정성을 좌우한다. 겉보기에는 서로 비슷해 보일 수 있으나 실제로는 사용감이 크게 다르다.

미닫이문

옷장의 미닫이문은 다양한 재료로 만들어진다. 가장 단순하고 저렴한 재료는 파티클보드 판재다. 파티클보드는 대체로 가벼워서 문의 무게도 그리 무겁지 않다. 이 점은 취향에 따라 장점이 될 수도, 단점이 될 수도 있다. 반면 원목은 무겁고 형태를 더 잘 유지하며 고급스러운 느낌을 준다. 하지만 문이 여러 개 필요한 경우 비용이 크게 오를 수 있다.

목재 프레임에 멜라민 마감 판재를 결합한 미닫이문을 선택하면 속옷이나 양말처럼 매일 사용하는 옷가지들은 여러 개의 문을 열 필요 없이 미닫이문의 손잡이가 있는 쪽, 즉 옷장의 양쪽 끝에 두면 쉽게 꺼낼 수 있다. 옷걸이 봉은 옷장 중앙에 설치하는 것이 일반적이다. 미닫이문은 한쪽 문을 열면 반대쪽이 가려지므로, 봉이 중앙에 있으면 어느 쪽 문을 열어도 중앙에 걸린 옷에 손이 닿기 때문이다.

비용은 절약할 수 있지만, 어딘가 플라스틱 같은 느낌이 날 수 있다. 강화 유리는 미닫이문으로 선택할 수 있는 소재 중에서 가장 무겁다.

옷장의 일부 또는 전체를 거울 문으로 만들고 싶을 때 좋은 선택지가 될 수 있는데, 이 경우 일반적으로 알루미늄 프레임이 사용된다. 거울은 좁고 어두운 공간에서 자연광이나 조명의 빛을 반사해 실내를 더 밝고 넓어 보이게 한다.

소프트 클로징

소프트 클로징은 자주 간과되는 기능이다. 미닫이문 옷장을 처음 구매하는 사람들은 비용 문제로 이 기능을 제외하는 경우가 많지만 곧 그 중요성을 실감하게 된다. 문이 무거울수록 소프트 클로징 기능은 더욱 필요하다.

이 장치는 문 위쪽에 설치되어 문이 닫힐 때 속도를 제어하는 브레이크 역할을 한다. 소프트 클로징 장치 덕분에 소음이 줄고 벽이 손상되거나 손가락을 다치는 위험을 방지할 수 있다. 문이 무거울수록 더 강력한 장치가 필요하므로 본인의 필요에 가장 적합한 모델이 무엇인지 공급업체에 문의하도록 하자.

맞춤 제작 옷장

뒷벽이 울퉁불퉁하거나 반듯하지 않아도 문을 수평과 수직에 맞춰 설치하면 전체적으로는 반듯하게 보일 수 있다. 또한 천장이 기울어진 경우에는 경사진 천장을 따라 프레임을 제작하면 벽 전체를 수납공간으로 활용할 수 있다.

붙박이장을 설치할 때는 반드시 여러 지점에서 치수를 측정해야 한다. 오래된 주택에서는 위쪽 벽과 아래쪽 벽 사이의 너비가 2~3센티미터 이상 차이 나는 경우가 흔하다. 신축 건물이라도 전체 구조가 가라앉을 수 있기 때문에 최소한 세 지점 이상에서 치수를 재는 것이 안전하다.

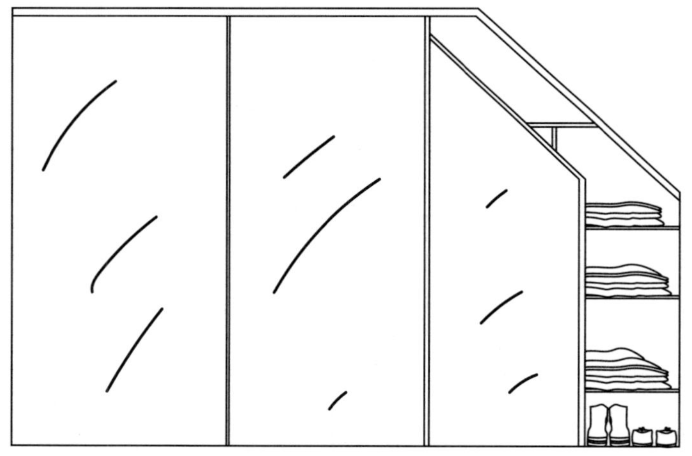

색상 선택

요즘은 NCS(Natural Color System, 자연색 체계) 색상 중 원하는 색으로 옷장의 문을 주문할 수 있어서, 실내 공간과 완벽하게 어우러지는 색상을 선택하는 것이 가능하다. 단, 미닫이문 표면의 광택도는 보통 약 35 정도로, 벽보다 반사율이 높다. 벽을 무광으로 마감했다면 같은 색상을 선택했더라도 빛의 반사 정도에 따라 색이 달라 보일 수 있다. 색상 선택과 관련해 더 자세한 정보(NCS 색상 코드, 광택도 등)는 『인테리어 디자인과 스타일링의 기본』의 '색채'를 다룬 장에서 확인할 수 있다.

미닫이 옷장의 장점

- 여닫이문과 달리 미닫이문의 가장 큰 장점은 문을 열었을 때 필요한 여유 공간이 없어도 된다는 점이다. 반면 여닫이 옷장은 문이 열릴 공간과, 문을 열었을 때 사람이 서 있을 공간이 필요하다. 공간이 협소한 경우라면 미닫이문이 더 적합하다.
- 문을 펼칠 자리가 따로 필요하지 않으므로, 같은 크기의 방에서도 더 넓은 벽면을 수납에 활용하는 것이 가능하다.
- 천장이 경사진 공간에서는 미닫이문의 모서리를 경사에 맞춰 제작해 벽 전체를 수납공간으로 활용할 수 있다.
- 미닫이 옷장을 맞춤 제작하면 공간 전체에 일관되고 조화로운 인상을 줄 수 있다.

미닫이 옷장의 단점

- 전체적으로 볼 때, 미닫이 옷장의 문과 레일은 여닫이문이 달린 옷장보다 더 많은 공간을 차지한다. 보통 옷장 깊이에 5~10센티미터를 추가로 확보해야 한다.
- 미닫이문은 옆으로 움직이며 열리기 때문에 한쪽 문을 열면 다른 쪽 수납공간이 가려진다. 가족 여러 명이 함께 옷장을 사용하는 경우, 특히 아침 시간에 동시에 옷을 입으려 할 때는 불편할 수 있다.
- 미닫이문의 개수가 짝수라면 한 번에 옷장의 절반만 열 수 있다. 문이 세 개만 들어가는 구조에서는 더 불편해질 수 있다. 이런 경우 세 개의 레일이 나란히 설치된 '3트랙 시스템'을 선택하면 옷장의 3분의 2까지 한 번에 열 수 있지만 그만큼 옷장의 깊이도 더 확보돼야 한다.
- 미닫이 옷장을 설계할 때 저지르는 실수 중 하나는 서랍이나 철제 트레이의 위치를 문 폭에 맞춰 배치하지 않는 것이다. 이렇게 되면 문을 열었을 때 서랍이 문에 걸려 열기 불편해진다. 또한 서랍을 열면 문 전체가 고정되기 때문에 옷장의 다른 부분을 동시에 사용할 수 없게 된다.
- 미닫이문은 여닫이문보다 소음이 더 클 수 있다. 예전에 살던 집에서 품질이 좋지 않은 미닫이 옷장을 쓴 적이 있는데, 문을 열 때마다 천둥 같은 큰 소리가 났다. 새벽에 가족을 깨우지 않고 조용히 출근할 때나 주말 아침에 제일 먼저 깨어났을 때 이런 소음은 큰 스트레스가 될 수 있다. 소음

에 민감한 편이라면 저렴한 창고형 매장에서 표준 모델을 사기보다는 비용을 좀 더 들여 품질 좋은 옷장을 구매하길 바란다.

미닫이 옷장을 구매할 때 고려할 점

- 손잡이가 손에 잘 잡히는지, 미끄럽지는 않은지 확인하자. 특히 손톱이 긴 사람이라면 바쁜 아침에 손잡이를 잡다 미끄러져 손톱이 부러질 위험은 없는지도 미리 점검해 보는 것이 좋다.
- 문을 청소하기 쉬운가? 미닫이문은 하루에도 여러 번 손으로 만지게 된다. 손잡이가 있어도 지문이 남기 쉬우므로 닦기 쉬운 소재를 고르는 것이 좋다.
- 문이 위쪽에 매달려 있는가, 아니면 바닥 레일 위를 따라 움직이는가? 한국에서 흔히 쓰이는 것은 상단 레일에 매다는 상부 하중형으로, 바닥에는 문이 흔들리지 않도록 안내하는 가이드 트랙만 설치된다. 하지만 유럽형 가구 중에는 문 무게를 바닥이 받는 구조도 있으며, 이 경우 바닥 레일을 나사나 특수 테이프로 고정하는데, 테이프식이 바닥 손상도 적고 옷장의 위치를 옮길 때도 유리하다.
- 매립형 바닥 레일이 가능한가? 옷장 위치를 확정했고 옮길 일이 없다고 판단되면 매립형 레일도 좋은 선택이다. 몰딩 없이 바닥과 일체화돼 청소기 등으로 관리하기가 훨씬 수월하다(유럽형의 경우).

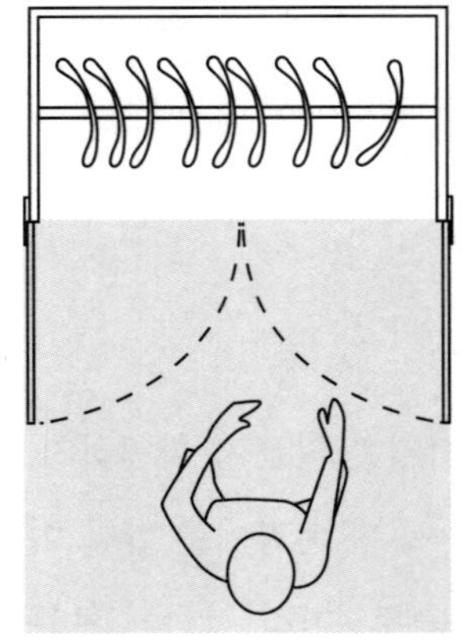
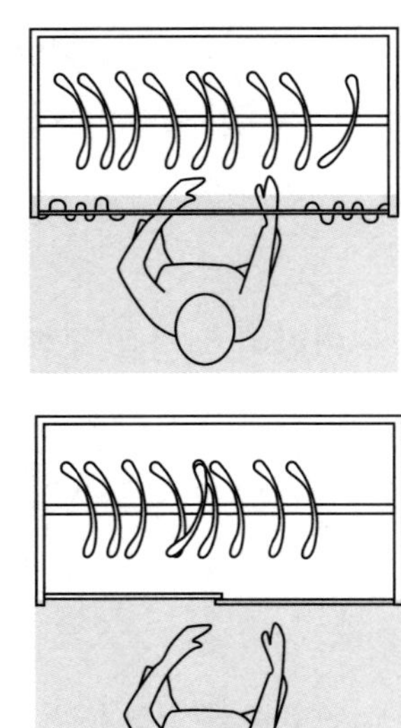

- 문이 오랫동안 형태를 유지할 수 있는가? 저가형 미닫이문은 시간이 지남에 따라 문이 휘어지는 문제가 있다.
- 미닫이문에 손가락이 끼이면 여간 고통스러운 것이 아니다. 이런 사고를 방지하고 소음과 충격을 최소화하고 싶다면 소프트 클로징 기능을 추천한다.
- 업체의 신뢰도는 어떤가? 공급업체가 얼마나 오래됐으며, 앞으로도 꾸준히 유지될 가능성이 높은지 확인하자. 그래야 10년 뒤에도 해당 시스템에 맞는 부품이나 액세서리를 추가로 구매할 수 있다. 모델이 자주 변경되거나 단종이 많은 브랜드라면 주의가 필요하다.

- 철제 바구니는 부드럽게 움직이는가, 아니면 뻑뻑해서 움직일 때마다 힘을 줘야 하는가? 만약 후자라면 구조가 약해질 위험이 있다. 또한 옷을 가득 담았을 때 바구니가 레일에서 쉽게 빠지지는 않는지도 확인해 보자.

커튼

옷장 대신 행거와 수납장을 활용해 옷을 수납하고 커튼으로 수납공간을 가리는 방식도 있다. 옷장은 문을 여닫기 위한 공간이 필요하지만, 커튼은 별도의 여유 공간 없이도 설치할 수 있다는 장점이 있다.

옷장 손잡이

악수, 포옹, 키스…. 옷장의 세계에서라면 이를 손잡이, 노브(knob, 단일 지점에 부착되는 작은 손잡이), 스트랩(strap, 가죽이나 천으로 만든 띠 형태의 손잡이)으로 바꿔 말할 수 있을 것이다.

독립형이든 붙박이형이든, 옷장에 달린 손잡이만 바꿔도 낡은 옷장은 새 옷장처럼 달라진다. 반대로 작은 손잡이 하나가 새 옷장을 시각적으로나 기능적으로 망치는 경우도 있다. 그렇다면 어떻게 할 것인가? 최고의 조언은 단순히 외형만 따지지 말고 손잡이를 얼마나 쉽게 잡을 수 있는지를 반드시 살펴보라는 것이다.

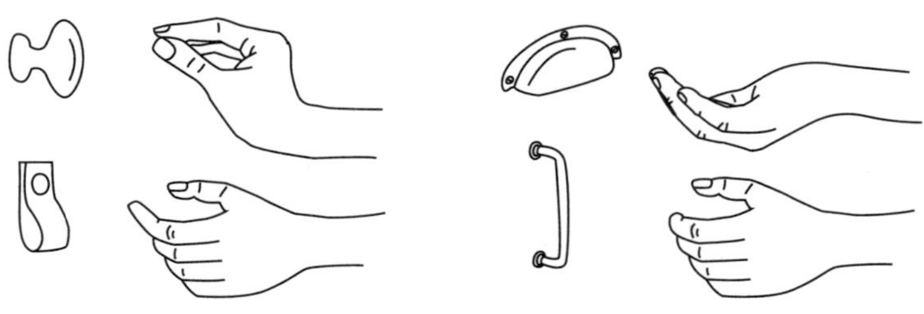

손잡이의 '물리적 언어'를 이해할 줄 알아야 한다. 손잡이의 생김새뿐만 아니라 우리의 손이 손잡이를 어떻게 잡고 다루는지를 파악하는 것도 중요하다.

가족 중에 유난히 손이 큰 사람이나 손이 작은 사람이 있는가? 옷장 문과 서랍은 가벼운가, 무거운가? 새로 짠 옷장이라 할지라도 문마다 무게가 다르거나 조금씩 어긋나 있어서 여닫기가 불편할 수 있다. 또한 서랍은 텅 비었을 때보다 가득 찼을 때 밀고 당기기가 더 힘들다. 그러므로 앞으로 어떻게 사용할지를 미리 생각해 현명하게 판단해야 한다.

대부분의 사람은 엄지와 검지로 작고 앙증맞은 손잡이를 단단히 잡기가 어렵다. 마찬가지로 아주 작은 가죽 고리에 손가락 하나만 넣어서 무거운 서랍을 잡아당기기도 어렵다. 이런 종류의 손잡이는 자주 열지 않는 수납장이나 서랍, 혹은 아주 부드럽게 열리는 서랍에 사용하는 것이 바람직하다. 무거운 수납장이나 서랍을 다룰 때는 컵 모양 손잡이나 세로형 손잡이가 사용하기 훨씬 더 편리하다.

그리고 나중에 손잡이를 교체할 때를 대비해서 특수한 규격의 손잡이보다는 표준 규격의 손잡이를 선택하는 것이 좋다.

미닫이문을 선택했는가? 알루미늄 테두리가 있는 문이라면 테두리 자체가 손잡이 역할을 한다. 하지만 이음새가 드러나지 않는 문을 선택했다면 문 안쪽으로 매입되는 플러시 손잡이(flush handle)를 고를 수도 있다. 이 경우에도 손잡이나 노브를 고를 때와 마찬가지로 인체공학적 원칙이 적용된다. 또한 온 가족이 편하게 사용할 수 있는지도 항상 확인하자. 만약 일상적으로 손톱을 길게 기르거나 매니큐어를 즐겨 바른다면, 손잡이를 잡았을 때 어떤 느낌인지 꼭 직접 확인하자.

요약하자면 손잡이를 고를 때는 단지 스타일이나 겉모양만 보지 말고 다양한 손잡이의 '물리적 언어', 즉 손잡이의 모양이나 재질, 크기에 대해 신체가 어떻게 반응하는지를 살펴봐야 한다. 그래야 자신에게 가장 적합한 제품을 고를 수 있고 잘못된 구매로 인한 불편함을 피할 수 있다.

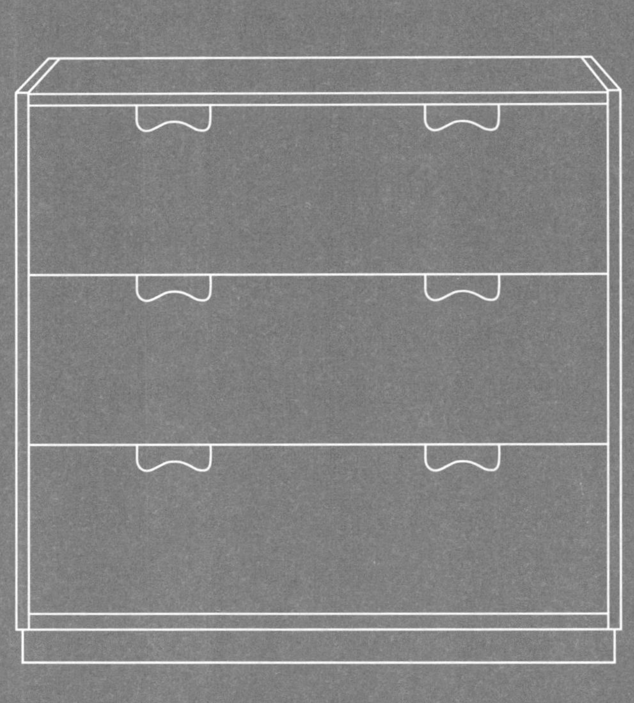

서랍장

서랍장은 작은 바닥 면적 위에 많은 물건을 수납할 수 있다는 점에서 참으로 유용한 가구다. 하지만 그 기능이 얼마나 잘 작동하는지, 그리고 시간의 흐름에도 잘 견디는지는 주로 재료의 품질과 제작 기술에 달려 있다. 최근 몇 년 사이 서랍장의 제작 과정이 단순화되고 대량 생산이 일반화되면서, 저가형 제품과 고급 수공예 제품 간의 품질 차이는 훨씬 커졌다. 그렇다면 서랍장의 품질을 어떻게 평가할 수 있을까? 내 첫 번째 조언은 서랍을 당겨서 꺼내어, 겉으로는 잘 보이지 않는 부분을 살펴보라는 것이다.

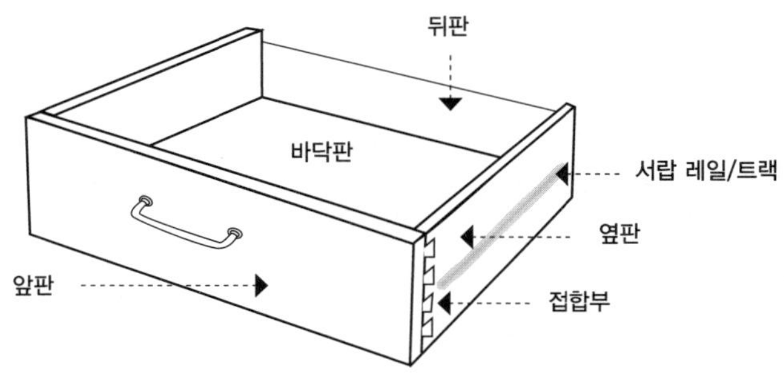

서랍장의 구조

서랍장을 처음 사는 사람들이 흔히 저지르는 실수 중 하나는 서랍장의 겉모습, 즉 외관과 상판의 형태 및 재질만을 보고 판단하는 것이다. 서랍장의 외형이 중요하지 않다는 말이 아니다. 하지만 일상생활에서 가구가 얼마나 잘 활용될지는 보통 내부 구조에 달려 있다.

서랍의 앞판

서랍의 앞부분으로 '전면 패널'이라고도 한다. 이 부분은 손잡이나 노브를 부착하기 위해 보통 서랍에서 가장 두껍게 제작되는 경우가 많다. 무게 중심이 뒤쪽보다 앞쪽에 있으면 서랍을 열기가 더 쉬워진다. 서랍장의 전면부는 다양한 형태로 정교하게 제작될 수 있으며 세부 장식은 가구의 품질과 장인의 솜씨를 가늠하게 한다. 어네스트 스콧(Ernests Scott)의 『목수의 큰 책(Stora snickarboken)』에서는 서랍 전면의 가장 일반적 유형을 다음 세 가지로 분류한다.

A. 속맞춤식 전면(inset front) – 복잡함
B. 턱맞춤식 전면(rebated front) – 비교적 단순함
C. 덮개식 전면(overlay front) – 가장 단순함

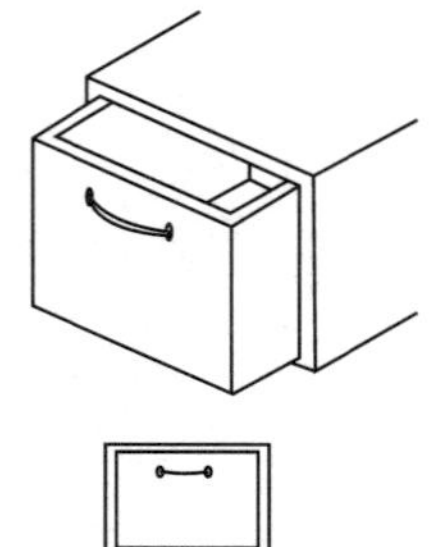

속맞춤식 전면

속맞춤 서랍은 아주 정밀하게 제작되어야 한다. 특히 전면이 서랍틀에 정확히 들어맞아야 하므로, 서랍의 틀 역시 견고하게 잘 짜여야 한다. 그렇지 않으면 전면이 처지거나 비뚤어져 부드럽게 열리지 않는다. 속맞춤 전면은 다양한 서랍 구조 중

에서 주먹장 맞춤(dovetailed joints, 부재의 끝을 삼각형 모양으로 깎아 맞물려 고정하는 이음 방식)으로 서랍의 모서리를 연결하는 유일한 서랍 유형이다. 다양한 이음 방식에 대한 더 자세한 설명은 7장. '재료' 편에서 확인할 수 있다. 서랍 전면을 둘러싼 틈새는 폭이 균일해야 하며 가능한 한 고르고 반듯해야 한다.

턱맞춤식 전면

정면에서 봤을 때 턱맞춤 서랍의 전면은 속맞춤 서랍의 전면과 유사해 보인다. 하지만 턱맞춤 서랍 방식은 덮개식 전면을 단순화한 형태로, 정밀도 면에서 덜 까다롭다. 제작 과정에서 약간의 오차나 틀어짐이 있어도 겉으로는 잘 드러나지 않기 때문에, 제조사가 그대로 넘어가는 경우도 있는데, 서랍을 실제로 열어보기 전까지는 알아차리기 어렵다.

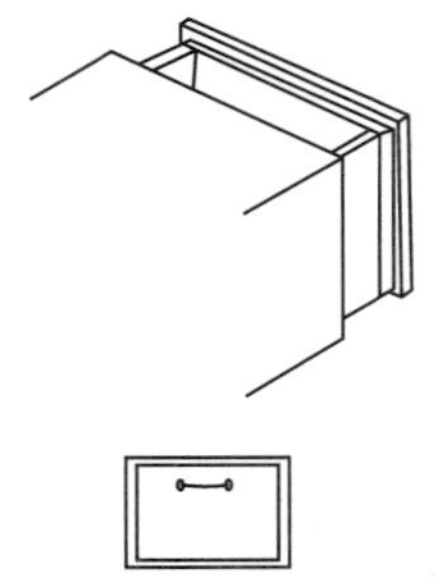

덮개식 전면

덮개식 전면은 가장 단순한 구조다. 서랍 앞판이 양옆을 완전히 덮기 때문에 제작 과정에서 생길 수 있는 오차가 거의 드러나지 않는다. 이 구조의 서랍은 주먹장 맞춤으로 제작할 수 없다.

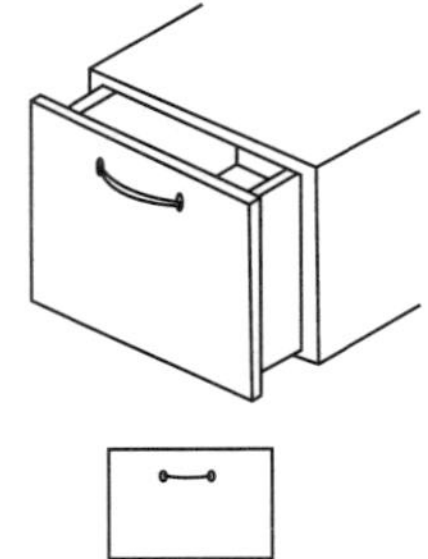

바닥판

서랍의 바닥판은 다양한 품질로 제작된다. 원목으로 된 바닥판은 수축과 팽창이 모두 발생하기 쉬우므로, 이러한 변형을 감안한 복잡한 구조의 서랍틀이 필요하다. 이런 이유로 바닥판은 주로 합판이나 메이소나이트(Masonite, 경질 섬유판) 같은 판재를 이용해 만든다. 평균적인 크기의 서랍에는 두께 6밀리미터의 합판이 적합하다. 과거에 만들어진 서랍의 바닥판 가운데 일부는, 바닥면에 못질을 하거나 접착제로 직접 고정하는 방식으로 만들어졌다. 이러한 구조는 목재의 팽창과 수축에 대응하지 못해 뒤틀리거나 갈라지는 문제가 생기기 쉽다.

뒤판

대량 생산이 보편화되면서, 가구의 앞면과 뒷면은 점점 더 큰 차이를 보이게 되었다. 눈에 잘 띄지 않는 뒷면에는 돈을 들이지 않

1950년대, 스웨덴의 인테리어 전문 매장 엔케이보(NK-bo)는 바닥판이 가이드 역할을 하여 서랍의 부드러운 움직임을 도와주는 새로운 형태의 서랍 디자인을 선보였다. 이 서랍은 지금도 NK서랍(NK-drawer)으로 불린다. 스웨덴의 대표적인 가구 디자이너 칼 말름스텐(Carl Malmsten)이 설립한 수공예 학교 카펠라고르덴(Capellagården)에서는 같은 구조의 서랍이라도 바닥판 재료에 따라 원목이면 하프 프렌치(half-French), 합판이면 NK로 구분한다. NK서랍은 바닥판 형태가 안정적으로 유지되기 때문에 깊이가 있는 수납장에 특히 적합하다. NK-bo에 관한 더 자세한 내용은 8장 '타임라인'에서 확인할 수 있다.

기 때문에 얇은 합판이나 품질이 낮은 목재가 사용되는 경우가 많다. 서랍도 마찬가지여서 구매 전에 반드시 서랍을 완전히 꺼내어 뒷면을 확인해야 한다. 이상적인 서랍은 서랍의 뒤판이 앞판보다 조금 낮게 만들어져 서랍장 내부의 공기 순환이 잘 이루어지도록 한다.

서랍장의 구조와 명칭

톨보이 또는 세븐데이 서랍장

일곱 개의 서랍이 세로로 길게 배열된 높은 서랍장을 영어권에서는 보통 톨보이(tallboy) 또는 하이보이(highboy)라고 부른다. 반면 스웨덴에서는 세븐데이 서랍장(seven-day chest of drawers)이라는 명칭이 더 일상적이다. 보이(boy)라는 말은 목재를 뜻하는 프랑스어 'bois(부아)'에서 유래했으며, '나무'를 뜻하는 이 단어가 영어식으로 발음되면서 '보이'로 굳어졌다. 현재 쉽게 볼 수 있는 톨보이 서랍장은 균일한 크기의 서랍이 세로로 배열된 단일형 구조지만, 원래는 상·하 두 부분으로 나뉜 이층형 가구에서 비롯됐다. 이 서랍장은 마치 두 개의 서랍장이 포개져 있는 듯한 형태로, 전통적으로는 하부 서랍장이 상부보다 약간 더 크다. 한국에서는 보통 '7단 서랍장', '높은 서랍장' 등으로 불린다.

투 오버 스리 서랍장

맨 위쪽에 작은 서랍 두 개가 나란히
배치되고 아래쪽에는 넓은 서랍 세
개가 세로로 배열된 형태의 서랍장이
다. 부피가 큰 옷과 작은 옷을 나누어
효율적으로 수납할 수 있는 구조다.
다양한 변형이 있지만 '투 오버 스리
(two over three)'라는 명칭은 상단에
두 개, 하단에 세 개의 서랍이 있는 기
본 구조를 잘 설명해 준다. 한국에서
는 일반적으로 전체 서랍이 몇 칸인
지에 따라 '5칸 서랍장' 또는 '혼합형
서랍장'이라고 한다.

스리 플러스 스리 서랍장

가로로 넓은 형태의 서랍장으로, 한 줄에 서랍
이 두 칸씩, 세 줄로 배열된 구조다. 상판은 하
나의 판재로 이루어진 일체형 구조다. '6단 와
이드 서랍장' 혹은 '2열 3단 서랍장'이 여기에
해당된다.

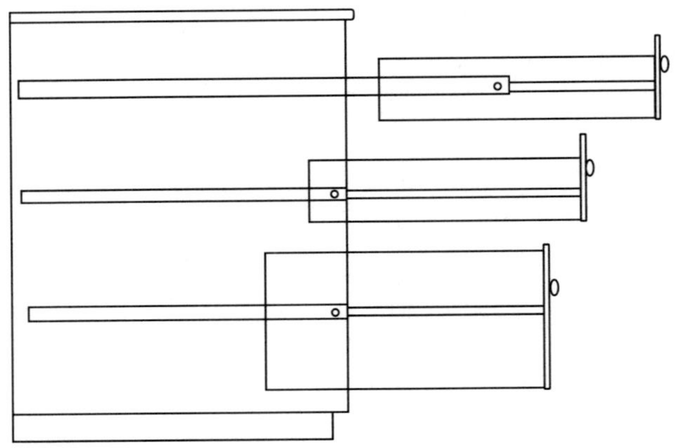

서랍을 어느 정도까지 빼낼 수 있을까? 오버트래블 암(overtravel arm, 레일이 본체보다 약간 더 길게 나올 수 있게 해주는 장치)이 달린 금속 레일은 멈춤 장치가 있어 일정 지점에 아르면 서랍이 멈추게 된다. 반면 나무 레일을 사용하는 서랍은 이와 같은 방식으로 멈추게 할 수 없기 때문에 보통은 뒷면에 스토퍼를 부착해 서랍이 빠지지 않게 하는데, 그 결과 서랍의 일부는 항상 서랍장 본체 안에 남게 된다.

서랍의 레일

서랍은 보통 홈에 끼운 레일을 따라 움직이거나, 측면이나 하부에 장착된 금속 레일을 따라 앞뒤로 움직이므로 이 레일의 품질을 반드시 확인해야 한다. 너도밤나무처럼 단단한 나무로 만든 레일일수록 서랍이 더 부드럽게 움직인다. 재료에 대한 자세한 내용은 다음 장에서 다룬다.

서랍이 어느 정도까지 열리는가?

인터넷으로 서랍장을 구매할 때 쉽게 놓칠 수 있는 부분은 서랍이 어느 정도까지 열리는가이다. 서랍이 깊은데 4분의 3까지만 열린다면 안쪽에 있는 물건에 손이 닿지 않아 불편할 수 있다. 반면 풀 익스텐션 서랍(full-extension drawer)은 서랍이 앞으로 완전히 나오도록 설계돼 서랍 깊은 곳까지 손이 쉽게 닿고, 오버 트래블 암이 장착된 서랍은 그보다 한 단계 더 나아가 서랍이 본체에서 분리되는 것처럼 앞으로 더 나온다. 서랍을 당기면 서랍장의 무게 중심이 이동하므로, 서랍장이 앞으로 기울거나 흔들리지 않는지 꼭 확인하자. 또한 금속 부품이 흔들리거나 삐걱거리지 않는지, 서랍이 부드럽게 닫히는 소프트 클로징 방식인지, 아닌지도 확인해야 한다.

서랍을 빼낼 수 있는 구조인가?

서랍 사이로 빠져들어 간 물건을 꺼내본 적이 있는가? 그렇다면 서랍장 안으로 들어간 물건을 꺼내느라 손등이 긁히는 기분이 어떤지도 잘 알 것이다. 서랍을 쉽게 분리할 수 있는 구조인지, 아니면 어쩔 수 없이 손을 억지로 넣어 꺼내야만 하는 구조인지 꼭 확인하자.

서랍장이 앞으로 넘어
져 사람이 깔릴 경우,
치명적인 사고로 이어
질 수 있다. 제조사의
지침에 따라 반드시
서랍장을 안전하게 고
정하도록 하자.

서랍장의 무게 중심과 전도 위험

서랍장은 반드시 벽에 고정해야 한다. 예외는 없다. 지렛대의 원리에 따라, 서랍장을 넘어뜨리는 데는 그다지 큰 힘이 필요하지 않다.

서랍장에서 하나 이상의 서랍을 당겨 빼면 무게 중심이 앞쪽으로 이동해 앞으로 넘어질 위험이 커지며, 이는 어른이나 아이 모두에게 심각한 부상을 초래할 수 있다. 따라서 서랍장은 특수 브래킷을 사용해서 벽에 고정해야 한다(제품마다 제시되는 설치 지침을 반드시 따르자). 벽의 재질에 따라 적합한 고정 장치가 다르므로 환경에 맞는 부속품을 선택해 안전하게 설치하자. 서랍장이나 낮은 가구의 손잡이는 아이들이 붙잡고 몸을 일으키는 지지대가 되기 때문에 특히 걸음마를 배우는 어린이들에게 더 위험하다. 뒤판이 가볍고 얇은 서랍장의 경우, 서랍에 물건이 가득 차면 앞

으로 넘어질 위험이 더 커진다. 무거운 원목 서랍장이라고 해서
괜찮다는 뜻은 아니다. 모든 서랍장은 고정해야 한다. 또한 서랍
장이 놓이게 되는 바닥의 상태도 중요하다. 기울거나 울퉁불퉁한
바닥 위에서는 서랍장이 균형을 잃을 위험이 크다.

공간 치수 재기

　　서랍장을 들여놓을 공간을 계산할 때 흔히들 서랍장의 모
든 서랍이 닫혀 있는 상태만 고려해 치수를 정하는 실수를 범한
다. 하지만 실제로는 맨 아래 서랍을 열 때와 맨 위 서랍을 열 때
필요한 공간이 다르다.

사이즈를 측정할 때 서
랍장을 고정된 물건이
라 여기면 안 된다. 서
랍을 실제로 열었을 때
의 높이와 몸의 위치.
맨 아래 서랍을 사용할
때의 자세까지 함께 고
려해야 한다.

또한 서랍을 완전히 열었을 때, 창턱이나 콘센트, 몰딩 같은 벽면의 고정된 구조물에 서랍이 부딪치지는 않는지도 반드시 확인해야 한다.

서랍장이 어떤 바닥 위에 놓여 있는가?

서랍이 뻑뻑하게 열리거나 서랍과 본체 프레임 사이의 간격이 일정하지 않은가? 이러한 문제는 반드시 서랍장 자체의 구조적 결함 때문만이 아닐 수 있다. 서랍장이 평평하지 않은 바닥 위에 놓이면 시간이 지나면서 틀어질 수 있기 때문이다. 기능에 이상이 있는 것 같아도 곧바로 불만을 제기하기 전에 서랍장의 수평이 맞는지, 나사가 제대로 조여져 있는지를 먼저 점검해 보는 것이 좋다.

서랍장 구매 시 점검할 사항
- 옆에서 봤을 때 서랍들이 일렬로 정렬돼 있는가? 품질이 낮은 제품은 서랍을 모두 닫았을 때 가지런하게 맞춰지지 않는다.
- 서랍이 부드럽게 열리고 닫히는가, 아니면 중간에 걸리거나 뻑뻑한 느낌이 드는가? 비어 있을 때는 괜찮아 보여도 실제로 물건을 넣고 나면 다르게 움직일 수 있다. 매장에서 서랍이 뻑뻑하거나 걸리는 느낌이 있다면 그 자체로 문제다. 서랍 하나만 열어볼 게 아니라 모든 서랍을 직접 열어

보라. 특히 오래된 원목 서랍장은 습기와 건조 정도에 따라 시간이 지나면서 뒤틀리거나 모양이 변형될 수 있기 때문에 더욱 주의해야 한다.

- 한 손으로 쉽게 열리는가, 아니면 두 손으로 균형 있게 당겨야 비뚤어지지 않고 열리는가?
- 서랍이 끝까지 완전히 열리는가, 아니면 일부가 서랍장 프레임 안쪽에 남아 있는가? 이는 서랍 안의 물건을 꺼내기 쉬운지, 무엇을 보관할지에도 영향을 미친다. 개개인의 상황에 따라 중요하지 않을 수도 있지만 나중에 불편을 느끼기 전에 미리 확인해 두는 것이 좋다.
- 서랍이 끝까지 빠져버리는 구조인가, 아니면 멈춤 장치가 있어 일정 지점에서 멈추는가? 오래된 서랍장의 경우 멈춤 장치가 없는 경우가 많다. 서랍이 뻑뻑한 경우에는 서랍을 당기다 전체가 빠지는 상황까지도 발생한다.
- 서랍을 닫을 때 큰 소리가 나는가? 소프트 클로징 기능이 있는 제품은 조용하게 닫히지만 그렇지 않은 제품은 서랍장 전체가 흔들릴 정도로 요란하게 닫히기도 한다. 제품 사진만 보고는 소음이 나는 정도를 알 수 없으므로 직접 확인해 보는 것이 좋다. 자주 사용하게 될 서랍장이라면 특히 더 중요하다.
- 소프트 클로징 기능은 서랍이 갑자기 닫히는 것을 막아주어 손이 끼는 위험도 줄여준다.
- 서랍 사이에 더스트 패널(dust panel), 즉 먼지 유입을 막는

중간판이 있는가? 이 패널은 서랍에 들어 있는 물건이 위쪽 서랍과 마찰하거나 끼이는 것을 방지해 준다.

- 서랍 안쪽은 어떤 모습인가? 오래된 가구일수록 내부 마감이 매끄럽지 않아 의류나 소지품을 보관할 때 긁히거나 손상되는 경우가 많다. 마감 상태를 꼼꼼히 살펴보자.

- 서랍 상판은 가장 많이 사용되는 부분인 만큼 마모에 특히 강해야 한다. 날카로운 물건에 긁힐 수도 있고 그릇이나 꽃병 등이 남긴 물기에 의해 손상될 수도 있기 때문이다.

- 서랍 앞판의 두께는 어느 정도인가? 손잡이를 교체하고 싶을 경우 앞판의 두께가 선택에 영향을 줄 수 있으므로 미리 고려해 두는 것이 좋다.

품질이 좋은 가구를 제작하는 업체들은 서랍장 앞판의 나뭇결과 색감이 모든 단에서 서로 조화를 이루도록 목재나 무늬목을 세심하게 선별한다. 이는 장인들이 시간과 정성을 들여 일일이 손으로 맞추어야 하는 작업이고, 그 결과물은 특별한 완성도와 아름다움을 지닌다. 그럼에도 대량으로 생산되는 가구와 장인이 제작한 수공예 가구를 비교할 때, 이러한 섬세한 작업에 투입된 시간과 노력이 종종 간과된다는 건 안타까운 일이다.

책장

스웨덴에서는 한때 책장이 어느 집에나 있는 필수 가구였다. 그러나 전자책이 상용화되고 종이책이 있던 자리를 점차 다른 물건들이 차지하면서 책장은 더 이상 필수적인 가구로 여겨지지 않는다. 그런 점에서 이 단락의 제목은 차라리 솔직하게 '선반 시스템'이라 부르는 편이 나을지도 모른다. 하지만 용도가 불특정한 다른 수납 가구들과의 혼동을 피하고자 '책장'이라는 표현을 그대로 사용하고자 한다. 여기서는 책장을 비롯해 브래킷에 고정하는 선반과 그 밖의 다양한 선반을 구매할 때 꼭 염두에 두어야 할 중요한 사항들을 살펴보기로 하겠다.

하중 지지력

무거운 물건을 수납할 용도라면, 선반의 하중 지지력이 구매를 좌우하는 핵심 기준이 된다. 선반이 휘지 않고, 종류에 따라서는 벽에서 떨어져 나가지 않고 얼마만큼의 무게를 견딜 수 있는지가 관건이다. 우리 눈은 선반이 약 0.8센티미터만 휘어져도 그 변형을 알아챌 수 있다고 한다. 하지만 외관상 눈에 거슬리는 것보다 훨씬 더 중요한 문제는 바로 안정성이다. 수납한 책이나 무거운 물건들이 갑자기 바닥으로 쏟아져 파손되거나, 낙하 도중에 다른 물건까지 망가뜨리는 상황은 절대 피해야 한다.
선반이 견딜 수 있는 하중은 선반의 재료와 고정 방식에 따라 부

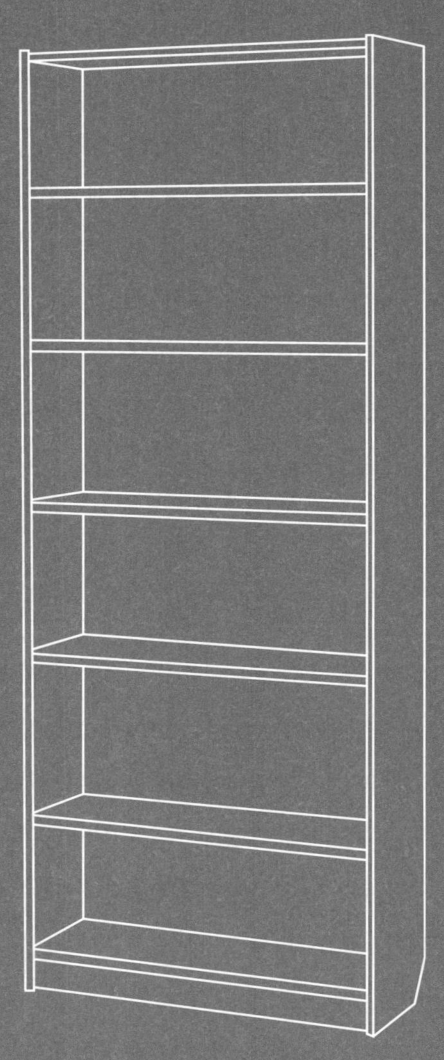

분적으로 달라진다. 단순히 플러그나 금속 핀에 걸어두는 방식보다 마감 패널에 단단하게 고정하는 방식이 훨씬 더 큰 하중을 지지할 수 있다. 이는 '공을 들일수록 완성도도 높아진다'라는 일반적 원칙과도 일맥상통한다.

일반적으로 선반은 깊이가 얕고 두께가 두꺼울수록 더 큰 하중을 견딘다. 래미네이트 마감의 파티클보드 선반은 원목보다 강도가 떨어지며, 원목도 수종에 따라 강도 차이가 있다. 예를 들어 소나무는 물푸레나무나 참나무보다 약한 편이다.

브래킷 선반

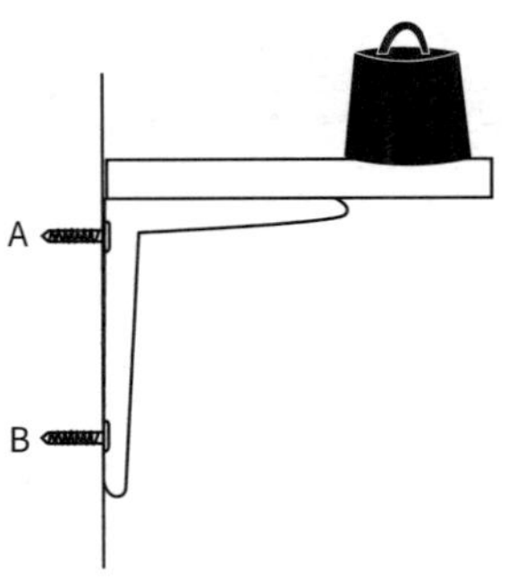

브래킷은 양쪽에 측면 패널이 없는 독립형 선반을 벽에 고정할 때 일반적으로 사용하는 방식이다. 옆판이 없는 독립형 선반은 보통 브래킷(선반 지지대)으로 벽에 고정하는데, 안정적인 지지를 위해서는 브래킷의 수평 지지대 길이가 선반 깊이의 3분의 2 이상 되어야 한다. 선반이 깊거나 위에 올릴 물건이 무거울수록 벽면에 닿는 수직 지지대는 더 길어야 한다. 브래킷의 가장 약한 부분은 상단 고정점(A)이며, 하단 고정점(B)과의 거리를 늘리면 지렛대 효과를 줄여 구조적 안정성을 더 높일 수 있다.

지지봉

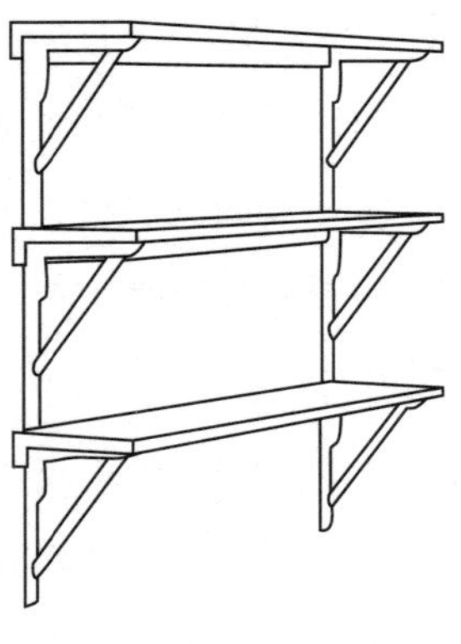

　　수평 지지봉을 사용해 무게를 더 넓은 영역으로 분산시키면 선반 유닛의 하중 지지력이 크게 향상된다. 이 방식은 1920년대 스웨덴의 주택협동조합인 HSB 주방에서 이미 적용되었고, 1990년대에 스웨덴 회사 노르가벨(Norrgavel)이 HSB 원리를 기반으로 지지봉이 포함된 브래킷 선반 시스템을 출시하면서 다시 주목받기 시작했다.

레일형 선반 시스템

　　시중에는 다양한 레일형 선반 시스템이 있지만, 겉보기와는 달리 품질과 견고함에는 분명한 차이가 있다. 저가 브랜드의 제품은 설치하는 데 시간이 오래 걸린다는 점에서 종종 비판을 받기도 한다. 오랫동안 시장에서 사랑받아 왔고, 앞으로도 단종되지 않을 가능성이 높은 시스템을 고르는 것을 추천한다. 그래야 시간이 흐른 뒤에도 필요에 따라 부품을 추가해 시스템을 확장할 수 있다. 벽면에 레일을 고정해 사용하는 수납 시스템은 레일에 브래킷을 걸어 선반을 얹을 수 있을 뿐 아니라 철망 바구니나 옷걸이 봉, 기타 다양한 액세서리들과 조합해 사용할 수 있어 공간 활용도를 극대화할 수 있다.

선반 깊이와 필요한 공간 계산하기

책을 보관하는 데 필요한 공간은 (당신이 아직도 책을 가지고 있다는 가정한다면) 어떤 종류의 책을 수납할 것인지, 예컨대 양장본이냐, 무선제본이냐에 따라 달라진다. 책은 높이, 너비, 두께에 따라 외형도 천차만별이다. 만일 선반이 고정돼 조절할

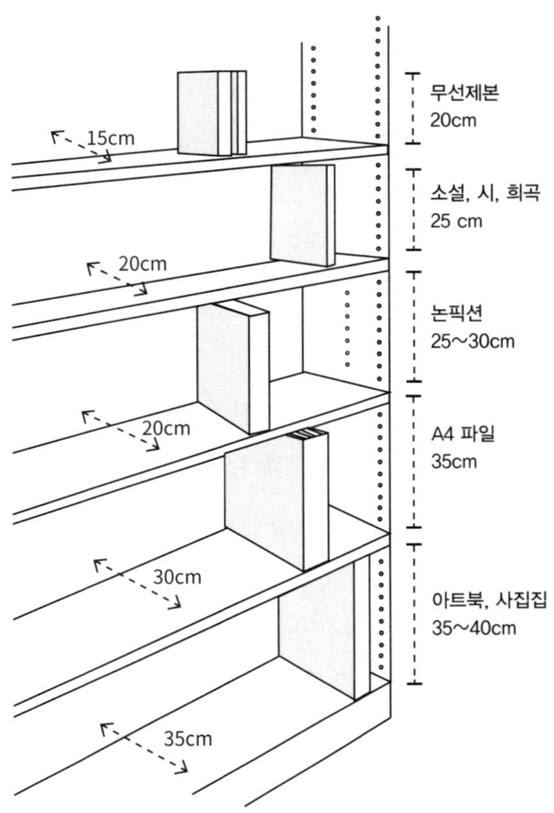

수 없다면 집에 있는 책들을 측정해 실제로 몇 미터의 선반 공간이 필요한지를 미리 계산해 보는 것이 바람직하다. 또한 책을 꺼낼 때 손등이 선반에 부딪히지 않도록 책 위에 2~5센티미터 정도의 여유 공간을 확보해야 한다는 점도 잊지 말자.

크기와 너비

책장이나 선반 시스템의 높이를 정할 때는 단순히 취향을 반영하는게 아니라, 공간의 여유와 사용자의 신체 조건까지 함께 고려해야 한다. 또한 설치 전에 창턱이나, 콘센트 등 벽면에 설치된 고정 설비들에 대해서도 반드시 확인해야 한다. 그림의 예시는 선반 설치 시 염두에 두어야 할 몇 가지 기본 치수들이다.

다리 높이

책장이나 수납장의 하부에는 진공청소기나 걸레가 들어갈 만큼의 여유 공간이 필요하다. 청소 도구의 형태는 시대와 기술의 변화에 따라 달라졌지만, 가구 아래의 여유 공간은 수십 년간 권장되어 온 기준이 있다.
예를 들어 깊이 50센티미터인 수납장의 경우에는 바닥에서 20센티미터 이상, 깊이 35센티미터인 수납장의 경우에는 최소 15센티미터 이상의 하부 공간이 권장된다. 또한 수납장 앞에는 사람과 청소기가 함께 움직일 수 있는 공간과, 서랍이나 문을 열었을

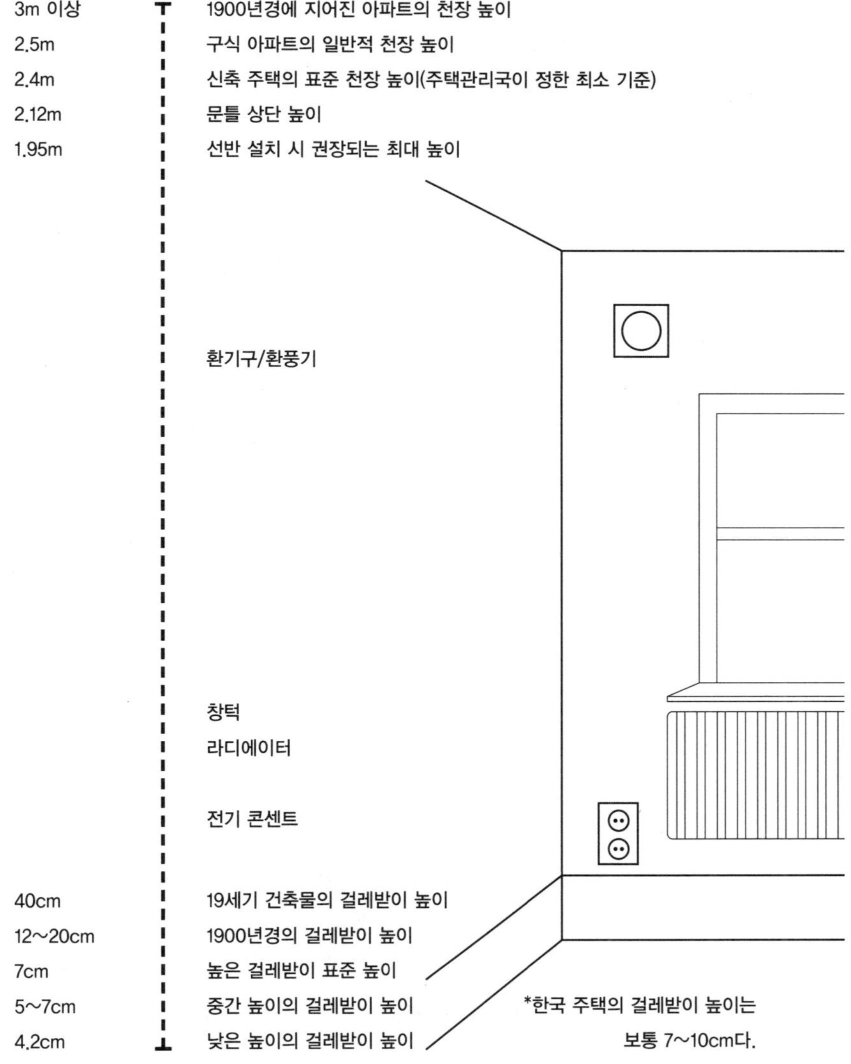

3m 이상
1900년경에 지어진 아파트의 천장 높이
2.5m
구식 아파트의 일반적 천장 높이
2.4m
신축 주택의 표준 천장 높이(주택관리국이 정한 최소 기준)
2.12m
문틀 상단 높이
1.95m
선반 설치 시 권장되는 최대 높이
환기구/환풍기
창턱
라디에이터
전기 콘센트
40cm
19세기 건축물의 걸레받이 높이
12〜20cm
1900년경의 걸레받이 높이
7cm
높은 걸레받이 표준 높이
5〜7cm
중간 높이의 걸레받이 높이
4.2cm
낮은 높이의 걸레받이 높이
*한국 주택의 걸레받이 높이는
보통 7〜10cm다.

때 다른 가구에 부딪히지 않을 만큼의 여유 공간이 확보되어야
한다.

붙박이 책장

많은 사람들이 붙박이 책장을 짜는 일을 단순한 작업이라
고 생각한다. 그러나 겉보기에 쉬워 보이는 작업일수록 실제로는
가장 까다로운 법이다.

책장의 비율을 잘 맞춘다는 것은 단지 얼마나 많은 책을 수납할
수 있는가에 관한 문제가 아니다. 그것은 공간 안에서 조화로운
리듬과 균형을 이루도록 배치하는 일이며, 결과적으로 그 공간
의 건축적 맥락에 얼마나 자연스럽게 녹아드는가의 문제이기도
하다.

맞춤 제작한 가구가 마치 사후에 덧붙인 부속물처럼 보이길 원하
는 사람은 없을 것이다. 오히려 처음부터 그 자리에 있어야 했던

가구연구소가 활동하던 시기에는 책장이나 수납장의 선반 높이를 필요에 따
라 조절할 수 있는 구조로 설계할 것을 권장했다. 그 생각은 지금도 유효해
서, 수납장이나 책장처럼 선반이 달린 가구의 옆면에는 선반의 높이를 바꿀
수 있도록 작은 구멍이 뚫려 있다. 만약 이런 타공이 거슬린다면 시중에서
구할 수 있는 타공 마개를 이용해 눈에 띄지 않게 가리면 된다.

것처럼 집의 구조와 하나가 돼야 한다. 게다가 붙박이 책장은 종종 공간의 비례 자체를 바꾸어 놓기 때문에 조명과 같은 다른 요소들을 손봐야 하는 추가 작업이 필요할 수도 있다. 이런 세부 사항들은 숙련된 장인에게는 너무도 당연한 고려 사항이지만, 경험이 부족한 사람들은 쉽게 놓치기 마련이다.

책장 하단부는 바닥 먼지가 날아가 쌓이지 않도록 문이 달린 수납장으로 마감하는 경우가 많다. 하지만 이렇게 구성할 경우, 책장의 상부와 하부가 시각적으로 균형을 이루도록 비율을 잘 맞춰야 한다.

비례가 어긋나면 전체 공간이 한쪽으로 치우친 듯한 느낌을 줄 수 있으며 책장 자체가 지나치게 무겁고 투박해 보일 수 있다. 숙련된 목수라면 자연스럽게 고려하는 요소지만 처음 시도하는 이에게는 완성된 후에야 비로소 눈에 띄는 문제이기도 하다.

최근에는 TV나 오디오 같은 엔터테인먼트 장비를 선반 유닛에 함께 빌트인하는 방식이 널리 쓰인다. 이런 구성을 계획 중이라면 장비의 크기를 미리 확인해 공기 순환이 가능하도록 충분한 여유 공간을 확보하고, 상·하단에 통풍구를 마련해 장비에서 발생하는 열이 배출되도록 해야 한다.

또한 장비 주변에 소폭의 여유 공간을 남겨두어 현재 보유한 TV의 화면과 책장 프레임이 너무 딱 맞지 않도록 설계하는 것이 바람직하다. 그래야 향후 TV를 교체할 때, 기존의 책장 구조와 새로 장만하는 TV가 맞지 않는 당황스러운 상황을 피할 수 있다. 일반적으로 기술 장비의 수명은 책장보다 짧다는 사실도 염두에 두어야 한다.

또한 고품질의 케이블은 가격도 높고 손상되기 쉬우므로 케이블이 심하게 꺾이거나 꼬이지 않도록 책장 뒷면에 배선을 위한 여유 공간도 확보해야 한다.

책장으로 만들고 싶은 벽이 있다면 마스킹 테이프를 활용해 계획을 시각화해 보자. 테이프를 이용해 구상 중인 책장의 크기와 모양을 벽에 표시하고 선반과 다른 붙박이 요소들 사이의 간격을 다양하게 시뮬레이션해 보라. 이렇게 하면 최종 결과물을 더 쉽게 시각화하여 계획에 반영할 수 있다.

스웨덴 선반의 고전

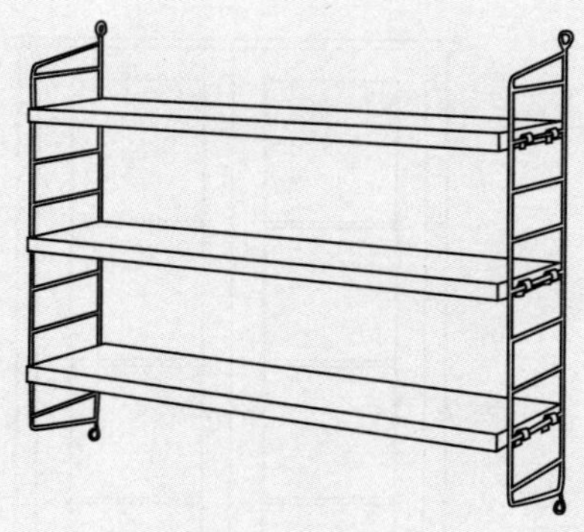

스트링 선반(String shelving)은 1950년
대 이후 스웨덴의 평범한 가정에서 가
장 널리 쓰인 가구다. 그 배경에는 출판
사 보니에르(Bonniers)의 기획이 있었
다. 1949년, 보니에르는 스웨덴공예협
회와 함께 실용적이면서, 기능적으로
영리하고, 설치와 조정이 간편하며, 시
대를 초월하는 새로운 책장 디자인에
대한 공모전을 개최했다.

공모전의 우승자는, 스톡홀름 왕립공과
대학교에서 건축을 공부하던 중 만나
한 팀이 된 부부 디자이너 니세 스트리
닝(Nisse Strinning)과 카이사 스트리닝
(Kajsa Strinning)이었다. 수상 직후, 이
들은 자신들의 선반 시스템을 'BFB 선
반(Bonniers Folk Library Bookcase)'이
라 불렀으나, 곧 부부의 성과 그들의 가
족 농장 '스트리닝엔(Strinningen)'에서
영감받은 이름 '스트링(String)'으로 바
꾸었고, 이 이름이 그들의 브랜드가 되
었다. 스트링 선반 시스템은 스웨덴뿐
만 아니라 전 세계 가정에서 널리 사랑
받는 제품으로 자리 잡았다.

니세 스트리닝은 왕립공과대학교에서
수습생 시절에 제작한 용접식 철사 식
기 건조대에서 코팅 철사 패널의 아이
디어를 얻었다. 또한 내장형 선반 대
신 벽에 부착하는 측면 패널을 사용하
는 발상은, 그가 화장실에서 생각에 잠
겨 있을 때 번쩍 떠올랐다고 전해진다.
카이사는 이 디자인을 부드러운 곡선형
마감으로 더 발전시켰다. 스트링 아이
디어는 1962년에 특허를 획득했고 이로
써 32개의 무단 모방 제조업체들이 한
순간에 생산을 중단해야 했다.

2005년, 니세 스트리닝은 페이퍼백 전
용 책장을 디자인했다. 이 책장은 깊이
15센티미터의 선반으로 구성돼 있으며
'스트링 포켓(String Pocket)'이라 불린
다. 오늘날 스트링 시스템은 여러 가지
색상과 소재의 유닛으로 확장됐으며,
각 유닛은 다양한 방식으로 조합할 수
있다.

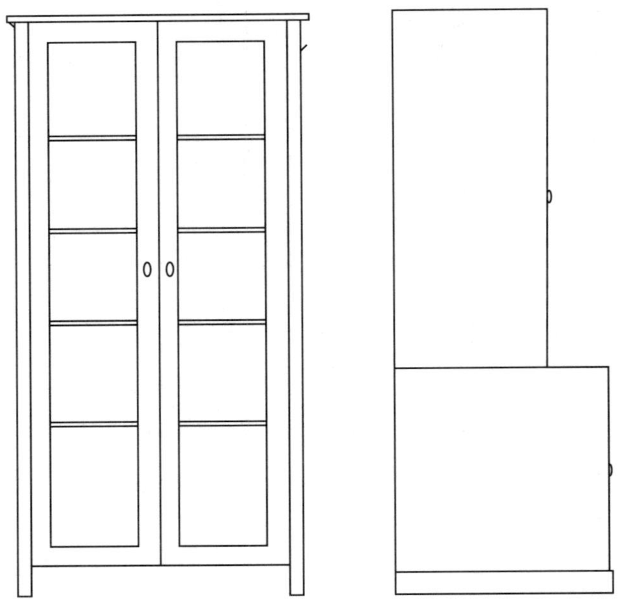

장식장

장식장은 스웨덴어로 '비트린스코프(vitrinskåp)'라 불리는데, 이는 라틴어 'vitrum(유리, 유리창)'에서 유래했다. 이 가구를 문이 달린 다른 수납장들과 구분 짓는 특징은 바로 유리다. 장식장 전면의 일부 또는 전체는 거울로 제작될 수도 있고, 측면은 막혀 있거나 유리로 마감될 수도 있다. 유리는 디자인에 따라 투명 혹은 불투명 유리, 스모크 유리, 에칭 유리 등 다양하게 사용된다.
안전을 위해 강화 유리가 사용됐는지 확인할 필요가 있다. 강화 유리에 관해서는 7장 '재료' 편에서 좀 더 자세히 살펴볼 것이다. 가구에 사용되는 일반적인 가격대의 모루 유리(ribbed glass, 세로로 골이 있는 유리)는 보통 강화 유리가 아닐 가능성이 크다. 이런 구조의 강화 유리를 제작하는 데는 많은 비용이 들어가기 때문이다. 가정에 어린이나 반려동물이 있다면 스타일보다 안전을 우선시해야 한다.

장식장은 밀폐형 수납장보다 좀 더 개방적인 느낌을 주면서도 보관된 물건을 한눈에 볼 수 있다는 장점이 있다. 게다가 내용물을 먼지나 이물질로부터 보호해 청소도 수월하다. 다양한 책이나 잡동사니들이 어지럽게 놓인 공간을 유리문으로 가리면 시각적으로 좀 더 정돈되고 전체적으로 통일된 분위기를 연출할 수 있다.

선반의 깊이와 간격

장식장을 식기 보관용으로 사용할 거라면, 선반의 깊이가 보관하려는 그릇의 지름보다 더 깊을 필요는 없다. 물론 약간의 여유 공간이 있으면 좋지만, 그릇의 무게와 하중 한계 때문에 한 선반에 두 줄로 겹쳐놓는 것은 어려우므로 선반이 너무 깊으면 사용하지 않는 공간만 늘어난다. 일부 장식장이나 책장은 선반 깊이에 차이를 두는 구조로 되어 있다. 예를 들어 상단에서 눈높이까지는 좁은 선반, 허리 아래부터는 두 배 깊은 선반으로 구성하는 방식이다. 선반 사이의 최적 간격은 무엇을 보관할 것인지에 따라 달라진다. 특히 높이를 조절할 수 없는 선반의 경우는 다

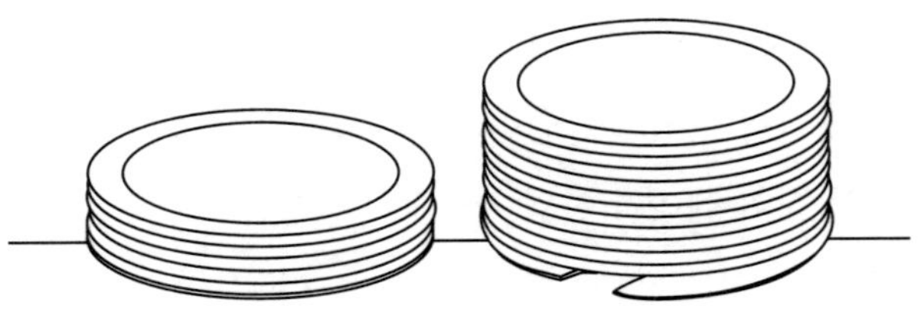

접시는 너무 높게 쌓지 않도록 주의하자. 도자기는 감당할 수 있는 하중에 한계가
있기 때문에, 밑에 있는 접시가 금이 가거나 깨질 수 있다.

음과 같은 점들을 미리 고려해 두는 것이 좋다.

- 선반 사이의 간격이 너무 넓으면 실제로 사용할 수 없는 공간
  만 늘어난다.
- 반대로 간격이 너무 좁으면 물건을 꺼낼 때 위쪽 선반에 손등
  을 긁히거나 포도주잔의 다리가 부러지는 등의 불편함이 생길
  수 있다. 집에 있는 유리잔의 높이를 미리 측정한 뒤 선반 사이
  에 여유 공간이 있는지 확인하고, 잔끼리 서로 부딪혀 흠집이
  생기거나 깨지지 않도록 충분한 간격을 확보해야 한다.
- 도자기 접시를 층층이 쌓아 보관할 계획이라면 선반의 최대 하
  중을 반드시 확인해야 한다. 대부분의 제품 설명서에는 이러한
  정보가 명시돼 있다.
- 장식장의 문틀이 안정적이지 않으면 문을 열거나 닫은 후, 혹
  은 사람이 쿵쿵거리며 지나갈 때 선반 전체가 흔들리는 현상이
  생길 수 있다.

장식장의 냄새

오래된 장식장에는 세월의 냄새가 배어 있을 수 있다. 경매나 중고 거래를 통해 멋진 빈티지 진열장을 구매할 때는 그러한 세월의 냄새를 바로 알아차리기 어렵겠지만, 실제로 사용하다 보면 문제점이 드러난다. 특히 샴페인 잔이나 와인 잔은 장식장의 냄새를 흡수하기 때문에, 냄새가 배어들면 음료의 맛에까지 영향을 미친다.

유리병증

유리잔은 장식장에 넣기 전에 완전히 말려야 한다. 특히 오래된 유리잔은, 물기가 남아 있는 상태로 장식장에 넣으면 '유

유리잔은 높이와 너비가 제각각이다. 유리잔이 장식장의 선반에 잘 맞는지, 필요한 유리잔이 모두 들어갈 수 있는지 정확히 치수를 재고 확인해야 한다.

리병증(glass disease)'이라는 화학적 변질 현상이 일어날 수 있다. 세척 후 건조하지 않은 상태에서 유리잔을 뒤집어 보관하면 내부에 수분이 응결하면서, 유리 표면의 알칼리 성분이 반응해 미세한 부식이 일어나는 것이다. 시간이 지나면 유리 표면이 우윳빛처럼 흐려지고, 이 혼탁은 한번 생기면 되돌리기 어렵다.

장식장 구매 시 고려할 점

- 제조사가 뒤판을 얇은 재료로 만들어 원가를 절감했을 경우, 장식장 내부가 비었을 때 문 양쪽을 다 열면 몸체가 앞으로 쏠리는 현상이 생길 수 있다.
- 경첩이 견고하게 부착되어 있고 문이 처질 우려는 없는지 점검하자. 장식장 문은 무게가 나가는 경우가 많으므로 튼튼한 부속품을 사용하지 않으면 시간이 지나면서 문이 중심에서 벗어나 틈이 생긴다. 좋은 품질의 가구라도 일정 시간이 흐르면 경첩의 나사를 한 번쯤 조여주는 것이 좋다.
- 프레임이 얇은 장식장의 문은 구조적으로 약해서 쉽게 흔들리고 문을 닫을 때 덜컥거릴 수 있다. 문을 여러 번 여닫아 보면서 어떻게 움직이고 어떤 소리가 나는지 테스트해보자. 만약 심하게 흔들린다면 진동 방지 패드나 가구 받침대 등을 이용해 흔들림을 어느 정도 줄일 수 있다.
- 문이 제대로 닫히는가? 저렴한 장식장 중에는 시간이 지남에 따라 자석이 약해져 문이 벌어지거나 심지어 저절로 열리는 것도 있다.

사이드보드

사이드보드는 본래 영어 단어지만 이제는 스웨덴을 비롯해 전 세계적으로 널리 통용되어 소비자와 공급업체, 소매업자 모두가 자연스럽게 사용하는 명칭으로 자리 잡았다.

사이드보드는 비교적 낮은 높이의 수납장이나 보조 수납장을 통칭하는 말로, 문이 달린 수납 칸이나 서랍이 있거나 없는 다양한 형태를 포함한다. 다양한 사이드보드 중에서 무엇을 고를지는, 방 크기나 기존 가구와의 배치도 중요하지만 결국 그 안에 어떤 물건을 보관할지에 따라 달라진다. 사이드보드나 뷔페 테이블은 너비뿐 아니라 깊이도 천차만별이기 때문에 너무 얕고 세련된 모델을 고르면 도자기나 그릇, 혹은 큰 꽃병 같은 것들이 들어가지 않을 수 있다. 따라서 구매 전에 단순히 배치할 공간만 측정할 것이 아니라 실제로 안에 넣고자 하는 물건들의 크기와 양을 먼저 측정해야 한다. 또한 사이드보드의 문이 어떻게 열리느냐에 따라 공간 활용도 달라진다. 접이식 문은 열었을 때 공간을 덜 차지하

! 목숨을 구하는 가구

15세기에는 뷔페 테이블, 즉 '크레덴자(credenza)'가 음식을 서빙하기 전에 하인들이 먼저 음식을 올려놓고 독이 들었는지를 맛보던 가구였다고 한다. 이 가구의 이름은 '신뢰' 또는 '확신'을 뜻하는 이탈리아어 'credenza'에서 유래했다.

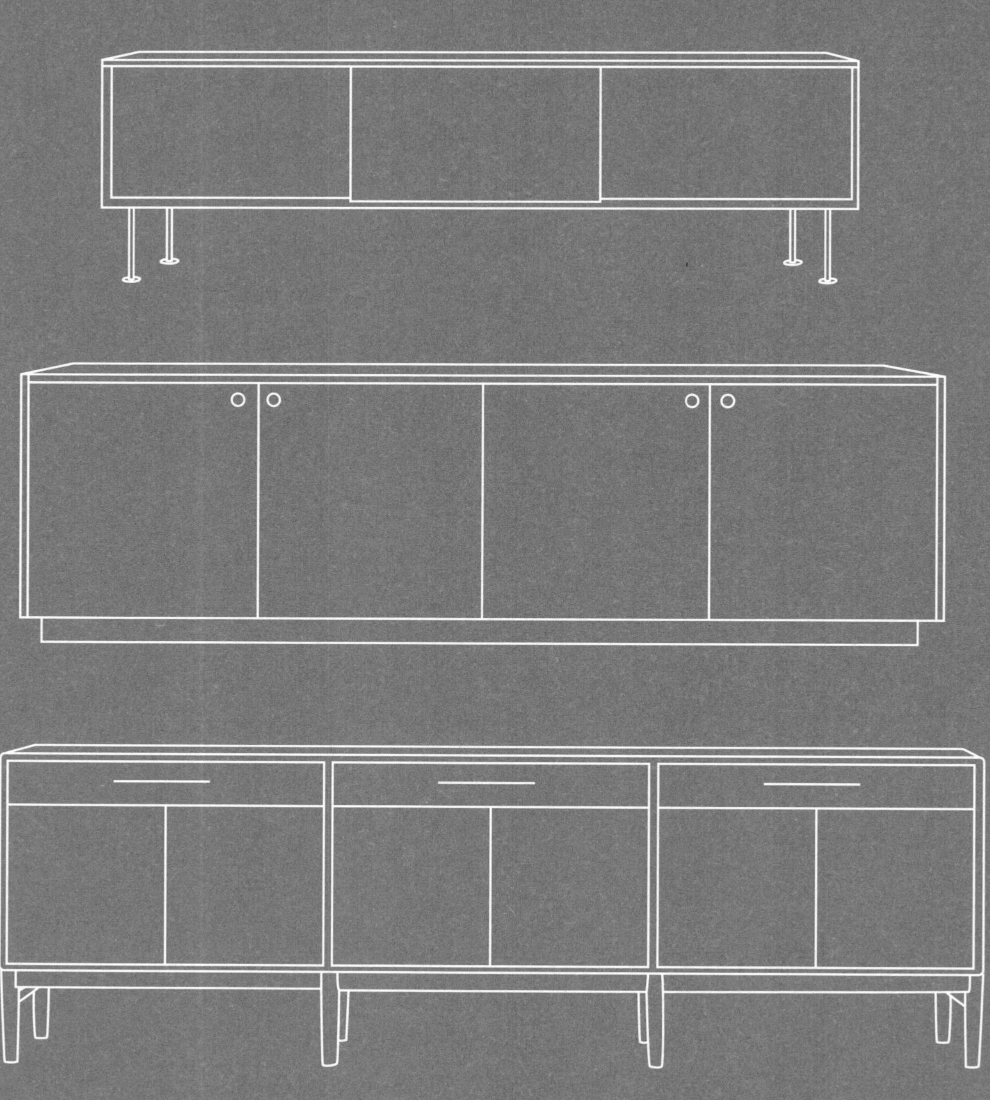

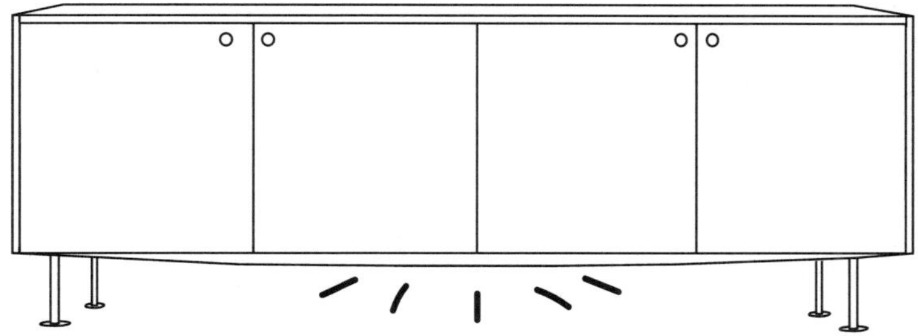

긴 사이드보드는 물건을 채워 넣었을 때 그 무게로 인해 상판이 처지거나 휘어질 수 있으므로, 중앙 부분에 보조 다리를 두어 하중을 분산시키는 것이 좋다. 보조 다리는 외관을 해치지 않도록 뒤쪽에 숨겨 설치할 수 있다.

므로 비좁은 곳에 유리하고 미닫이문은 아예 여유 공간이 필요 없다. 높이 조절이 가능한 다리가 달린 제품이라면 바닥이 고르지 않아도 수평을 맞추기 쉬워 유용하다.

또한 다양한 유닛을 조합해 원하는 대로 완성된 가구를 만들 수 있는 모듈 시스템도 있다. 이 경우에는 색상 선택은 물론, 받침대를 놓을지, 어떤 형태의 다리를 선택할지, 아니면 벽걸이로 설치해 공간을 좀 더 가볍고 깔끔하게 연출할지도 결정할 수 있다.

문제점 확인하기

사이드보드가 유난히 넓은 경우, 하중으로 인해 프레임이 휘지 않도록 중앙에 보조 다리를 하나 이상 추가로 설치해야 할 수 있다.

식사 공간 근처에 사이드보드나 뷔페 테이블을 배치할 경우, 식탁보다 약 10센티미터 정도 더 높은 것이 바람직하다. 그래야 서빙할 때도 편리하고, 공간 배치에서도 균형을 이룬다. 또한 뷔페 테이블 앞에는 문을 열 수 있을 만큼의 여유 공간이 있어야 한다. 그렇지 않으면 물건을 꺼낼 때마다 식사 중인 누군가가 일어나야 할 수도 있다.

사이드보드나 뷔페 테이블을 온라인으로 구매할 경우, 내부에 몇 개의 수납 구획이 있는지 꼭 확인해야 한다. 칸막이가 적을수록 부피가 큰 물건을 넣을 수 있는 여유 공간은 커진다.

! 일부 업체에서는 이케아의 캐비닛 프레임에 맞는 문, 커버 패널, 상판 등을 판매한다. 사이드보드에 나만의 개성을 더할 수 있는 요소들이다. 일반적으로는 모듈을 여러 개 조합하는 것보다, 하나의 큰 프레임을 사용하는 편이 더 안정적이다. 예를 들어 120센티미터 너비의 사이드보드를 원한다면 60센티미터짜리 두 개를 연결하기보다 120센티미터 프레임 하나로 시작하는 편이 낫다.

미디어 수납장

집에서 전자기기가 차지하는 비중이 과거에 비해 비약적으로 커졌다. 불룩했던 TV는 순식간에 얇고 평평한 벽걸이형으로 바뀌었고, 비디오 플레이어, DVD 플레이어 등을 두던 공간은 이제 다른 용도로 쓸 수 있게 되었다. 그 모든 기능이 온라인으로 옮겨갔기 때문이다. 하지만, 그럼에도 여전히 많은 사람이 거실에 미디어 수납장을 두곤 한다. 텔레비전의 형태가 달라져도 여전히 미디어 수납장의 실용적인 역할은 이어지고 있다.

미디어 수납장은 뒤판에 구멍이 있어야 한다. 케이블을 통과시키기 위한 목적도 있지만 전자기기에서 발생하는 열을 배출하는 환기구 역할도 하기 때문이다. 미디어 수납장에 보관할 장비의 크기를 측정할 때는 연결된 케이블이 차지하는 공간도 반드시 고려해야 하며 선반의 깊이가 이 모든 것을 수용하기에 충분한지 확인해야 한다. 미디어 수납장 중에는 미닫이문이 달린 제품도 많은데, 간혹 돌출된 볼륨 조절 장치나 레버가 미닫이문에 걸려 문이 제대로 닫히지 않는 경우가 있다. 그래서 홈시어터 장비나 기타 전자기기를 배치할 때, 케이블이 뒤판에 눌리지 않도록 뒤판을 아예 떼어내는 경우도 많다. 선반은 높낮이 조절이 가능하거나 아예 탈착할 수 있는 구조라면 더 편리하다.

전자기기는 작동 중 열이 발생하므로 내부에 열이 갇히지 않고 통풍이 잘되도록 환기구가 마련돼 있어야 기기 손상을 방지할 수 있다. 또한 문이 있는 경우는 리모컨 신호가 문을 통과해 작동하는지도 확인해야 한다.

TV를 미디어 수납장 위에 올려둘 계획이라면 추가로 두 가지를 확인하자. 하나는 수납장 상판이 하중을 얼마나 견딜 수 있느냐이고, 다른 하나는 TV 화면의 높이가 소파나 의자 등 앞에 놓인 좌석에 앉았을 때의 시청 높이와 얼마나 잘 맞는지 여부다. 대체로 미디어 수납장 제조사들은 다양한 형태의 TV를 염두에 두지 않기 때문에, 사고를 피하거나 상판의 처짐, 혹은 문이나 패널이 열리지 않는 상황을 방지하려면 주문 전에 반드시 다시 확인해야 한다. TV 높이는 특히 중요하다. 시청 위치와 잘 맞아야 눈과 목에 부담을 주지 않는다. 다만 소파나 암체어의 등받이 각도와 영화를 볼 때 바른 자세로 앉아서 보는지, 비스듬히 기대어 보는지를 포함한 가족의 시청 습관에 따라 시청 위치는 달라지므로 명확한 기준을 제시하기는 어렵다. 테스트할 때 대부분 똑바로 앉은 자세로 화면을 확인하곤 하는데, 실제로 가정에서 TV를 보는 자세와 다른 경우 나중에 문제가 발생할 수 있다. 진부하게 들릴지 모르지만 한 사람은 전자제품을, 다른 한 사람은 가구를 고를 때, 둘 사이에 충분한 소통 없이 구매한다면 뒤늦게야 그 둘이 맞지 않는다는 것을 깨닫게 된다.

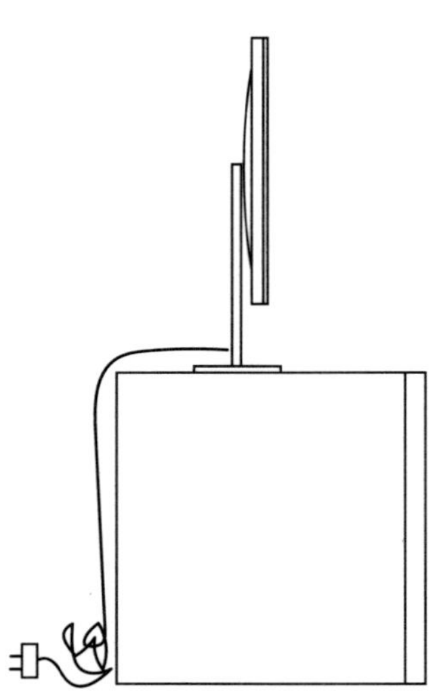

"가장 중요한 요소는
비율이다."

— 아르네 야콥센(Arne Jacobsen, 건축가이자 가구 디자이너)

신발장을 고를 때는 가족이 신는 신발 중 가장 큰 신발을 기준으로 삼아야 한다. 여성용 하이힐은 굽 때문에 높기는 해도 길이가 길지 않지만, 남성용 부츠는 높이로 보나 너비로 보나 훨씬 더 많은 공간을 차지한다.

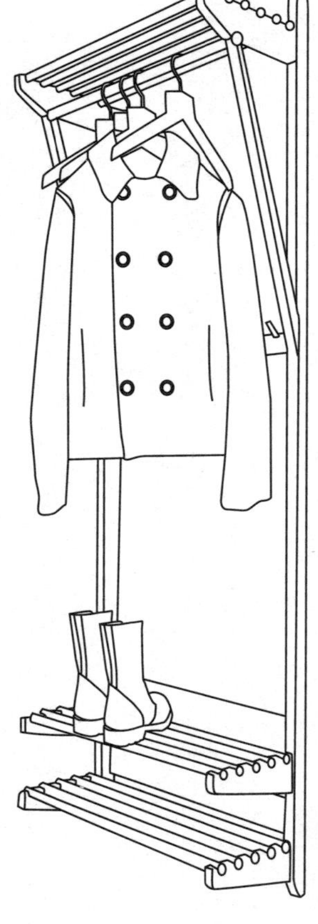

현관 가구와 옷걸이

집에 들어설 때 가장 먼저 마주하는 현관 가구는 집주인이나 손님에게 따뜻한 환영의 미소를 건네는 존재여야 한다. 집의 현관에서부터 인상을 찌푸리게 하거나 불편함을 주어서는 안 된다. 그런데 이 책을 쓰며 수천 개의 제품 후기를 읽어보니 겉보기엔 간단해 보이는 현관 가구조차 제대로 된 제품을 찾기가 어려운 실정인 듯하다. 다음에 이어지는 내용은 현관 가구를 고를 때 눈여겨봐야 할 점과 구매 전에 반드시 확인해야 할 사항들에 대한 조언이다. 보기 좋으면서도 기능적으로 훌륭한 현관 가구를 찾고 있다면 참고하길 바란다.

하중 지지력

옷걸이용 선반은 말 그대로 무거운 짐을 짊어지는 가구다. 가벼운 여름옷부터 두툼한 겉옷, 무거운 겨울 재킷과 코트까지 모두 지탱해야 한다. 선반이 무너졌다는 얘기를 종종 듣는데, 벽에 고정할 때 사용한 나사나 월플러그(혹은 앵커)의 문제일 수도 있지만 놀랍게도 선반 자체의 구조나 재료 때문에 발생하는 경우가 많다. 수직 방향의 하중을 지탱해야 하는 가구를 시각적으로 평가할 때는 지렛대 원리를 기억해야 한다. 벽에 고정하는 위쪽 앵커와 아래쪽 앵커의 거리가 너무 짧으면 온 가족의 겉옷과 헬멧을 쌓았을 때 지렛대 효과가 커져 선반이 무너질 위험이 높아진다. 선반 자체의 무게도 고려해야 한다. 특히 벽이 약한 구조라면 옷을 올리기도 전에 무게가 부담되는 선반은 선택하지 않는 것이 현명하다.

- 선반이나 옷걸이 스탠드가 목재로 만들어졌다면 잠재적으로 구조를 약화시킬 수 있는 옹이, 균열 또는 기타 결함이 있는지

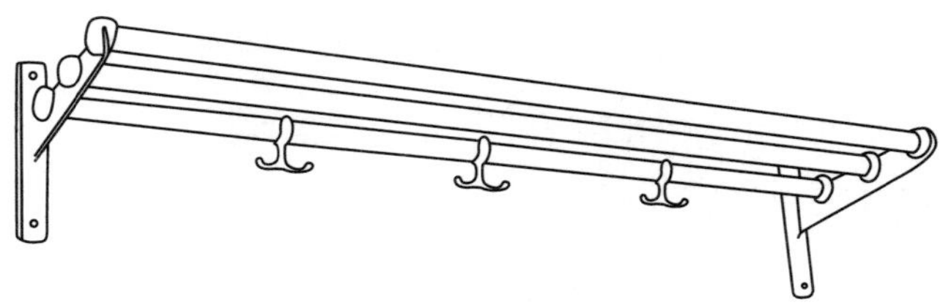

확인해야 한다.

- 용접 부위가 있다면 접합이 제대로 되었는지, 하중을 받을 위치에 구멍(나사 구멍이나 미리 뚫어놓은 구멍)이 뚫려 있지는 않은지도 점검해야 한다.
- 금속 막대가 설치된 선반은 철사 옷걸이를 사용할 때 긁히는 소리나 잡음이 생길 수 있다. 만약 금속성 마찰음에 민감하다면 나무 봉이 설치된 선반을 선택하는 것이 좋다.

설치

선반을 설치할 때, 필요한 나사 규격에 맞게 사전 타공이 되어 있지 않다는 사실은 사소한 문제로 여겨질 수 있으나, 실제로는 골치 아픈 일이다. 나사가 제대로 자리를 잡지 못하면 선반의 전체적인 구조가 약해지고, 결국 선반이 흔들리거나 떨어져 다른 물건을 파손하는 사고로 이어질 수도 있기 때문이다. 또한 구멍이 너무 작으면 나사를 조일 때 선반에 금이 가 전체적인 구조가 약해질 수 있다.

특히 앞에 서 있을 때 고정 장치가 보이지 않는 '히든 마운트(hidden mount)' 형태의 선반이라면, 설치 위치를 정확히 잡기 위해서는 아주 미세한 단위까지 치수를 맞추는 정밀함이 필요하다. 현관 벽면이 나사 위치를 정확히 잡기 어려운 상태이거나 고가의 벽지로 마감돼 있다면, 앞에서 바로 나사를 박을 수 있는 구조의 선반을 선택하는 것이 좋다. 그래야 벽에 흠집이 생기거나 손상이 갈 위험이 줄어든다.

고정된 규격인가, 조절이 가능한가?

현관은 만만한 공간이 아니다. 조명 스위치, 계량기함, 배관함 같은 것들이 가구 배치를 어렵게 할 수 있다. 따라서 설치 공간에 맞추어 조정할 수 있고, 걸어둘 옷의 종류에도 유연하게 대응할 수 있는 옷걸이를 선택하는 것이 중요하다. 레일을 잘라 길

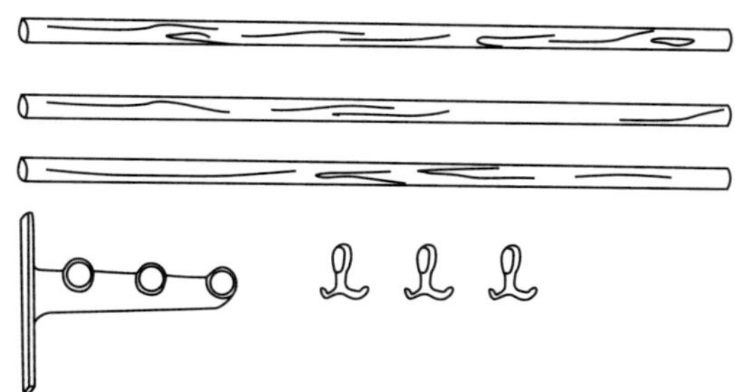

옷걸이용 선반의 길이를 변경해야 한다면 지지대는 철제나 알루미늄 재질로, 봉은 일반 톱으로 쉽게 절단할 수 있도록 나무로 된 제품을 선택하는 것이 좋다.

이를 조정할 수 있는 선반처럼 간단한 구조일수록 공간에 맞게 손쉽게 조절할 수 있다.

노브의 크기와 각도

벽에다 옷걸이를 부착하는 건 사소한 일처럼 여겨질 수 있지만 실제로는 노브(knob, 옷걸이의 걸이 부분)의 크기와 각도를 정확히 맞추는 세밀함이 필요하다. 옷걸이가 제대로 설계되지 않으면 외투가 상하거나 미끄러지듯 떨어지는가 하면 가방조

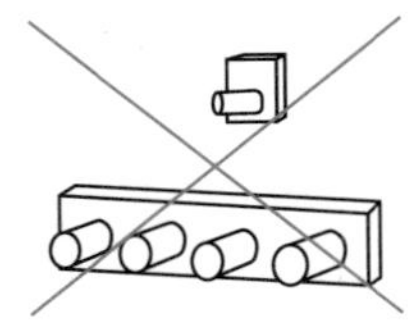

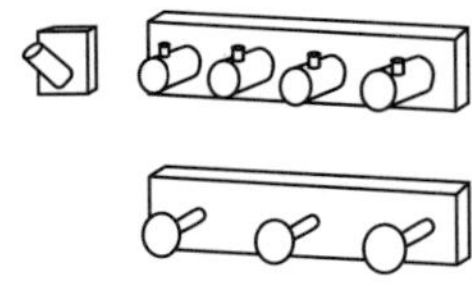

차 걸기 어려울 수 있다. 노브를 위로 살짝 올라가게 비스듬히 설계하는 데는 그만한 이유가 있는 것이다. 정면을 향해 수평으로 뻗은 노브의 경우엔, 옷이 떨어지지 않도록 그 끝에 작은 멈춤 장치가 달려 있거나, 끝부분이 더 크게 설계되어 있어야 한다.
또한 고리(hook, S자 형태의 갈고리)의 크기나 간격이 맞지 않으면 옷감이 고리에 눌려 늘어나거나 구멍이 뚫릴 수도 있다. 특히 열쇠나 스마트폰이 들어 있는 무거운 코트를 걸 때는 이런 부담이 더 커진다.

치수

     겨울 외투를 꺼내는 계절이 돼서야 비로소 알게 되는 사실이 있다. 현관의 옷걸이 공간이 두툼한 외투를 걸기에 적절한 크기가 아니라는 점이다. 이런 실수를 피하려면 단순히 옷걸이의 너비만 측정해서는 안 된다. 옷걸이 너비(약 45센티미터)에, 옷의 실제 어깨너비를 고려해

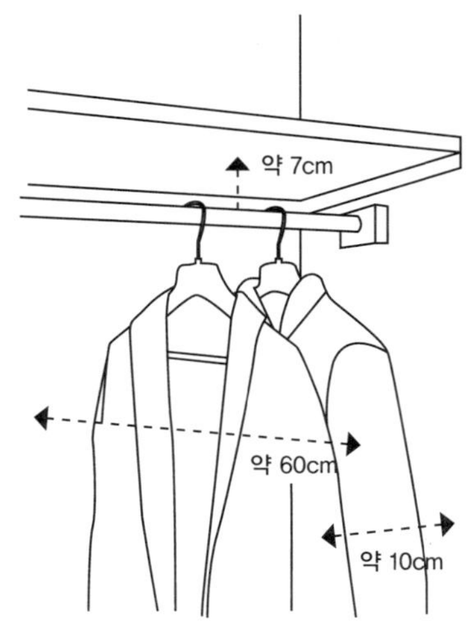

양쪽에 5센티미터씩을 더하고, 여기에다 옷장 뒷벽에 여유 공간으로 5센티미터 정도를 추가로 확보해야 한다. 옷걸이 공간을 충분히 확보하지 않으면 외투의 한쪽 어깨가 벽에 쓸려 닳거나 옷과 옷이 끼어서 구겨지기도 하고, 옷을 꺼낼 때 옷걸이가 흔들려 벽에 자국을 남기기도 한다. 또한 옷걸이 봉과 그 위의 선반 사이에는 최소 7센티미터의 간격이 있어야 선반을 긁지 않고 옷걸이를 들어 올릴 수 있다. 또한 외투를 걸려면 한 벌당 약 10센티미터 정도의 공간이 필요하므로 가족 수가 많을 경우 옷걸이 봉의 길이를 계산하여 넉넉하게 잡는 것이 좋다.

나무 봉은 옷걸이의 고리를 단단히 잡아줄 수 있어야 한다. 봉이 너무 얇으면 옷걸이가 흔들리기 쉽고, 너무 두꺼우면 옷걸이를 걸기가 불편하다.

옷걸이 스탠드

독립형 옷걸이 스탠드는 때로 '홀 트리(hall tree)' 또는 '코트 트리(coat-tree)'라고도 불린다. 이런 형태의 제품이 좋은 품질로 평가받기 위해서는, 디자인과 구조가 독창적이어야 하며 무거운 외투가 한쪽에 치우쳐 걸렸을 때도 쓰러지지 않도록 무게 중심이 정교하게 계산된 구조여야 한다. 코트나 재킷을 걸면 그 무게로 인해 무게 중심이 이동하지만 무게 중심선이 다리받침의 지름, 즉 스탠드의 바닥 면적 안에 머무는 한, 스탠드는 넘어지지 않고 안정적으로 선다.

어릴 적, 우리 집 현관에는 아주 멋진 금속 옷걸이 스탠드가 있었는데, 우리는 그것을 농담 삼아 '단두대'라고 불렀다. 어떤 걸이에 옷을 걸 수 있고, 또 어떤 것에는 걸면 안 되는지를 모르는 손님이라면 머리를 다칠 위험이 있었기 때문이다. 실제로 겨울 외투처럼 무거운 옷들이 잔뜩 걸린 옷걸이 스탠드가 넘어지면 큰 사고로 이어질 수 있다. 특히 아이들이나 반려동물이 있는 가정이라면 각별한 주의가 필요하다.

옷걸이 스탠드의 걸이 모양과 배열을 잘 살펴보자. 가족은 물론 손님들도 불편 없이 외투를 걸 수 있는 구조인가? 옷을 걸었을 때 제자리에 잘 걸려 있는가? 옷걸이에 외투가 많이 걸렸을 때, 옷이 미끄러져 떨어질 위험은 없는가? 외투를 걸이에서 쉽게 뺄 수 있는가? 내 부모님 집에 있던 스탠드 옷걸이의 걸이 부분 끝에는 작은 멈춤 장치가 달려 있어서 코트가 미끄러져 떨어지는 일은 없었지만, 걸핏하면 그 부분에 외투가 걸려 빼내기 위해서는 한참을 꼼지락거려야 했다. 그러다 보니 10대 시절에는 조급한 마음에 옷을 힘껏 잡아당겨 외투 안감이 찢어지는 일이 종종 있었다. 옷걸이 스탠드의 걸이 모양과 배치는, 얼마나 많은 옷을 걸 수 있는지, 실제로 사용하기에 편리한 구조인지를 가늠하는 중요한 기준이 된다.

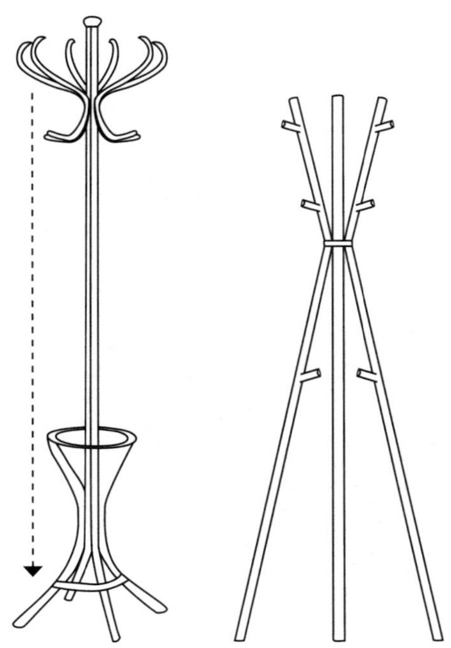

침대

"지난밤엔 잘 잤나요?" 잠은 중요하다. 간밤에 잠을 푹 잤는지, 그렇지 못했는지는 그날의 컨디션에 지대한 영향을 미친다. 수면의 질을 좌우하는 요인은 다양하지만, 어떤 침대에서 자는지가 중요하다는 데에는 이견이 없을 것이다. 불편한 침대 탓에 밤새 잠을 설쳤다면, 그 여파는 하루의 모든 부분에 미친다. 그러나 다행히도, 이 문제는 그리 복잡하지 않다. 자신의 체형에 맞게 설계되어 올바른 지지력과 편안함을 갖춘 매트리스를 찾는다면 문제는 쉽게 해결될 것이다.

침대 선택하기

침대 선택은 러닝화 고르기와 비슷하다. 옆집 사람이 특정 모델에 홀딱 반했다고 해서 그 신발이 당신에게도 꼭 맞으리라는 보장은 없다. 발 크기뿐 아니라 보폭, 신장, 체중, 발 아치에 필요한 지지력도 사람마다 다르기 때문이다. 마찬가지로 수면 습관 역시 개개인의 신장과 체중, 체형, 신체 비율에 따라 다르다.

그렇다면 지금 쓰고 있는 침대를 점검하거나 새로운 침대를 고를 때 어떤 점을 고려해야 할까? 침대는 가격대가 상당히 높으므로 경험을 갖춘 매장 직원의 도움을 받는 것이 가장 현명한 방법이다. 일부 매장에서는 척추지압사와 무료 상담을 할 수 있는 서비스를 제공하기도 한다.

침대의 완성은 베개

베개도 잊지 말자! 침대를 아무리 잘 골라도 베개가 맞지 않으면 수면의 질이 떨어진다. 매트리스와 마찬가지로 자신의 수면 방식에 맞는 베개를 선택하는 것이 중요하다. 베개는 올바른 수면 자세를 찾는 데 있어 핵심적인 역할을 한다.

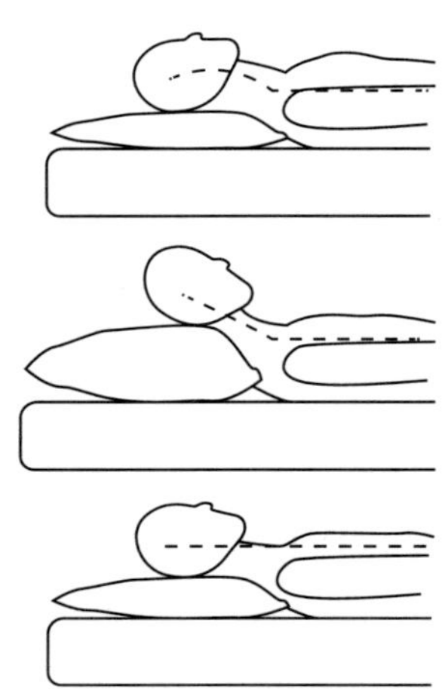

이 장에서는 시중에서 판매되는 수많은 침대 가운데 자신에게 맞는 침대를 고르기 위해 알아두면 좋은 핵심 사항 몇 가지를 살펴본다. 물론 해당 분야에서 일하며 경험을 쌓아온 전문가의 조언을 완전히 대체할 수는 없을 것이다. 다만 이 장을 통해 자신의 수면 습관과 신체적 필요를 사전에 점검하고 생각을 정리함으로써, 전문가와 상담할 때 더 명확한 질문을 던질 수는 있다. 그리고 이런 과정을 통해 결국엔 자신에게 꼭 맞는 침대를 선택하게 될 것이다.

스웨덴의 침대 규격

스웨덴에서는 1950년대에 침대의 규격이 통일되었다. 침대 시트에서 프레임에 이르기까지 제작과 유통을 효율화하기 위한 흐름이었다. 침대의 크기는 말할 것도 없이, 침실의 크기와 사용자의 수에 따라 정해진다. 옆에 제시된 치수는 가장 일반적인 침대 규격이다.

침대의 규격은 국가별로 다르다는 점에 유의하자. 예를 들어 미국의 킹사이즈 침대는 보통 193×203센티미터지만 유럽의 킹사이즈는 180×200센티미터다. 스웨덴의 표준 더블 침대를 미국에서는 '캘리포니아 킹(California King)'이라고 한다. 미국산 침구를 구매하거나

스웨덴의 침대 규격

아기 침대=60×120cm

유아용 침대=70×140cm

소형 싱글=75×190cm

싱글=90×190cm

넓은 싱글=105×200/210cm

소형 더블=120×190cm

더블=135×190cm

퀸사이즈=160×200cm

킹사이즈=180×200cm

미국의 호텔 객실을 예약할 때 알아두면 유용하다.

평균적인 성인 남성이 바닥에 등을 대고 누워 양팔을 90도로 벌린 후 팔꿈치만 굽혔을 때, 양 팔꿈치 사이의 너비는 97센티미터 정도다. 하지만 엎드려 배를 대고 자거나, 옆으로 누워 자거나, 팔을 위로 뻗고 자거나, 몸을 웅크리고 자는 등 사람마다 수면 자세가 다양하므로 침대 크기를 고를 때는 신체 크기와 수면 자세에서부터 방의 비율에 이르기까지 모든 것을 고려해야 한다.

표준 침대 길이는 200센티미터지만, 사용자 중 한 명이라도 신장이 190센티미터를 넘는다면 210센티미터 길이의 침대를 권장한다. 신장이 긴 사람에 맞춰야 모두 편안하게 잠들 수 있고 베개를 끌어안거나 다리를 뻗었을 때도 발이 침대 밖으로 튀어나오지 않는다. 흥미롭게도 등을 대고 누워 발끝이 위로 향했을 때보다, 엎드려 누워 발목을 쭉 폈을 때 몸은 더 길어진다.

바닥에서의 높이

침대 밑을 진공청소기로 손쉽게 청소하려면 침대와 바닥 사이에 최소 17~23센티미터의 간격이 필요하다. 간격이 좁을수록 청소기를 더 깊게 눕혀야 하므로, 침대 옆에는 그만큼 더 넓은 여유 공간이 있어야 한다. 물론 이는 청소기의 종류에 따라 달라지겠지만 침대의 편안함이나 디자인만 신경 쓰다 보면 쉽게 놓칠 수 있는 일상적 문제다.

침대를 편하게 정돈하려면 매트리스의 높이가 너무 낮지 않은 것이 좋다. 일반적으로 권장되는 높이는 55센티미터 정도다. 반대로 침대가 너무 높으면 아침에 침대 가장자리에 앉아 옷을 입기에 불편하다. 특히 나이가 들면서 몸의 유연성이 떨어지면 양말을 신는 일조차 어려워질 수 있다. 이런 경우, 일반적인 의자의 표준 좌석 높이로 권장되는 45센티미터가 적당한데, 이 기준으로 보면 콘티넨털 침대(continental bed, 유럽식 침대) 중 상당수는 적합하지 않다.

침대의 단단함

좋은 침대는 신체가 닿는 부위에 집중되는 하중을 고르게 분산시켜 몸이 받는 압력을 줄이고, 인체공학적으로 몸을 지지한다. 침대가 얼마나 단단해야 하는지는 몸무게와 체형, 평상시의 수면 자세에 따라 달라진다.

체중에 따른 기본 가이드라인

매트리스의 단단함을 결정할 때 단순히 체중만을 기준으로 삼으면 위험하다. 체중계의 숫자만으로는 체중이 신체의 어디에 어떻게 분포돼 있는지, 누웠을 때 어느 부위에 압력 분산이 필요한지를 알 수 없기 때문이다. 그럼에도 많은 제조사와 판매업체는 침대를 추천할 때 사용자의 체중을 출발점으로 삼곤 한다. 그러나 실제로 누워보고 선택할 수 있는 매장이라면 큰 문제가

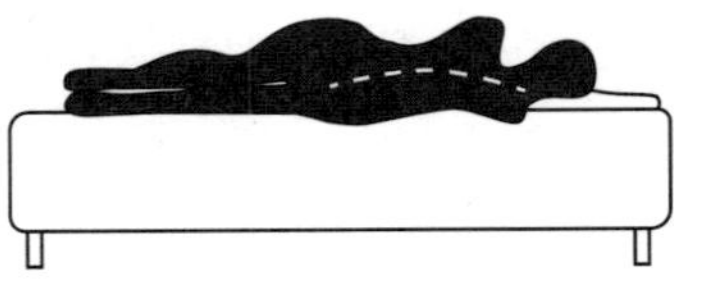

몸이 매트리스 위에 떠 있는 듯한 느
낌이라면 매트리스가 너무 단단한 것
이다.

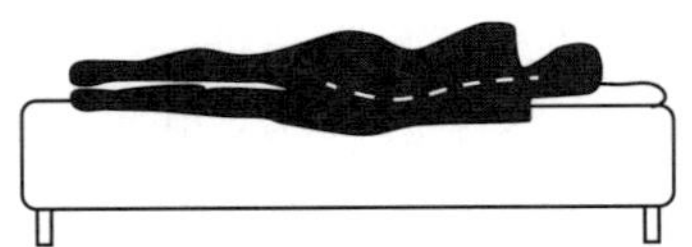

몸이 깊게 파묻히는 느낌이라면 매트
리스가 너무 푹신한 것이다.

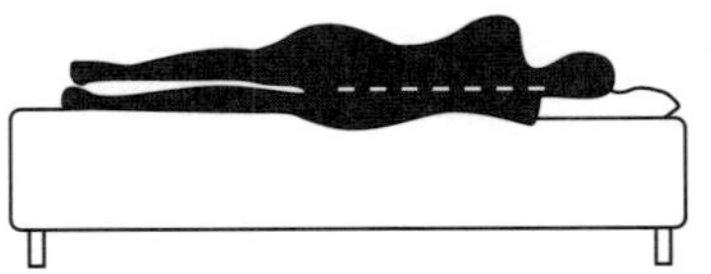

매트리스에 누웠을 때 몸이 자연스럽
다면 하중이 고르게 분산되고 있고
단단함도 알맞다는 뜻이다.

되지 않지만 사전 체험 없이 온라인으로 침대를 주문할 때는 그
리 현명한 방법이 아니다. 만약 체중이 115킬로그램 이상이면 단
단하거나 매우 단단한 매트리스를 선택하는 것이 좋다. 또한 매
트리스만 단독으로 사용하는 것보다 프레임이 포함된 구조의 제
품을 사용하는 게 더 안정적이다. 콘티넨털 침대나 푹신한 매트
리스일 경우 불안정하게 느껴질 수 있다.

체형에 따른 압력 분산

침대를 구매할 때는 체형도 고려해야 한다. 체중이 같더라도 사람마다 지지가 필요한 부위는 다를 수 있다. 만약 엉덩이나 상체에 체중이 더 실리는 편이라면 특정 부위에 맞춰 지지력을 조절하는 '존 시스템(zone system)' 매트리스나, 압력이 세밀하게 분산되는 메모리폼 매트리스가 적합한 해결책이 될 수 있다. 임신 중에는 침대를 구매하지 않는 것이 좋다. 임신 기간 동안 편안하게 느껴지던 침대가 출산 후에는 더 이상 편하지 않을 수 있기 때문이다.

수면 자세에 따른 침대 선택

침대의 단단함을 결정할 때 고려해야 할 중요한 요소는 평소의 수면 자세다. 같은 정도의 단단함이라도 바로 누워 자는지, 옆으로 자는지, 엎드려 자는지에 따라 편안함의 정도는 달라진다.

- 엎드려 자는가? 푹 꺼지지 않고 지지력이 좋은 단단한 매트리스를 선택하라.
- 등을 대고 바로 누워 자는가? 중간 정도, 또는 단단한 매트리스를 선택하라.
- 옆으로 자는가? 이 역시 중간 정도, 또는 단단한 매트리스가 적합하다.

인체공학적 관점에서 보면 엎드려 자는 자세는 이상적 수면 자세라 할 수 없다. 그 이유는 명확하다. 턱이 어깨에 닿을 정도로 고

개를 옆으로 돌린 자세가 편안하다고 느끼는 경우는 거의 없을 것이기 때문이다. 그것도 무려 8시간 동안이나 말이다! 대부분의 사람이라면 직장에서도, 심지어 영화관에서도 생각할 수 없는 자세다.

만약 엎드려 자는 습관 때문에 목이나 어깨에 문제가 생긴다면 옆으로 자는 데 익숙해지도록 노력해 보자. 바로 누워 자는 자세보다 옆으로 자는 자세가 대체로 익숙해지기 쉽다. 주로 옆으로 자는 경우 엉덩이와 어깨 부위가 덜 눌리도록 너무 단단하지 않은 침대를 선택하는 것이 좋다.

생각해 볼 문제

엎드린 자세, 바로 누운 자세, 옆으로 누운 자세 등 사람마다 다른 수면 자세는 타고나는 것일까, 아니면 체형이나 사용하는 침대에 맞춰 후천적으로 형성된 습관일까? 나는 이 질문에 명확하게 답하는 연구를 아직 찾지 못했다.

단단함과 부드러움의 균형

침대의 지지력과 단단함을, 매트리스 표면에서 느껴지는 촉감과 혼동해서는 안 된다. 신체의 압력을 고르게 분산시키기 위한 매트리스의 지지력은, 몸에 닿는 매트리스 윗면의 부드러움이나 단단함과는 별개다. 대부분의 침대는 몸에 닿는 최상층이 기분 좋게 부드럽지만, 그 아래층까지 지나치게 푹신하면 허리에 무리를 줄 수 있다. 시간이 지났을 때, 마치 해먹에서 자는 듯한 느낌을 받게 되는 것이다. 따라서 이상적인 침대의 단단함과 매트리스 표면의 감촉은 서로 다른 개념이다.

뒤척임 테스트

뒤척임 테스트에 대해 들어본 적이 있는가? 침대 위에서 몸을 쉽게 뒤척이지 못해 힘이 들어간다면, 매트리스가 자신에게 너무 푹신하다는 뜻이다. 반대로 자고 일어났을 때, 특별한 의학적 이유 없이 팔이나 어깨가 저리다면 매트리스가 너무 단단하다는 신호일 수 있다.

미래의 침대

미래에는 지금처럼 단단한 침대와 푹신한 침대 사이에서 크게 고민할 필요가 없을지도 모른다. 기술의 발전으로 인해 사용자의 체형이나 변화에 따라 지지력을 조절할 수 있는 맞춤형 매트리스가 등장할 가능성이 있기 때문이다. 임신이나 체중 변화 등 몸 상태는 언제나 변할 수 있기에 이는 매우 바람직한 발전이다.

침대 속에는 무엇이 들어 있을까?

저렴한 침대와 비싼 침대의 차이는 무엇일까? 매트리스 커버에 가려져 있어서 겉으로 구별하기는 어렵지만, 일반적으로 스프링의 개수가 많고 스프링층이 두꺼우며 구조가 정교할수록 고급 제품으로 분류된다. 스프링의 품질은 사용된 재료, 각 코일이 감긴 횟수, 무게나 체형에 따른 외부 압력에 얼마나 민감하게 반응하는지에 따라 달라진다. 스프링의 두 가지 주요 유형은 다음과 같다.

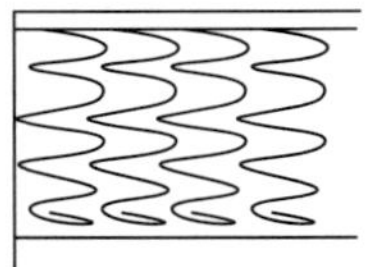

본넬 스프링

본넬 스프링은 가장 기본적 형태의 스프링 시스템이다. 이 방식은 저렴한 침대에 주로 사용되며, 고급 침대에서는 보통 톱 매트리스와 목재 스트레처 사이에서 충격을 흡수하는 역할을 한다. 본넬 스프링은 나선형 금속 스프링들이 서로 연결된 구조이며, 금속끼리 직접 맞닿아 있기 때문에 삐걱거리는 소리가 날 수 있다. 하지만 100퍼센트 강철로 만들어져 있어서, 다른 복잡한 스프링 시스템에 비해 성능이 좋은 편이다. 또한 매트리스를 폐기할 때 금속과 다른 소재들을 분리하기가 쉬워 재활용 측면에서도 유리하다.

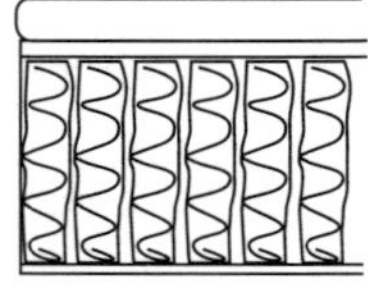

포켓 스프링

이름에서 알 수 있듯이 포켓 스프링은 각각의 스프링이 개별 포켓에 싸여 나란히 배열된 구조다. 하나하나의 스프링은 독립적으로 움직일 수 있어 인접한 스프링에 영향을 주거나 엉키지 않는다. 스프링을 감싸고 있는 포켓은 얇고 통기성이 좋아, 매트리스 내부의 공기가 자유롭게 순환된다. 일반적인 더블 사이즈 침대에는 약 천 개의 포켓 스프링이 들어가며, 스프링이 두 단으로 구성된 매트리스의 경우엔 그보다 훨씬 더 많은 스프링이 사용된다. 다소 저렴한 포켓 스프링 침대의 경우에는 포켓을 접착제나 열접합 방식으로 고정하지만, 고급형 제품은 봉제 방식으로 낱낱의 포켓을 연결한다. 코일을 감싸는 포켓의 원단, 중량(m^2당 무게), 내구성도 가격대에 따라 다르며, 이는 침대의 수명뿐 아니라 환경에도 영향을 미친다.

대부분의 포켓은 천으로 만든 것처럼 느껴지지만, 실제로 천연 섬유는 접착이 어렵기 때문에 부직포(PP 원단, 폴리프로필렌)나 폴리우레탄 소재인 경우가 많다. 침대를 구매하기 전, 해당 침대의 포켓이 어떤 소재로 만들어졌는지와 제작 과정에서 어떤 접착제가 사용되었는지를 판매자나 제조사에 문의해 보는 것이 좋다.

존 시스템

침대 스프링은 본넬 스프링과 포켓 스프링이라는 두 가지 기본 유형 외에도 다양한 종류의 '존 시스템'으로 설계된다. 대표적으로는 프로그레시브 포켓 스프링(progressive pocket spring), 체스 패턴 스프링(chess-patterned spring), 액티브 존(active zones) 등이 있다. 이 시스템의 목적은 신체의 무게와 형태에 따라 필요한 지지력을 달리 조절해, 침대가 인체공학적으로 좀 더 유연하게 반응하도록 하는 데 있다.

'존 시스템'이란 매트리스 내부의 스프링을 구간별로 다르게 배열하고 강도를 조절해 발부터 머리까지 신체 부위별로 서로 다른 지지력을 제공하는 방식이다. 가장 일반적인 형태는 3존, 5존, 7존 시스템이며 숫자가 높을수록 더 섬세한 지지 조절이 가능하다. 이러한 인체공학적 설계는 스프링 매트리스뿐 아니라, 디반 베이스(divan base, 박스형 침대), 콘티넨털 침대, 전동 침대 등에도 적용된다.

코일 스프링의 회전수

코일 스프링은 몇 바퀴나 감겨 있을까? 일부 제조업체들은 회전수가 많을수록 좋다는 식으로, 마치 자동차의 마력 수를 자랑하듯 스프링의 회전수를 경쟁적으로 내세운다.

- 대형 매장에서 판매되는 대부분의 침대에는, 코일이 4.5회 또는 5회 정도 감긴 스프링이 사용된다.
- 전문 침대 브랜드에서는 6회가 일반적이다.
- 8회는 드물지만, 고가의 제품군에서는 선택이 가능한 사양이다.

매트리스는 흔히 스프링의 개수와 스프링 한 개당 코일의 회전수를 기준으로 등급이 매겨지고 홍보된다. 하지만 내가 만나본 몇 몇 공급업체들은 이러한 기준이 편안함을 보장하기보다는 마케팅 수단에 가깝다고 말한다. 스프링은 시간이 지나면서 어느 정도 피로가 누적되기 마련이고 회전수가 많을수록 내구성이 높아진다는 것이 논리적인 생각이지만, 회전수와 편안함의 연관성에 대해서는 아직 의견이 분분하다. 실제로 사용자의 편안함을 핵심 가치로 삼는 스웨덴의 프리미엄 침대 제조업체들은 스프링의 회전수를 그리 중요한 요소로 여기지 않는다. 침대가 편안한지에 대한 여부를 결정하는 데에는 코일의 회전수 외에도 많은 요소가 작용하기 때문이다.

충전재

스프링 매트리스는 보통 스프링층 위에 여러 종류의 충전재를 덧댄 구조다. 스프링층이 두 겹 이상인 경우에는, 층과 층 사이에도 충전재가 들어간다. 한편 금속 스프링 대신 플라스틱, 나무 섬유 폼(wood fiber foam) 또는 다양한 종류의 천연 소재로만 구성된 매트리스도 있다. 일반적으로 사용되는 충전재는 다음과 같다.

라텍스

천연 라텍스(고무나무에서 얻은 제품)와 합성 라텍스(화학적으로 생산된 제품)를 구분할 줄 알아야 한다. 천연 라텍스는 유백색의 고무나무 수액으로 만들어지며, 통기성이 좋아 열과 습기가 쉽게 빠져나가므로, 밤에 더위를 많이 느끼는 사람에게 적합하다. 또한 폴리우레탄보다 부드럽고 곰팡이나 진드기가 번식하기 어려워, 위생적이며 알레르기 걱정이 적은 쾌적한 수면 환경을 만든다. 제품 설명에 '천연 라텍스 100%'라고 표시되어 있더라도 실제로는 합성 라텍스가 섞인 경우가 있으므로, 구매하려는 모델의 구성 비율을 반드시 확인해야 한다.

콜드폼

콜드폼은 고탄성 폴리우레탄의 일종으로 일반 폴리우레탄(플라스틱 폼)보다 탄성이 뛰어나다. 콜드폼과 폴리우레탄은 알레르기를 유발하지 않는 소재이며, 콜드폼은 발포 과정에서 형성된 미세한 기포(셀) 구조가 더 크고 불규칙해 순수 폴리우레탄보다 복원력이 우수하다.

발포 고무(폼러버)/폴리우레탄폼

플라스틱폼(plastic foam)은 여러 종류의 발포 플라스틱을 통칭하는 말이며, 그중 가장 널리 사용되는 소재가 폴리우레탄폼(polyurethane foam)이다.

폴리우레탄은 기계적 저항성과 탄성이 우수하고 습기와 땀에도 강하다. 그러나 인열강도(재료가 찢어지는 데 필요한 힘)가 낮아 날카로운 물체에 쉽게 손상되기 쉽고 오랜 시간 동안 자외선에 노출되면 변색되거나 표면이 경화될 수 있다. 또한 라텍스에 비해 스프링의 움직임을 따라가는 능력이 떨어진다.

메모리폼

메모리폼은 압력을 흡수해 몸의 형태에 맞게 변형되는 점탄성 소재로, 세포 구조의 유연한 폴리우레탄폼으로 만들어진다. 1991년에 템퍼(TEMPUR)라는 이름으로 처음 소개된 이후 많은 제조사가 유사한 제품을 선보였지만, 세계적으로 유명한 청량음료의 비밀 레시피처럼 원조의 제조법은 단 하나뿐이다. 메모리폼은 체온에 반응해 부드러워지고, 몸의 곡선을 따라 압력을 분산시키며, 지지가 필요한 부분은 효과적으로 받쳐준다.

메모리폼 매트리스는 반드시 통풍이 가능한 받침대 위에 두어야 하는데, 스프링 베이스(spring base/box spring, 내부에 코일 스프링이 들어 있는 받침대), 슬랫 베이스(slat base, 나무 패널이 일정 간격으로 배열된 받침대), 혹은 다리나 바퀴가 달린 프레임처럼 아래쪽으로 공기가 자유롭게 순환해 습기가 차지 않는 구조가 적합하다.

이 소재는 열에 민감하므로 시트는 매트리스 위에 바로 까는 것이 좋다. 다만 위생을 위해 통기성이 있는 매트리스 보호 커버를 먼저 씌우는 것은 가능하다. 전기담요나 뜨거운 물주머니 사용은 피해야 한다.

*주의: 유아, 어린이, 노약자는 메모리폼 매트리스나 베개 위에 절대 혼자 두지 말아야 한다.

말총

말총(horsehair)은 말의 갈기와 꼬리에서 얻은 길고 거친 털로 이루어진 천연 섬유다. 가구 제작에서는 흔히 소나 양 같은 반추동물의 꼬리털을 섞어서 사용하기도 하는데, 이 또한 일반적으로 '말총'이라 부른다. 각각의 털 가닥은 속이 빈 관처럼 작동해 수분을 흡수했다가 빠르게 배출하고 신선한 공기를 유입한다. 그 기능이 매우 뛰어나, 말총을 물에 담갔다가 가볍게 흔들면 거의 즉시 마른다.

양모

양모(wool)는 주로 양에서 얻은 섬유를 말하지만, 침대나 가구용

이 표시는 뉴 울(new wool), 즉 한 번도 방적에 사용된 적 없는 새로 깎은 양모만을 사용했음을 의미하며, 품질과 순도 모두 일정 기준을 충족한다. 장식이나 기술적 이유로 최대 5퍼센트까지는 다른 섬유를 혼합할 수 있다.

이 표시가 있는 제품은 서로 다른 섬유를 섞은 혼방 소재로, 그중 최소 60퍼센트 이상이 새로 깎은 양모임을 의미한다. 다른 섬유가 혼합된 경우, 해당 종류가 마크 옆에 따로 표기된다.
재생 울은 쇼디(shoddy)라고 부르며 종종 새 양모와 혼합해 사용한다.

충전재로는 염소나 알파카 등 다른 동물의 털을 함께 사용하는 경우도 있다. 양모는 탄성과 복원력이 뛰어나고, 섬유 사이에 다량의 공기층이 형성되어 있어 보온성도 높다. 또한 자체 중량의 30퍼센트에 달하는 수분을 흡수해도 축축하게 젖은 느낌이 들지 않는다.

천연 섬유

충전재로 천연 섬유(natural fibers)를 전부 혹은 일부 사용하는 매트리스도 있다. 예를 들어 용설란의 잎에서 얻은 사이잘(sisal)이나 코코넛 섬유와 같은 식물성 섬유가 이에 속한다.

특히 코코넛 섬유와 천연고무를 결합해 만든 '러버 코이어(rub-berized coir, 고무 처리 코이어)'는 몸을 안정적으로 지지해 주는 탄력 있고 편안한 소재다.

마음 편한 게 최고의 베개다?

배게 역시 매트리스와 마찬가지로 폴리우레탄이나 폼과 같은 석유계 소재 대신 천연 소재를 충전재로 사용할 수 있다. 천연고무, 천연 라텍스, 낙타털, 면, 양모, 기장 껍질, 메밀 껍질 등이 대표적이며, 자연에서 유래된 소재를 선호한다면 한 번쯤 고려해 볼 만한 선택지다.

한 사람이 하룻밤 사이에 땀을 얼마나 흘릴까?

우리 몸이 입으로만 숨을 쉬는 게 아니라는 사실, 생각해 본 적이 있는가? 사람의 피부에는 약 600만 개의 땀구멍이 있어 밤낮으로 호흡하며 노폐물을 배출한다. 한 사람이 하룻밤 사이에 흘리는 땀의 양은 약 1.5리터에 달한다고 한다. 그렇기 때문에 8시간의 수면 동안 뽀송뽀송하고 편안하게 지내려면, 몸 주위로 공기가 잘 통해야 한다. 더운 여름날, 합성 소재 옷은 피부에 달라 붙고 땀이 차는 느낌이 들지만, 면이나 리넨은 땀과 습기를 자연 스럽게 배출한다. 침대와 침구도 마찬가지다. 매트리스와 베개, 침대 시트, 잠옷을 고를 때는 이 점을 꼭 명심하도록 하자. 또한 매트리스와 시트 사이에 세탁이 가능한 매트리스 보호 커버를 깔 아두면 위생 관리가 훨씬 더 쉬워진다.

눅눅한 침대는 정리하지 말 것

천연 소재는 생분해되어 결국 자연, 즉 흙으로 돌아간다. 그러나 자연 소재이기 때문에 사용 중에 곰팡이나 해충의 공격을 받을 수도 있다. 따라서 침대를 정리하기 전에, 시간을 두고 내부 의 습기를 충분히 말려야 한다. 습기를 가둔 채 이불을 덮어두면 곰팡이나 진드기 같은 것들이 쉽게 번식하는 환경이 만들어진다.

매트리스

침대 플랫폼

구형 침대나 단순한 모델일수록 구조의 출발점은 '플랫폼', 즉 매트리스를 받치는 하부 구조다. 매트리스가 어떤 구조 위에 놓이는지부터 살펴보자. 가장 흔한 형태는 나무로 만든 평상형 플랫폼이지만, 오래된 침대 중에는 지그재그 스프링이 들어간 모델도 있고, 통기성을 높이기 위해 구멍을 낸 목재 통판이 쓰인 경우도 있으며, 강철이나 그 밖의 금속 스트랩을 이용한 구조도 있다.

프레임이 없는 매트리스

가장 단순한 침대 형태는 프레임 없이 매트리스를 받침대 위에 바로 올려놓는 방식이다. 이런 매트리스는 대체로 폼 소재나 라텍스로 만들어지지만, 포켓 스프링과 메모리폼으로 구성된 제품도 있다. 천연 소재로 만든 매트리스도 있는데, 이 경우 중심층은 호밀, 삼(hemp), 말총, 코코넛 섬유 같은 단단한 소재로 채우고, 바깥쪽은 천연고무, 면, 양모 등 부드러운 충전재로 마감한다. 다만 유기농 재료라도 농약이나 화학 잔류물이 남아 있을 수 있으므로 어떤 종류의 매트리스든 알레르기 테스트와 친환경 인증(eco label) 여부를 반드시 확인해야 한다.

매트리스 토퍼

어떤 종류의 침대를 선택하든 일반적으로 매트리스 위에는 토퍼를 깐다. 보통 두께는 약 3~5센티미터 정도이며 폼이나 라텍스 소재의 코어에 얇은 섬유 커버가 덮여 있다. 커버는 퀼팅이나 스티치로 고정된 경우가 많지만, 분리형으로 세탁이 가능한 제품도 있다. 매일 사용하는 침대라면 토퍼는 약 5년 주기로 교체하는 것을 권장한다. 토퍼를 정기적으로 뒤집고 통풍시키면 더 오래 사용할 수 있으며 충전재가 눌리거나 한쪽으로 쏠리는 현상도 줄일 수 있다.

박스 스프링 침대

매트리스와 스프링 베이스가 하나로 결합된 구조로, 침대 다리를 본체에 직접 부착할 수도 있고, 별도의 침대 프레임 위에 올려 사용할 수도 있다. 내부에 들어가는 스프링의 종류에 따라 압력을 분산시키는 방식과 정도가 달라지며, 대체로 구조가 단순하고 가벼워 이동이 편리하다. 또한 상대적으로 부피가 작기 때문에 공간이 협소한 침실에 두면 방을 넓어 보이게 한다. 슬랫 베이스를 함께 사용할 경우, 침대가 몸의 무게를 흡수하고 고르게

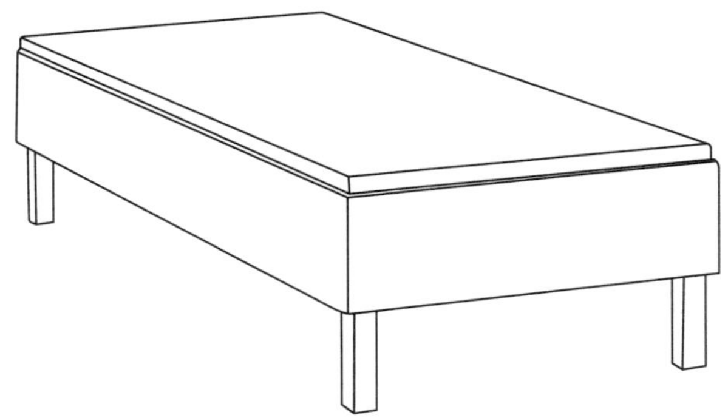

분산시키도록 도와주어 스프링 매트리스는 물론 폼, 라텍스 매트리스의 내구성과 편안함을 높여준다.

연구실에서 침대를 테스트할 때는 지지력이나 단단함 외에 침하(꺼짐 현상)의 위험도 함께 측정한다. 이는 시간 경과나 거친 사용(어린이가 침대를 트램펄린처럼 사용하는 것 같은 경우)으로 인해 매트리스의 단단함이 얼마나 변하는지를 측정하는 것으로, 품질을 가늠하는 중요한 기준이 된다. 제조사가 인용하는 품질

일본의 시키부톤(敷き布団, 접어서 보관할 수 있는 일본식 침구)에서 영감을 받은 푸톤 침대는 매트리스를 낮은 나무 프레임 위에 바로 얹는 방식으로, 최근 북유럽 인테리어 잡지에 자주 등장하는 스타일이다. 받침대 높이가 낮아 시각적으로도 깔끔하고 멋스럽지만 그 침대가 당신의 방 구조나 생활 방식에도 잘 맞을지는 의문이다.

테스트 결과를 비판적 시각으로 살펴보자. 그 테스트가 독립적 기관에서 진행된 것인지, 아니면 제조사 측에서 자체적으로 실시한 것인지를 꼼꼼히 살펴볼 필요가 있다.

콘티넨털 침대

콘티넨털 침대는 세 개의 층으로 구성된다. 가장 아래에는 본넬 스프링이나 포켓 스프링이 들어 있는 박스형 받침대가 있고, 중간에는 스프링 매트리스, 그리고 맨 위는 얇은 톱패드(top pad)로 덮인다. 이런 구조 덕분에 콘티넨털 침대는 일반 침대보다 높고, 그만큼 방에서 차지하는 시각적 존재감도 크다. 하지만 방의 크기와 비율이 잘 맞는다면 콘티넨털 침대는 웅장하고 고급스러운 인상을 줄 수 있다. 실용적인 장점 중 하나는 침대의 구역별로 단단함의 정도를 선택할 수 있다는 점이다. 특히 두 사람이

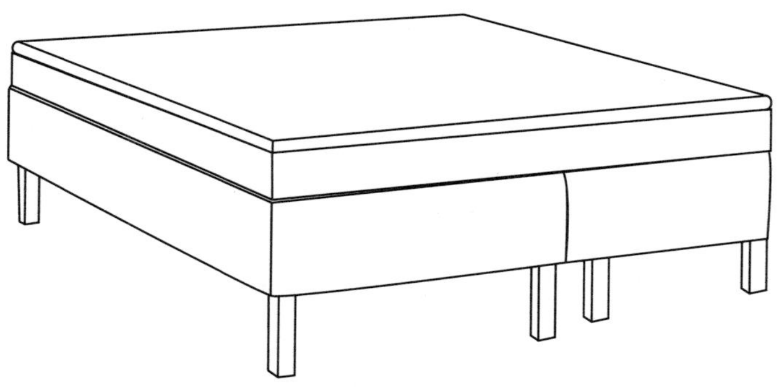

함께 사용할 더블 침대를 고를 때 유용한 기능이다. 서로 다른 지지력이나 편안함을 원하는 경우에는 맞춤형 구성도 가능하다. 또한 한 사람의 몸이라 하더라도 부위에 따라 서로 다른 강도의 지지와 이완이 필요할 수 있는데, 이런 점에서도 콘티넨털 침대는 유리하다.

일부 모델은 중간 매트리스의 상단 층을 분리할 수 있어서, 세월이 흘러 신체나 수면의 조건이 달라질 때 경도를 조절하여 사용하는 것이 가능하다.

콘티넨털 침대는 더블 침대만 있는 걸로 오해는 경우가 많지만 사실은 그렇지 않다. 80, 90, 105, 120, 140센티미터 등 다양한 너비의 싱글 사이즈가 생산된다.

두 사람이 함께 사용하는 160~210센티미터 너비의 더블 침대는, 양쪽의 경도를 달리해 각자에게 맞는 편안함을 얻을 수 있는데, 이를 실현하는 방식은 두 가지이며, 최종적인 침대의 형태에는 차이가 있다.

- 가격대가 1,800달러 이하의 콘티넨털 침대는 보통 중간 매트리스 내부에 두 개의 스프링 카세트가 사용된다. 카세트는 스프링이 내장된 모듈로, 직물 속에 감춰져 있어 겉보기에는 하나의 매트리스처럼 보인다. 그러나 실제로는 두 개의 침대가 나란히 놓인 구조이므로 더블 침대인 경우 중앙에 이음새가 드러난다. 제조사는 다양한 경도의 카세트를 미리 만들어 놓고 고객의 요청에 따라 신속하게 조합해 맞춤 구성한다.

침대 실사용자를 위한 선택법

만약 커플이 함께 사용할 더블 침대를 구매할 계획이라면 반드시 두 사람이 동시에 누워서 테스트해 보는 것이 좋다. 한 사람이 뒤척이거나 몸을 일으킬 때 침대가 얼마나 흔들리는지 확인해 보자. 침대마다 움직임에 영향받는 정도가 달라서 둘 중 한 사람의 수면 습관이 예민하다면 큰 문제가 될 수 있다.

- 1,800달러 이상의 콘티넨털 침대는 고객의 요구에 맞춰 양쪽 면의 경도를 다르게 설계해, 공장에서 매트리스를 일체형으로 제작한다. 덕분에 각자의 체형과 수면 습관에 맞춘 편안함을 유지하면서도 이음새가 없어 하나의 매트리스처럼 불편함 없이 사용할 수 있다. 많은 사람이 생각하는 것과 달리, 대형 사이즈의 콘티넨털 침대는 접히거나 휘어지는 구조로 설계되어 있어서 계단이나 엘리베이터를 이용할 때 일반 스프링 침대보다 오히려 운반하기가 쉽다. 물론 일부 스프링 침대에서도 양쪽의 경도를 개별적으로 조절하는 옵션이 제공되지만, 그 구조상 운반과 설치가 훨씬 까다롭다.

조절식 침대

조절식 침대(adjustable beds)는 수동 조작기나 전동 모터를 이용해 매트리스의 각도를 조절할 수 있어 누운 자세, 반쯤 기

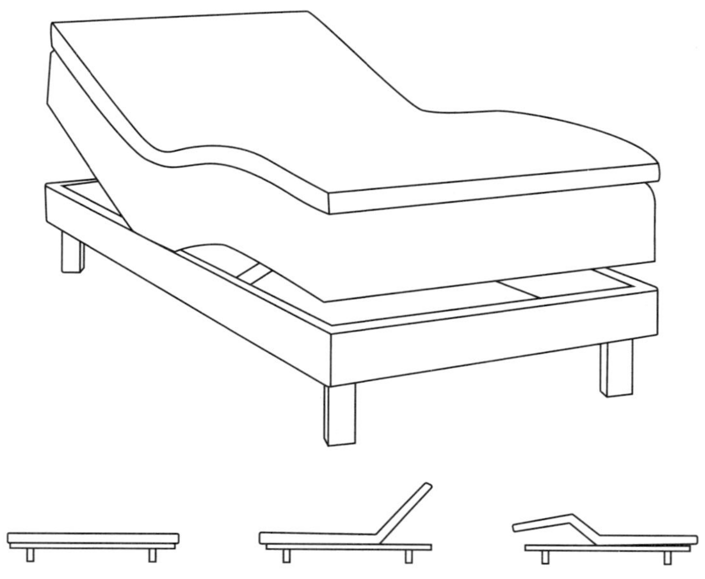

댄 자세, 완전히 앉은 자세를 인체공학적으로 유지할 수 있게 도
와준다. 머리나 다리 쪽 높이를 조절할 수 있어서 좌골신경통, 요
통, 코골이, 호흡 곤란 등 특정 질환이 있는 사람에게 유용하며,
침대에서 일어나기 어려운 사람에게도 도움이 된다.

또 자세를 쉽고 편안하게 바꿀 수 있어 침대에서 독서나 TV 시청
을 즐기는 사람들에게도 인기가 있다. 하지만 반려동물이나 어린
이가 끼일 위험이 있으니 주의해야 하며 꼭 신뢰할 수 있는 업체
의 제품을 선택하는 것이 좋다.

뫼벨팍타 인증을 받고 EN(European Norm, 유럽 표준) 및
ISO(International Organization for Standardization, 국제표준화기

구) 국제 표준을 충족한 제품인지 반드시 확인해야 한다.

물침대

물침대는 스웨덴에서 1980~1990년대에 큰 인기를 끌었으며 오늘날에도 여전히 사용되고 있다. 초기 물침대는 내부가 하나의 커다란 물주머니(단일 챔버)로 되어 있어, 누군가 몸을 뒤척이면 큰 소리를 내며 출렁거려 매우 불편했다. 하지만 최근에 생산되는 물침대는 파동을 줄이는 층이 추가되는 등 훨씬 정교하게 설계돼 있으며 허리 지지 기능이 강화된 모델도 있다. 물주머니를 감싸는 보호 커버 또한 발전해 프탈레이트(phthalate, 플라스틱을 부드럽게 만드는 가소제)나 독성 물질, 중금속이 없는 제품도 찾아볼 수 있다.

물침대는 내부의 물이 몸의 형태에 따라 움직이기 때문에 압박 지점이 생기지 않는다. 또한 다른 소재와 달리 시간이 지나도 지지력을 잃지 않기 때문에 내구성도 매우 뛰어나다.

물침대를 올바르게 사용하려면, 침대 내부에 주입하는 물의 양을 알맞게 조절해야 한다. 또한 조류나 미생물, 석회질이 생기는 것을 막기 위한 항조류제를 주기적으로 첨가해 물을 신선하게 유지하는 것이 중요하다. 최근에는 자연을 해치지 않으면서 박테리아의 증식은 억제하는 생물학적 항조류제도 출시되고 있다.

물침대는 보통 두 가지 유형으로 나뉜다.

- **하드 사이드 물침대**(hard-sided bed): 물이 들어 있는 매트리스를 단단한 나무 프레임이 감싸고 있는 구조다. 이름 그대로 프레임이 견고하게 고정되어 있다.
- **소프트 사이드 물침대**(soft-sided bed): 일반 침대 프레임 안에도 들어갈 수 있도록 설계되어 있으며 부드러운 폼 재질의 테두리가 물 매트리스를 고정한다.

물침대의 장점 중 하나는 물의 온도를 높여 더 편안한 수면 환경을 만들 수 있다는 점이다. 그러나 단점도 있다. 가열 장치가 전기를 지속적으로 소비하기 때문에 일반 침대보다 유지비가 다소 높을 수 있다. 또 물의 온도가 체온보다 1도만 낮아져도 매트리스가 금세 차갑고 불편하게 느껴진다.

헤드보드

우리는 왜 굳이 침대에 헤드보드나 프레임을 설치하는 걸까? 우선 미적인 관점에서 보면 헤드보드는 침실을 한결 아늑하게 만들어 주는 역할을 한다. 실용적인 측면에서는 벽이 오염되거나 긁히고 찍히는 것을 막아주며, 반대로 잠자는 사람을 벽으로부터 보호해 주기도 한다. 특히 벽이 석고로 마감된 방에서 헤드보드 없는 침대를 쓴다면, 자는 동안 팔이나 어깨가 차가운 벽에 닿아 불편함을 느낄 수 있다. 또한 오래된 주택에서는 외벽의 한기를 어느 정도 차단하는 역할도 하고, 단단한 마감재가 많은 신축 건물에서는 소리를 흡수해 소음을 줄이는 효과도 기대할 수 있다.

벽에 부착할까, 침대에 부착할까?
고정형인가, 독립형인가?

헤드보드는 벽에 부착하거나 침대 프레임에 부착할 수 있다. 또는 벽에 세워놓고 침대를 밀착시켜 자리를 잡는 방법도 있다. 벽 고정형 헤드보드의 장점은 보통 더 안정적인 등받이 역할을 해준다는 점이다. 다만 침대에 앉아 기대면 그 압력으로 침대가 앞으로 밀려나면서 헤드보드와 매트리스 사이에 틈이 생길 수 있다. 침대 프레임에 부착하는 방식이나 독립식 헤드보드는 가구 배치를 바꾸거나 청소할 때 헤드보드를 떼어낼 필요가 없어서 편리하다. 하지만 구조적으로 다소 불안정하거나 삐걱거릴 수 있다는 단점이 있다.

독립형 헤드보드에는 전용 다리를 함께 사용하면 좋다. 다리를 달면 헤드보드의 위치를 조정해 침대 프레임과 자연스럽게 이어지게 만들 수 있고, 걸레받이의 두께 때문에 벽에 부딪히며 흔들리는 현상도 막을 수 있다. 그뿐만 아니라 헤드보드의 높이를 올리면 높은 침대나 베개를 여러 개 쌓아놓아도 헤드보드가 잘 보이게 된다. 유럽에서는 헤드보드를 프레임과 분리해 판매하는 경우가 많으며, 대부분의 우수한 제조업체는 헤드보드를 다리와 함께 판매한다. 그렇지 않은 경우에는 별도로 구매할 수도 있다.

침대에 자주 앉아 있는 편인가?

침대를 고를 때 수면의 편안함과 수면 습관을 최우선으로 고려하는 것은 당연하지만, 밤뿐 아니라 낮 시간 동안에 침대를 어떻게 사용하는지도 고려해야 한다. 많은 사람이 침대 헤드보드에 등을 기대고 앉아 책을 읽거나, TV를 보거나, 태블릿이나 스마트폰을 사용하므로, 낮에도 침대를 자주 사용한다면 편하게 기댈 수 있는 헤드보드를 선택하는 것이 좋다. 하지만 오직 잠을 자는 용도로만 침대를 사용한다면 헤드보드의 재질이나 표면의 질감, 형태를 선택할 때 훨씬 자유롭다. 이 경우라면 헤드보드가 부분적으로 뚫려 있거나, 약한 소재로 만들어졌거나, 등받이로 쓰기엔 불편하게 장식되어 있더라도 큰 문제가 되지 않을 것이다.

등의 높이와 매트리스의 높이

헤드보드를 선택할 때 기억해야 할 요소는 바닥에서 매트리스 윗면까지의 높이와, 사용자가 매트리스 위에 앉았을 때의 등 길이다. 헤드보드가 너무 낮으면 눈에 잘 띄지 않을뿐더러, 침대에 앉았을 때 등을 충분히 지지하지 못한다. 대체로 콘티넨털 침대는 스프링 침대보다 바닥부터의 높이가 높기 때문에, 침대 위로 잘 드러나려면 더 높은 헤드보드가 필요하다. 헤드보드가 침대 프레임에 부착되어 있거나, 바닥에 세워두는 구조라면 더욱 그렇다. 반면 벽 고정형 헤드보드는 높이를 정하기가 자유롭다. 단, 방의 크기와 비례도 꼭 함께 고려해야 한다는 점을 잊지 말자.

모양과 선

선호하는 스타일과 모양에 따라 선택할 수 있는 헤드보드의 종류는 매우 다양하다. 가장 일반적인 형태와 그 명칭을 살펴보자.

! 헤드보드는 침대 너비보다 약간 더 넓은 것이 좋다. 침대를 쓰다 보면 이불이나 베개, 침대보가 양옆으로 늘어뜨려지는 경우가 많기 때문에 이를 염두에 두지 않으면 헤드보드가 실제보다 작아 보일 수 있다.

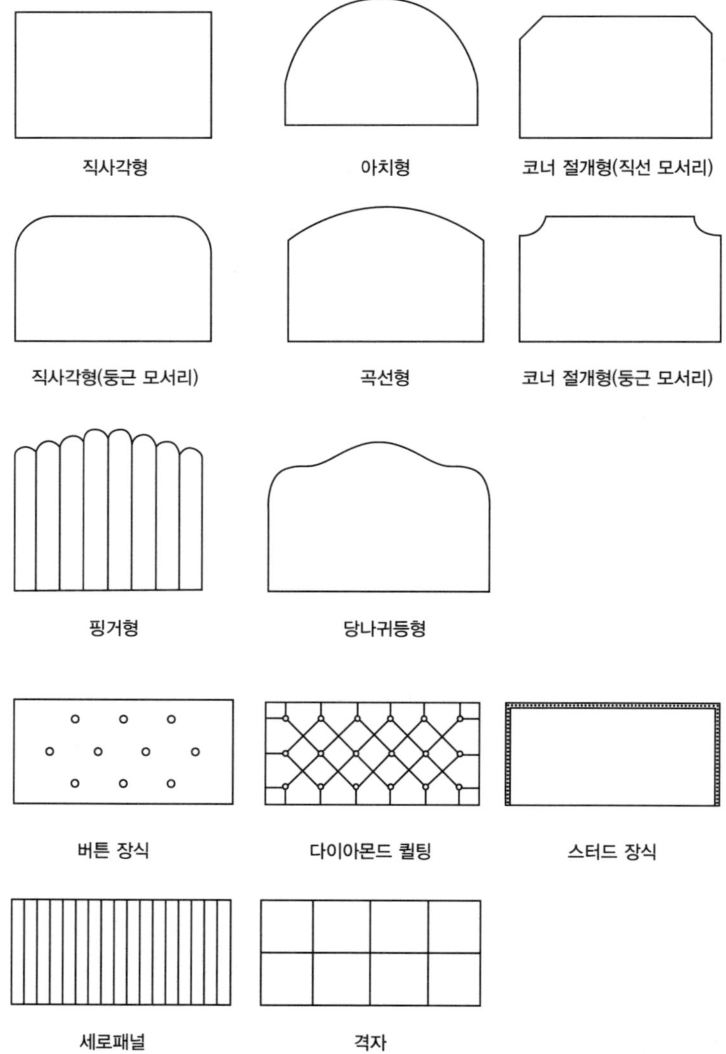

직사각형
아치형
코너 절개형(직선 모서리)
직사각형(둥근 모서리)
곡선형
코너 절개형(둥근 모서리)
핑거형
당나귀등형
버튼 장식
다이아몬드 퀼팅
스터드 장식
세로패널
격자

헤드보드 커버

패딩 처리된 헤드보드는 커버를 어떻게 고정하고 마감하느냐에 따라 편안함은 물론, 외형의 느낌도 바뀐다. 헤드보드를 어떤 용도로 사용할 것인지, 어떤 취향을 지녔는지에 따라 선택은 달라진다.

매끈한 커버

가장 단순한 형태의 패딩 헤드보드는 탈부착이 가능한 커버를 씌우는 방식이다. 커버를 쉽게 벗겨 세탁할 수 있고, 색상을 바꾸고 싶을 때도 손쉽게 교체할 수 있다. 리넨 커버는 구김이 생겨도 자연스럽고 얼룩이 눈에 덜 띈다는 장점이 있다.

단추 장식과 터프팅

가장 기본적인 패딩 마감 방식은 장식용 단추를 바느질해 패딩을 고정하는 형태, 즉 버튼 터프팅(button tufting)이다. 패딩이 헤드보드에 얇게 덧대어져 있으며, 단추의 위치에 따라 형태가 결정된다.

딥 터프팅(deep tufting)은 충전재가 들어 있는 천을 헤드보드 본체에 닿을 만큼 깊숙이 바느질해, 표면에 더 입체적인 굴곡과 음영을 만들어 내는 방법이다. 사용된 충전재의 단단함과 버튼의 개수에 따라 등을 기댈 때 느껴지는 촉감과 편안함이 달라진다.

스터드 장식형

헤드보드의 가장자리를 따라 가구용 장식못이나 금속 택(tack)을
박아 마감하는 방식이다.

하드 헤드보드

　　대부분의 사람들이 선호하는 패딩 헤드보드의 대안으로,
목재나 스틸, 철제 등 단단한 소재의 헤드보드도 주목할 만하다.
이처럼 단단하고 내구성 있는 재질은 청소와 먼지 제거가 쉽고
진드기에도 강해 위생적으로 관리할 수 있다. 또한 쉽게 손상되
지 않아 오래 사용할 수 있으며 중고 가치도 더 높은 편이다.

다양한 높이의 침대

성장기 어린이나 가끔 들러 묵고 가는 손님을 위해서는 지금까지
살펴본 일반적인 침대와는 다른 형태의 침대가 필요하다. 아이디
어를 구상할 때 염두에 두면 좋을 몇 가지 사항을 살펴보자.

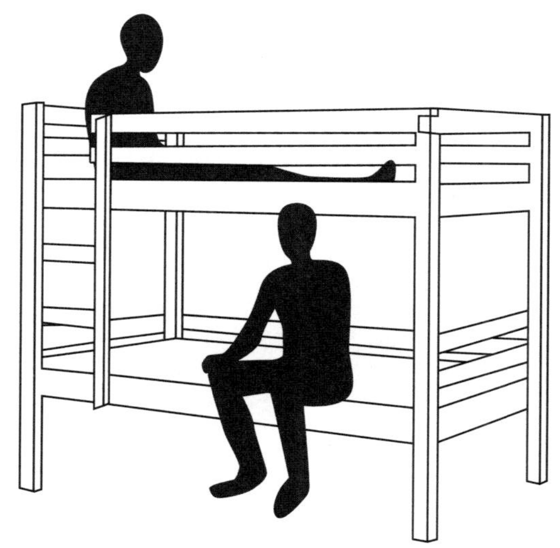

유럽연합 안전 권고 기준에 따르면 6세 미만의 어린이를 이층 침대의 위층
이나 로프트 침대처럼 높은 침대에 재워서는 안 된다.

이층 침대와 로프트 침대

이층 침대는 하나의 침대 위에 또 하나의 1인용 침대를 얹은 구조다. 경우에 따라 두 개 이상을 쌓아 올린 형태도 있다. 일반적으로 이층 침대를 고를 때의 중요한 기준 중 하나는, 아래쪽 침대에 앉았을 때 머리가 위쪽 침대에 부딪히지 않을 만큼의 높이가 확보되어야 한다는 것이다. 마찬가지로 위쪽 침대와 천장 사이의 간격도 설치 전에 반드시 확인해야 한다.

공급업체가 침대를 올바르게 제작했다 하더라도 막상 구매 후 설치한 공간의 높이에 따라 문제는 얼마든지 발생할 수 있다. 예컨대, 위층 침대에 자는 사람이 밤중에 일어나 앉을 때마다 천장에 머리를 부딪혀 멍이 드는 상황이 벌어질 수도 있는 것이다.

이층 침대에 사다리가 있는 경우, 사다리는 이층 침대의 긴 측면을 따라 원하는 대로 위치를 옮길 수 있어야 한다. 사다리가 이동식이면 가구 배치를 바꾸고 싶을 때나 구조가 다른 새집으로 이사했을 때 유연하게 대응할 수 있다.

또 한 가지 유의할 점은, 일부 제조업체들이 침대 전체를 동일한 색으로 도색하지 않는다는 사실이다. 어떤 경우 'C면'(등받이나 매트리스에 가려지는 부분)을 도색하지 않고 남겨두기도 한다. 침대를 바라볼 때 그 부분이 눈에 띄지 않는다는 얕은 생각에서 비롯된 결과지만 실제로 침대에 누웠을 때나, 침대를 방 한가운데에 놓았을 때 도색하지 않은 부분이 훤히 드러날 수 있다.

이층 침대: 안전을 위한 점검 사항

- 침대의 바닥판은 일상적인 사용으로 인한 마모를 충분히 견딜 수 있어야 한다.
- 위층 침대의 슬랫(slat, 매트리스를 받치는 가로 지지대)이 헐겁게 끼워져 빠질 위험은 없는지 확인하자. 슬랫이 제자리를 벗어나면 바닥판이 처지거나 사용자가 틈에 끼일 수 있고, 심하면 추락 사고로 이어질 수도 있다.
- 안전 난간이 충분히 높은지, 난간의 세로살 간격이 넓어 아이의 몸이 끼이거나 빠질 위험이 있지는 않은지 살펴보자. 난간이 견딜 수 있는 적정 하중과 압력은 어느 정도인가? 구조는 흔들림 없이 안정적인가? 또한 위층에 놓을 매트리스가 너무 두꺼워 안전 난간을 가리지는 않는지도 반드시 확인해야 한다.
- 위층 침대가 아래층에 단단히 고정돼 있는가? 위층이 흔들리거나 위로 들리면 구조 전체의 안정성이 떨어지고, 최악의 경우 붕괴될 위험이 있다.
- 사다리는 침대의 긴 변(옆면)에 설치하는 것이 안전하다. 더불어 사다리 발판의 간격이 적절한지, 발판 표면이 미끄럽지는 않은지도 꼭 확인하자. 특히 아이 방에 놓일 침대라면 더욱 신경 써야 할 부분이다.
- 상단 모서리의 기둥이 프레임 위로 돌출된 형태의 이층 침대는 옷이나 끈 따위가 기둥에 걸릴 수 있어 위험하다. 넘어지는 것도 문제지만, 질식 사고로 이어질 수도 있다.
- 손가락이 끼이거나 찝힐 수 있는 부위는 없는지, 침대나 사다리에 접이식 장치가 있다면 그 부분도 함께 점검하자.

출처: 스웨덴 소비자청, 「이층 침대의 마케팅」

가족 침대

가족 침대(family bed)는 이층 침대의 한 형태로, 아래층이 더 넓게 설계되어 어른과 아이가 함께 누울 수 있도록 만든 구조다. 아이 방에서 어른이 아이와 함께 누워 책을 읽어주거나, 잠들 때까지 곁에 있어줄 때 편리하게 쓰인다. 또한 여름 별장이나 산장, 시골집처럼 작은 공간에 여러 사람이 자야 할 때에도 흔히 사용된다. 일반 이층 침대와 마찬가지로 위층 침대에 머리를 부딪히지 않고 앉을 수 있을 만큼 충분한 높이가 확보되는 모델을 선택하도록 하자. 사고를 예방하려면 이층 침대나 로프트 침대를 고를 때와 마찬가지로 구조의 안정성을 반드시 확인해야 한다.

어린이 침대

아기 침대

아이마다 잠버릇은 천차만별이지만 생후 첫 2년 동안은 아기 침대를 사용하는 것이 바람직하다. 침대를 고를 때 반드시 염두에 두어야 할 몇 가지 중요한 사항들이 있다.

특정 모델에 마음을 빼앗겨 완벽하게 꾸며진 아이 방의 이미지를 떠올리기 전에, 아이에게 무엇이 최선인지부터 생각하자. 밤새 아이와 부모 모두가 편안하고 안전하게 자는 것보다 더 중요한 것은 없다. 특히 첫 임신이라면 예쁜 인테리어 사진이나 이상적인 육아 이미지에 쉽사리 마음이 흔들릴 수 있다. 하지만 아이가 태어나는 순간부터는 지금껏 고려하지 못했던 현실적 요소들이 훨씬 더 중요하게 다가오게 될 것이다. 그러니 무엇보다 안전을 최우선으로 생각하자.

침대 난간의 간격과 배치

아기 침대는 아이의 머리와 몸을 보호하기 위해, 난간을 이루는 세로살의 간격을 최소화해서 제작된다. 아이들은 기회만 되면 난간 사이로 몸을 밀어 넣으려 하기 때문이다. 2022년 기준으로 스웨덴에서는 세로살 사이의 최대 간격을 6.5센티미터로 규정하고 있다. 하지만 각 국가나 지역마다 규정이 다를 수 있으므로 침대를 구매하거나 사용할 때 반드시 해당 시점 거주 지역의 안전 기준을 확인해야 한다.

침대 높이

아기 침대의 난간은 아이가 스스로 기어오르지 못할 만큼 충분히 높아야 한다. 내가 젊은 엄마였을 때만 해도 아이가 침대 난간을 넘으려다 떨어져 큰 부상을 입었다는 근거 없는 이야기가 자주 회자되곤 했다. 실제 사례인지는 알 수 없지만, 그런 위험을 감수할 이유는 없을 것이다.
2022년 기준으로 난간의 전체 높이는 최소 60센티미터, 매트리스 윗면에서 난간 상단까지의 거리는 최소 50센티미터가 권장된다. 하지만 거주 지역의 최신 안전 기준을 반드시 확인하고 항상 아이의 안전에 대한 공식 지침을 따르도록 하자.

높낮이 조절식 매트리스

아기 침대는 대부분 매트리스 높낮이 조절 기능을 갖추고 있다. 아이가 아직 서지 못하는 초기 몇 개월 동안에는 매트리스를 높게 조정해 두면 아이를 안아 올리거나 눕히기가 훨씬 수월하다. 하지만 아이가 난간을 잡고 일어서려는 움직임을 보이기 시작하면 침대 밖으로 떨어지는 사고를 막기 위해 반드시 매트리스의 높이를 낮춰야 한다. 매트리스 높이가 몇 단계로 조절 가능한지 확인해, 아이의 성장 단계에 맞춰 조정하자. 또한 침대 바닥판의 슬랫 사이 틈이 2.5센티미터 이상 벌어져 있지 않은지도 확인해야 한다. 틈이 넓으면 아이의 발이 빠질 위험이 있기 때문이다. 침대 바닥판은 흔들거리거나 삐걱거림 없이, 안정적이고 견고해야 한다.

바퀴 달린 아기 침대

어떤 아기들은 부모와 떨어진 방에서는 쉽게 잠들지 못한다. 이런 경우 바퀴 달린 아기 침대는 특히 낮 동안 집 안의 여러 공간으로 침대를 밀어 옮기며 사용할 수 있어 육아에 큰 도움이 된다.

바퀴 달린 아기 침대를 고를 때에는, 바퀴에 발로 간단히 조작할 수 있는 잠금장치가 있는지 반드시 확인해야 한다. 아기를 돌보다 보면 두 손이 자유롭지 못한 경우가 많으므로 발로 간단히 바퀴를 잠그고 풀 수 있는 기능은 매우 유용하다.

이동형 아기 침대를 제대로 활용하려면 우선, 침대가 집 안의 문과 복도를 무리 없이 통과할 수 있는 크기인지 살펴봐야 한다. 복도에 수납장이나 다른 가구 등이 놓여 있다면 통로 폭이 예상보다 좁을 수 있으므로, 구매를 결정하기 전에 침대를 자주 이동하게 될 공간의 너비를 미리 측정해 두는 것이 좋다.

아기 침대에 대한 일반적인 불만 사항

- 침대 높이가 너무 낮아 아기를 안아 올리기가 어렵다.
- 전체 구조가 약해 아기가 난간을 잡고 흔들면 침대도 함께 흔들리고 휘청거린다.
- 침대 프레임과 난간이 너무 매끈하고 일직선이라 범퍼 패드를 둘러도 고정되지 않고 쉽게 미끄러져 내려간다.
- 침대 조립이 어렵고 시간이 오래 걸린다. 특히 여행용 침대가 그렇다.
- 침대에서 달그락거리는 소리가 난다. 특히 난간 상단에 이갈이 방지를 위한 플라스틱 덮개가 부착된 제품에서 이런 현상이 두드러진다.

확장형 침대

장기적인 안목으로 아이의 침대를 고른다면, 아이의 성장에 따라 길이를 늘일 수 있는 확장형 침대를 선택하는 것도 좋은

경고

아기 침대 위에 캐노피를 다는 것이 유행처럼 번지면서, 인터넷에는 꽤나 그럴듯한 사진들이 넘쳐난다. 그러나 대부분의 캐노피 제품에는 연령 제한이 있으며, 여기에는 그럴 만한 이유가 있다. 아기가 천을 잡아당겨 얼굴이 덮이면 질식 사고로 이어질 위험이 있고, 잠든 사이에 천이 떨어져 엉키는 것은 순식간이기 때문이다. 남들이 다 한다고 해서 안전하다는 의미는 아니다.

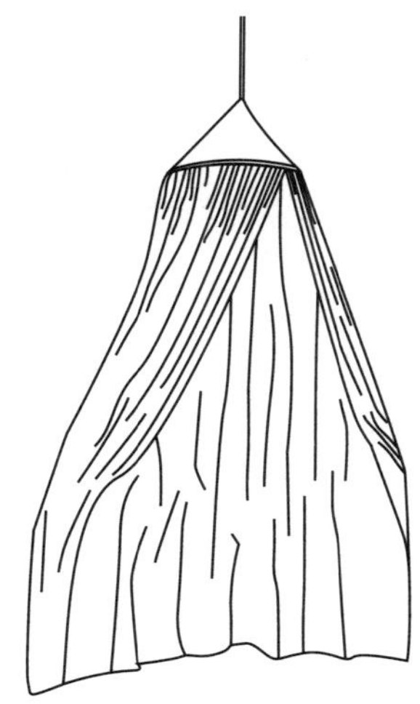

아기 침대를 위한 안전 수칙

중고 거래를 통해 아기 침대를 구매할 때는, 반드시 침대 난간을 이루는 세로살의 간격을 확인해야 한다. 세로살의 간격은 4.5센티미터에서 6.5센티미터가 적당하다. 간격이 너무 넓으면 아기가 발부터 밀어 넣다가 가슴 부위가 끼어 질식할 위험이 있다. 또한 아기의 옷이 걸릴 만한 부품이 돌출돼 있지는 않은지도 살펴야 한다. 이런 부분에 옷이 걸리면 목이 졸릴 수 있다.

- 침대의 깊이가 최소 50센티미터 이상이어야 한다. 매트리스 윗면에서 난간 상단까지의 높이가 충분해야 아이가 스스로 기어오르지 못한다.
- 매트리스와 프레임 사이에 틈이 있으면 아이가 머리를 밀어 넣어 끼일 위험이 있다.

- 리폼이나 재도색된 중고 침대라면 반드시 사용된 페인트 종류를 확인하자. 아기는 무엇이든 물고 빠는 습성이 있으므로, 페인트에 유해 성분이 포함돼 있으면 아기의 건강을 위협할 수 있다. 우리 집 막내는 마치 전생에 비버였던 것처럼 가구마다 잇자국을 남겼다. 아이를 모든 위험으로부터 완벽히 보호할 수는 없지만, 적어도 하루 중 가장 긴 시간을 보내는 침대 페인트의 안전성만큼은 철저히 확인해야 한다.
- 아이의 키가 85센티미터 이상이거나 운동 능력이 발달했다면 긴 쪽 난간 중 하나를 제거하거나 아예 새 침대로 바꾸는 것이 좋다.
- 침대 안에 아이가 밟고 올라설 수 있는 장난감이나 다른 물건이 있는지 살펴보자.

출처: 헬로 컨슈머(Hello Consumer, 스웨덴 소비자청 공식 웹사이트)

방법이다. 확장형 침대란 풀아웃 유닛(pullout units, 인출식 수납 유닛)과 확장 부품이 포함된 침대를 말한다. 일반 침대보다 가격이 다소 높은 편이지만 아이가 오랜 기간 사용할 수 있으므로 그만한 값어치를 하며 수요가 꾸준해 중고 시장에서도 비교적 높은 가치를 지닌다.

확장형 침대 가격을 비교할 때 종종 간과되는 요소가 바로 매트리스다. 아이가 성장하면 다른 매트리스가 필요하게 되므로 제조사가 매트리스 교체 문제를 어떻게 해결했는지 반드시 확인해야 한다. 부속물을 추가해 매트리스 길이를 연장할 수 있는가? 아니

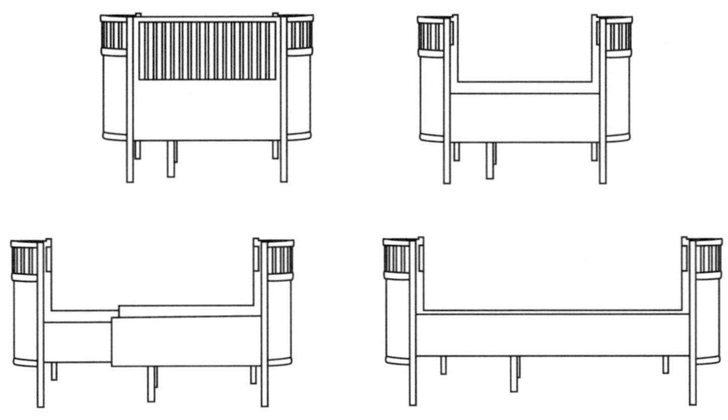

면 일정 시점마다 매트리스 전체를 교체해야 하는가? 각각의 경우 어느 정도 비용이 드는가? 이 모든 점을 미리 확인해 두는 것이 좋다.

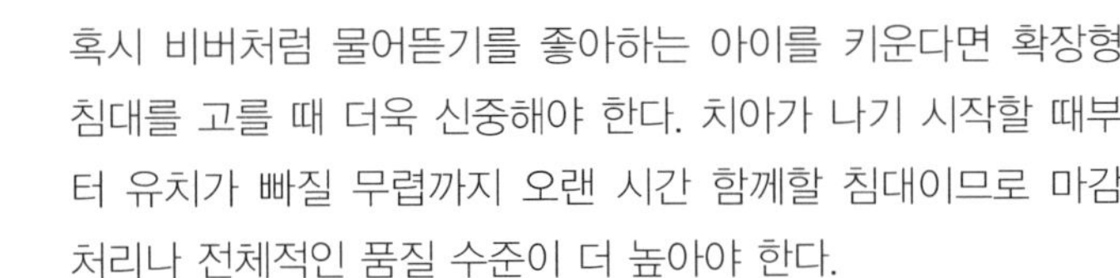

혹시 비버처럼 물어뜯기를 좋아하는 아이를 키운다면 확장형 침대를 고를 때 더욱 신중해야 한다. 치아가 나기 시작할 때부터 유치가 빠질 무렵까지 오랜 시간 함께할 침대이므로 마감 처리나 전체적인 품질 수준이 더 높아야 한다.

소파 베드

소파 베드는 소파와 침대의 기능을 겸한 가구지만, 어느 쪽에서도 완전한 만족감을 주지는 못하는 절충형 가구다. 하나의 가격으로 두 가지 기능을 얻지만, 두 기능 모두에서 동일한 수준의 편안함을 기대하기는 어려운 것이다.

소파 베드를 나이 든 손님을 위한 여분의 침대로 사용할 예정인가? 그렇다면 앉는 방향 그대로 펼쳐지는 구조의 소파 베드가 적합하다. 이런 형태라야 두 명의 성인이 서로의 잠자리를 넘지 않고도 양쪽에서 편하게 침대로 오르내릴 수 있다. 이 경우에는 일반 침대 높이와 같거나 그보다 조금 더 높은 제품을 고르는 것이 바람직하다. 또한 소파베드는 마모되는 부위가 일반 소파와는 다르다. 좌석이나 등받이뿐 아니라, 접히거나 펼쳐지는 부분에서도 마모가 빨리 진행되므로, 커버를 쉽게 벗겨 세탁하거나 교체할 수 있는지 확인해야 한다.

소파 베드의 여러 유형

- 영국식 소파 베드(English sofa bed): 사용자가 소파의 길이 방향으로 눕게 되는 형태.
- 영국식 슬리퍼 소파(English sleeper sofa): 등받이 뒤에 있던 매트리스가 앞으로 펼쳐지는 구조.
- 풀아웃/트런들 베드(pull-out, trundle beds): 소파 아래에 숨겨진 매트리스를 앞으로 당겨 꺼내는 구조.

- 푸톤(futon): 소파의 좌석과 등받이를 바닥에 펼쳐 요처럼 만드는 방식.
- 셰즈롱/데이 베드(chaises lounges, day beds): 기대어 앉거나 누울 수 있는, 소파와 침대의 중간 형태.
- 암체어 베드(armchair bed): 1인용 안락의자가 펼쳐져 침대가 되는 구조.

침대에 대한 일반적인 불만 사항

- 매트리스나 헤드보드의 색상이 광고 사진과 다르다. 주로 밝은 색상 제품에서 이런 문제가 자주 발생한다.
- 배송된 침대에서 불쾌한 냄새나 화학물질 냄새가 난다.
- 콘티넨털 침대의 경우 톱패드의 가장자리가 말려 올라간다. 시트를 팽팽하게 씌우거나 반대 방향으로 눌러 펴봐도 문제가 해결되지 않는다.
- 매트리스가 침대 갈빗살 위에서 미끄러진다.
- 실제 치수가 제품 설명서의 치수와 다르다. 침대 크기는 표기된 수치와 몇 밀리미터 정도 차이가 나는 것이 일반적이다. 공급업체의 허용 오차 범위를 확인하자.

재료

가구에 쓰이는 재료는 겉으로 보이는 시각적 측면을 넘어서는 중요한 의미를 지닌다. 보기에는 더할 나위 없이 멋진 의자라 해도 소재가 몸의 감각에 만족감을 주지 못한다면 앉는 내내 불편할 수 있다. 기능적으로 완벽한 가구도 재료의 선택과 솜씨에 있어 감각적 요소가 결여되어 있다면 어딘가 미흡하게 느껴지기 마련이다. 가구에서 재료는 단순한 물질이 아니라, 제작자의 의도와 가구의 성격을 드러내는 결정적인 요소다. 적합한 재료를 사용하지 않은 가구는, 아무리 디자인이 뛰어나다 해도 빛을 발하기 어렵다. 이 장에서는 가구와 인테리어 디자인에 사용되는 다양한 재료와 그 특성에 대해 좀 더 자세히 살펴보고자 한다.

목재

전 세계적으로 수천 종의 나무가 있다. 목재의 특성은 나무의 종류에 따라 다를 뿐 아니라 같은 종이라 하더라도 개체마다 다를 수 있다. 심지어 한 그루의 나무 안에서도 자라난 환경에 따라, 베어낸 부위에 따라 품질이 다른 목재가 나온다. 그럼에도 우리는 종종 '나무'라는 단어 하나로 모든 차이를 뭉뚱그려 말하곤 하는데, 이것은 "이 음식은 고기야"라고 말하면서 그것이 소고기인지, 돼지고기인지, 닭고기인지를 구체적으로 밝히지 않는 것과 같다.

다양한 품질에 대하여

음식에 대해서라면 대부분의 사람들은 좋은 품질과 나쁜 품질을 구별할 수 있는 기본적 지식을 갖추고 있다. 하지만 솔직히 말해 특정 용도에 적합한 좋은 목재와 그렇지 않은 목재를, 좋은 고기나 나쁜 고기를 알아보듯 구별할 수 있는 사람이 얼마나 될까? 학창 시절, 나무의 절단 부위를 보여주는 단면도를 본 기억이 있는가? 나무줄기에도 소고기의 안심 부위처럼 품질 좋은 부분이 있고, 다짐육에나 어울리는 덜 좋은 부분이 있다는 사실을 처음 알았을 때, 나는 마치 신세계를 발견한 듯한 놀라움을 느꼈다. 나무를 부위별로 나눌 때도, 고기의 근육을 살피듯, 나무의 결과 가지, 나이테, 그리고 수분 함량에 주목해야 한다. 우리가 '원목'이라고 통칭하는 재료 안에서도 품질의 차이는 매우 크다. 그

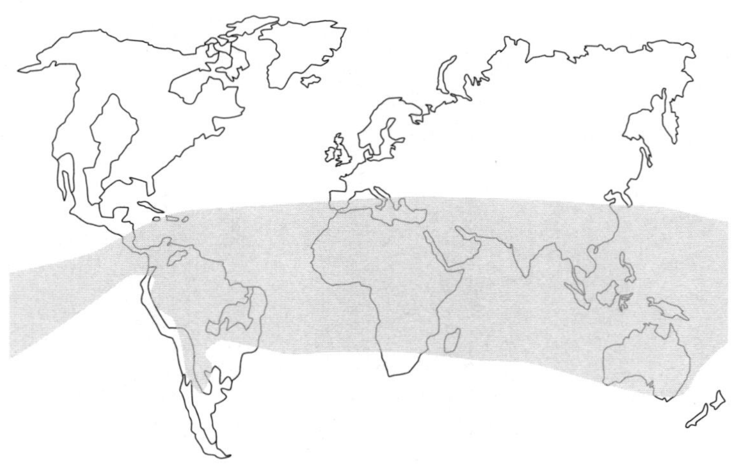

가구에 사용된 목재가 어디에서 왔는지 생각해 볼 필요가 있다. 식자재와 마찬가지로 가구의 원자재도, 당신이 사는 지역이나 원재료를 가공한 공장, 목공소의 위치에 따라 가까운 곳에서 왔을 수도 있고 먼 곳에서 온 것일 수도 있다. 열대우림에서 얻는 열대 목재는 지구 남반구의 특정 지역에서만 자란다.

나무는 어떤 환경에서 자랐는가? 어떤 영양분을 흡수하며 성장했는가? 비정상적인 조건에 노출된 적은 없는가? 어떻게 벌목되었으며, 어떤 방식으로 건조되고 제재되고 가공되었는가? 나무의 어느 부위를 선택해 사용했는가?

반쯤 농담처럼 말하자면 파티클보드는 인테리어 디자인 세계에서 다짐육에 해당한다. 어떤 작업에는 파티클보드가 가장 적합한 소재일 수 있지만 다른 경우에는 단지 제작 단가를 낮추기 위해 사용하는 저렴한 대안일 뿐이다. 이 장에서는 가구와 인테리어에 대해 더 나은 결정을 내리는 데 도움이 될 수 있도록 다양한 재료에 관한 기본적인 사실들을 살펴보고자 한다.

가까이서 자란 나무인가, 먼 곳에서 자란 나무인가?

　　가구를 고를 때, 정보에 기반해 신중한 선택을 하는 사람이라면, 가능한 한 가까운 곳에서 생산된 원재료를 선택하려고 할 것이다. 하지만 놀랍게도 지역에서 생산된 식자재를 꼼꼼히 따져가며 구매하는 사람이, 지구 반대편에서 수백 년에 걸쳐 천천히 자라는 이국적인 나무로 만든 가구를 원하는 경우가 있다. 만약 당신이, 거주 지역이나 가구를 제작하는 공장 근처에서 자라지 않는 특정 종류의 나무를 원하고 있다면 한 번쯤 진지하게 생각해 볼 문제다. 또한 일부 열대수종은 재생 가능한 자원이고 인증된 산림에서 재배된다고 하더라도 완전히 성장하기까지 수백 년이 걸릴 수 있다는 점을 기억해야 한다.

흡습성 재료

　　목재는 살아 '움직이는' 재료다. 물론 이 말은 어느 날 갑자기 가구가 스스로 일어나 문밖으로 걸어 나간다는 의미는 아니다. 다만 나무가 공기 중의 수분을 흡수하며 자신이 처한 환경, 즉 실내의 상대 습도와 온도에 맞춰 균형을 유지하기 위해 끊임없이 팽창하고 수축하는 흡습성 재료라는 의미다. 예를 들어 실내용 나무 바닥재는 계절에 따라 조금씩 변화한다. 공기 중 습도가 높은 여름에는 팽창하고 건조한 겨울에는 수축한다. 따라서 바닥을 시공할 때는 목재의 움직임을 고려해 여유 공간을 두어야 한다. 그렇지 않으면 바닥이 팽창할 때 불룩하게 솟아오르게 된다. 숙련되고 경험 많은 목수라면, 흡습성이라는 특징이 가구에 사용되는 나무에도 그대로 적용된다는 것을 잘 알 것이다. 그러나 경험이 부족한 이들은 나무의 자연스러운 변화를 제대로 다루는 법을 모른다.

가구를 집 안 어디에 배치하느냐도 사용된 목재에 상당한 영향을 미칠 수 있다. 예를 들어 난방기 가까이에 놓인 목재 가구는, 1년 내내 난방을 하지 않는 온실이나 습한 욕실에 놓인 가구와는 전혀 다른 변화를 보인다.

실내 환경의 큰 변화에 노출됐을 때, 목재 가구는 다음과 같은 손상을 입을 수 있다.

- 균열
- 솟아오름
- 수축
- 무늬목의 기포 발생
- 무늬목의 박리 및 들뜸
- 무늬목의 균열
- 도장면의 균열
- 삐걱거림
- 색상 변화
- 뒤틀림

출처: SNIRI

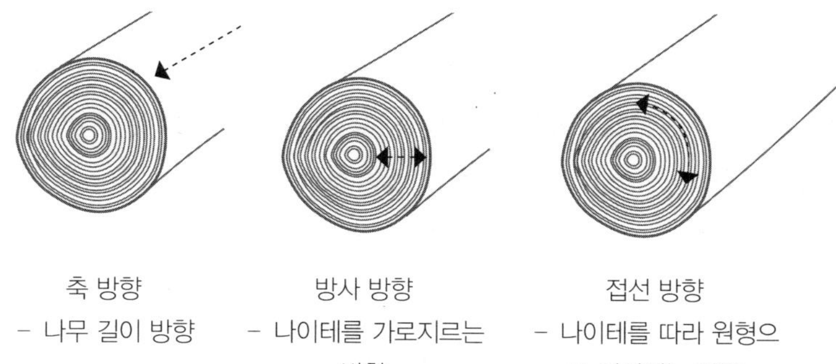

올바른 목재 선택의 중요성

목재는 공기 중의 습도가 높으면 팽창하고 건조하면 수축한다. 이때 변화의 정도는 목재의 방향, 즉 축 방향이냐, 방사 방향이냐, 접선 방향이냐에 따라 다르게 나타난다. 목재는 접선 방향이 방사 방향보다 거의 두 배 더 많이 팽창하거나 수축한다. 반면 축 방향으로는 거의 변화가 없다.

통나무를 제재할 때, 나이테를 기준으로 어떤 방향으로 자르는지에 따라 목재의 기술적 품질과 무늬(결의 패턴)는 달라진다. 또한

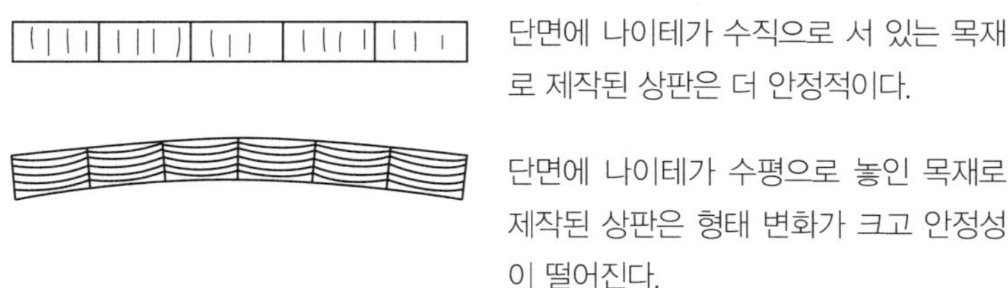

단면에 나이테가 수직으로 서 있는 목재로 제작된 상판은 더 안정적이다.

단면에 나이테가 수평으로 놓인 목재로 제작된 상판은 형태 변화가 크고 안정성이 떨어진다.

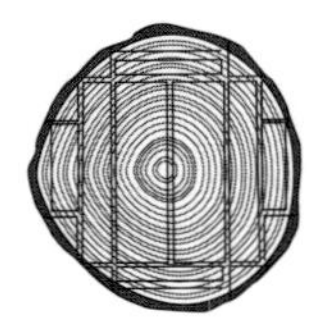

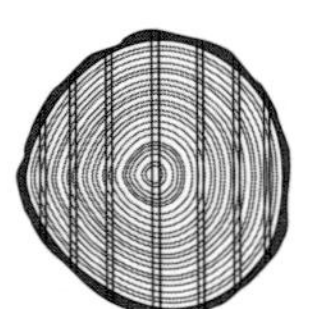

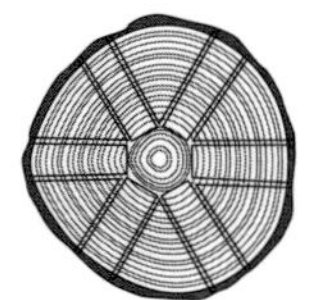

나이테를 기준으로 어떤 방향으로 제재 하느냐는 목재의 무 늬뿐 아니라 형태에 도 영향을 미친다.

두꺼운 판재일수록 얇은 판재보다 습도의 변화에 따른 움직임이 더 크다. 완성된 가구의 변형을 최소화하기 위해서는 목재의 방향과 변화의 정도를 이해하고 고려해야 한다.

나이테가 수직 방향으로 절단된 목재는 습도 변화에도 형태를 가장 잘 유지한다. 이런 방식으로 제작한 테이블 상판은 갈라질 가능성이 거의 없다고 할 수 있다.

그에 반해 목재 단면에 나이테가 수평으로 놓인 판재는 형태의 안정성이 떨어지고 손상 위험이 더 크다. 이처럼 나무를 가구 제작에 사용할 때는 어떤 절단 방식이 어떤 용도에 적합한지 꼼꼼히 따져 선택해야 한다. 이러한 요소를 고려하지 않으면, 완성된 가구에 균열이나 변형이 생길 위험이 커진다.

목재의 강도 또한 방향에 따라 다르다. 나무의 섬유 방향을 따라 제재한 목재는 섬유 방향을 가로질러 제재한 목재보다 상대적으로 강도가 더 높다. 또한 섬유가 짧은 수종은 섬유가 긴 수종에 비해 부러짐에 더 취약하다.

문제 해결 방법

대형 원목 테이블 상판의 뒤틀림을 방지하려면 상판 아래에 보강용 가로대(strut)를 덧대어 판재를 평평하게 잡아줄 필요가 있다. 일반적으로 테이블의 짧은 변에 있는 에이프런도 같은 역할을 수행한다.

만약 접선 방향으로 제재한 목재를 사용한다면, 수피 쪽과 심재

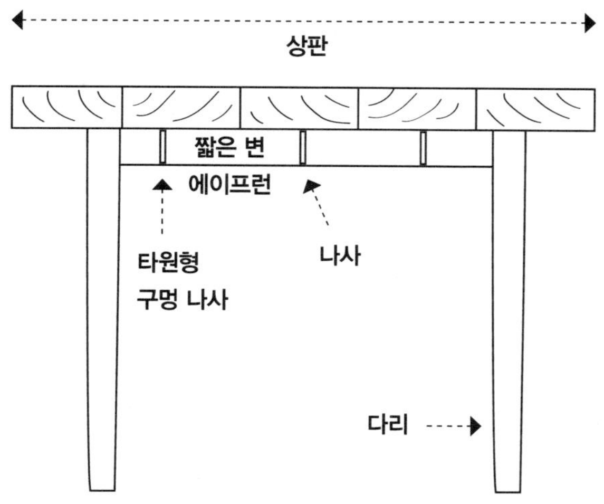

쪽을 번갈아 배치하지 말고, 모든 판재의 심재 쪽이 위를 향하도록 배열하는 것이 좋다. 이렇게 하면 상판 표면이 고르게 유지되고 에이프런을 통해 나사로 고정할 때도 훨씬 수월하다.

빠른 성장 vs 느린 성장

- **느리게 자란 나무:** 좋은 목재는 서서히 자란 나무에서 얻어진다. 나이테의 간격이 좁고 밀도가 높아, 수축이나 팽창이 적고 변형이 덜하다.
- **빠르게 자란 나무:** 빠른 속도로 자란 나무는 옹이가 적은 대신, 나이테 간격이 넓다. 습도 변화에 민감해 변형이 심하며 손상되기 쉽다.

옹이는 가지가 남긴 흔적이다

목재에 나타나는 짙은 자국을 통해 나무가 가지를 뻗으며 자란 자취를 읽을 수 있다. 나무들이 밀집해 자라는 숲에서는 가지가 적게 생긴다. 예를 들어 재배된 자작나무에는 옹이가 적게 나타나는 편인데, 이는 원하는 목재를 얻기 위해 생장 환경을 조절했기 때문이다. 소나무의 경우, 옹이의 분포는 줄기 부위마다 다르게 나타난다. 줄기 아래쪽의 변재 부분, 즉 나무의 겉 부분에는 비교적 옹이가 적고, 줄기 중간 부위에는 아래 가지가 가장 굵게 자라기 때문에 가장 큰 옹이가 집중돼 있다. 나무가 자라면서 꼭대기 쪽으로 갈수록 가지는 점점 드물어지고, 옹이 또한 줄어든다. 옹이는 가구의 내구성을 약화하거나 외관을 해칠 수도 있지만, 그것이 어디에 있고 보는 이가 어떤 미적 감각을 갖고 있느냐에 따라 단점이 아닌 개성으로 여겨질 수도 있다.

목재의 미감과 경제성

어떤 이들은 옹이가 목재의 외관을 해친다고 생각하지만, 또 어떤 이들은 옹이야말로 목재에 생명을 불어넣는 요소라고 말한다. 옹이가 전혀 없는 목재는 매우 드물지만, 구하는 것이 불가능한 것은 아니다.

나무의 제재 방식 또한 미적인 측면에서 중요하다. 나무를 어떤 방식으로 제재했느냐에 따라 표면의 무늬가 달라지기 때문이다.

따라서 원하는 나뭇결을 돋보이게 하기 위해, 여러 제재 방식 가운데 가장 적절한 방식을 선택할 수 있다. 이렇게 제재하고 건조한 목재는 품질과 가격에 따라 여러 등급으로 분류된다. 당연히 최상급 원목으로 만든 가구는, 더 낮은 품질 기준을 적용한 목재로 만든 가구보다 더 비싸질 수밖에 없다.

가구와 인테리어 디자인에 사용되는 대표적인 목재

침엽수

스칸디나비아의 가구와 인테리어 디자인 산업에서 가장 흔히 사용되는 침엽수는 소나무와 가문비나무다. 두 이름 다 여러 수종을 아우르는 총칭이기도 하다. 침엽수는 일반적으로 나이테가 뚜렷하며 섬유 밀도가 낮아 목질이 부드럽고 가벼우며 탄성이 좋다. 이러한 특성으로 인해 침엽수는 국소적 압력에 의해 눌린 자국이 쉽게 남고, 단단한 활엽수에 비해 마모나 손상에 대한 내구성이 떨어진다. 소나무 심재(나무 중심의 단단한 부분)는 수지가 풍부하게 함유돼 있어 습기와 부패에 강하다. 소나무는 타원형 옹이와 갈색 심재가 특징이며 가문비나무에는 보통 작고 둥근 진주 모양의 옹이가 박혀 있다.

활엽수

활엽수와 침엽수는 여러 면에서 다르지만, 역시 가장 큰 차이는 잎의 형태다. 활엽수의 잎은 바늘잎이 아니라 넓은 잎이다. 일반적으로 활엽수는 침엽수보다 섬유 길이가 짧은 편이다. 가구와 인테리어 산업에서 널리 사용되는 활엽수로는 아카시아, 오리나무, 물푸레나무, 사시나무, 너도밤나무, 자작나무, 단풍나무, 참나무 등이다. 활엽수는 침엽수와는 달리, 춘재와 하재 사이에 뚜렷한 색상 차이를 보이지 않기 때문에 나이테가 덜 명확하다. 대신 목질이 치밀하고 내구성이 뛰어나다는 특징이 있다.

활엽수는 다시 환공재와 산공재로 나뉜다. 환공재는 봄철과 초여름에 형성된 나이테에 굵은 도관(나무 속에서 물과 양분을 운반하는 관)이 집중되어 있고, 산공재는 이러한 도관이 나이테 전반에 고르게 분포되어 있다. 예를 들어, 참나무와 물푸레나무는 환공재에 속하고 자작나무와 너도밤나무는 산공재에 해당한다.

"나무는 인류에게 보편적인
아름다움을 선사한다.
나무는 모든 재료를 통틀어
인간과 가장 친밀한 소재다."

— 프랭크 로이드 라이트(Frank Lloyd Wright, 건축가)

수종	색상	나뭇결
오리나무(Alder) 오리나무는 솔방울을 맺는 유일한 낙엽수다. 스웨덴에는 흑오리나무 (common alder)와 회오리나무 (gray alder) 두 종류가 자생한다.	갓 제재한 오리나무는 황색을 띠지만 시간이 지나면 적갈색으로 변한다.	나이테는 희미하며 간혹 나이테 사이에 갈색 줄무늬가 나타나는데, 이는 곤충에 의한 피해로 생긴 흔적이다.
물푸레나무(Ash) 스웨덴의 낙엽수 가운데 봄에 가장 늦게 잎이 나고 가장 먼저 낙엽이 지는 나무다.	연한 회황색 바탕에 붉은 기운이 돌며 심재는 연한 갈색인데, 나이 들수록 심재의 색이 짙어져 올리브 빛이 도는 진한 갈색으로 변한다.	결이 곧고 옹이가 거의 없으며 표면에 광택이 난다. 춘재는 거칠고 추재에는 미세한 기공이 있어, 접선 방향으로 제재하면 뚜렷한 색상 대비와 흥미로운 무늬가 드러난다.
사시나무(Aspen) 성장이 빠르고 햇빛을 많이 받아야 하는 나무다. 자작나무 다음으로 스웨덴에서 가장 흔한 낙엽수다.	옅은 황백색으로 회색빛을 띠기도 한다. 대부분의 목재에 비해 밝은색을 더 오래 유지하며 야외에서는 회색으로 변색된다.	나이테가 거의 보이지 않으며 도관도 매우 희미하다.
너도밤나무(Beech) 너도밤나무는 잎이 빽빽하고 울창하게 자라 숲에 지붕과 같은 캐노피를 형성한다. 그로 인해 너도밤나무 숲에는 지피식물이 거의 자라지 않는다.	밝은 황색 또는 적회색을 띤다. 증기 처리 후에는 더 붉은색을 띠게 되는데, 이를 '붉은 너도밤나무'라고 부른다. 오래된 나무에서는 '레드하트 (redheart)'라 불리는 어두운색의 심재가 생기기도 하는데, 이를 잘 활용하면 장식적인 효과를 줄 수 있다.	결이 뚜렷하기 않은 편이지만 방사형으로 뻗어나는 분명한 수질선이 산발적으로 드러난다.

특성	용도	기타
목질은 부드럽고 안정적이며 결이 곧다. 산소가 부족한 환경에서도 부패에 강하다.	가공이 쉬워 목공, 나무 조각, 모형 제작 등에 자주 쓰이며 무늬목으로도 활용된다. 회오리나무는 목질이 더 부드럽고 내구성이 낮아 주로 땔감으로 사용된다.	나막신 제작에도 자주 쓰인다. 벌목 시 수액은 피처럼 붉은색을 띤다.
단단하고 질기며 내구성이 높다. 잘 휘어지고 쉽게 쪼개지지 않지만, 못이나 나사를 사용할 때는 구멍을 미리 뚫어놓는 것이 좋다. 옥외용으로는 적합하지 않다.	원목과 무늬목 형태로 사용된다. 의자의 좌판, 서랍, 바닥재, 식탁 상판, 문짝, 선반, 난간 등에 자주 활용된다.	공구 손잡이나 스포츠 장비에도 사용된다. 복합 소재가 등장하기 전에는 하키 스틱이나 당구 큐대에 널리 쓰였다.
가볍고 부드러우며 잘 쪼개지지만 매끄러운 표면을 얻기는 어렵다. 대패질하지 않은 상태에서는 섬유가 솜털처럼 일어나며, 매우 날카로운 공구를 사용해야 섬유 들뜸을 막을 수 있다. 습기에 오래 노출되면 썩기 쉽지만, 충분히 건조하면 오랜 시간 견딘다.	성냥개비, 운반용 목재 팔레트, 합판용 베니어의 재료로 사용된다. 수지가 배어 나오지 않아 사우나 내부 판재로도 널리 쓰인다.	0.5세제곱미터의 사시나무 목재로 약 백만 개의 성냥을 생산할 수 있다.
무겁지만 가공이나 쪼개기가 쉬운 편이다.	마모가 많은 파케(parquet, 여러 종류의 나무 조각으로 무늬를 짜 맞춘 나무판) 바닥재나 가구에 적합하다. 리그닌 (lignin, 나무의 세포벽을 이루는 성분) 이 증기에 의해 부드러워지는 특성 덕분에 너도밤나무는 스팀 벤딩(steam bending, 증기로 목재를 부드럽게 해 곡선을 만드는 가공법) 가구 제작에 자주 사용된다.	아이스크림 막대와 같은 일회용 나무 제품에 쓰인다. 또한 과거에는 나무를 태운 재에서 얻은 포타시(potash, 탄산염)가 비누나 유리 제조의 원료로 활용되기도 했다.

수종	색상	나뭇결
자작나무(Birch) 스웨덴에서 가장 흔한 활엽수이며 왜성 자작나무, 은자작나무, 털자작나무, 이렇게 세 가지 품종이 있다. 마수르 자작나무(masur birch)는 특정 품종이 아니라 은자작나무의 유전적 변이에 의한 결과다. 뒤틀리고 물결치는 듯한 나이테와 옹이가 만들어 내는 독특한 무늬 때문에 고급 가구 제작에 널리 사용된다.	연한 황색에서 벌꿀색에 이른다.	불꽃처럼 물결치는 무늬가 특징이며 전체적으로 결이 연하고 섬세하다.
체리 나무(Cherry) 자두나무 목재도 포함된다.	붉은빛을 띠며 햇빛에 오래 노출되면 코냑 색으로 짙어진다. 미국산 체리 나무 목재는 유럽산보다 더 어두운 편이다.	나이테가 뚜렷하게 나타난다.
느릅나무(Elm) 낮은 가지가 없어 공원이나 가로수에서 흔히 볼 수 있는 나무다. 스웨덴의 자연림에서는 드물게 발견된다.	변재(통나무의 겉 부분)는 옅은 회황색이며 심재는 적회색에서 짙은 초콜릿 색에 이른다.	결 무늬가 다양하고 나이테가 뚜렷하다. 때때로 녹색을 띠는 나뭇결이 나타나기도 한다. 춘재와 추재의 대비가 강해. 접선 방향으로 제재했을 때 흥미로운 무늬가 드러난다.
유럽피나무(Lime) 조각용 목재로 매우 적합해. 학교 공예 수업에서 자주 사용된다.	가볍고, 거의 흰색에 가까운 회백색을 띤다.	가공 전에는 나뭇결이 거의 드러나지 않는다. 그러나 아마인유(linseed oil)로 마감 처리하면 결이 한층 뚜렷해진다.
수종	색상	나뭇결

특성	용도	기타
잘 부러지지 않고 탄성이 있으며 질기다. 유연성이 좋아서 폭이 좁은 부재를 사용해도 충분한 내구성을 유지하며 표면 가공이 쉬운 편이다.	집성재로 만든 좌석류와 공공장소용 가구에 많이 쓰인다. 무취, 무미이기 때문에 숟가락이나 버터나이프 등 식기류 제작에도 적합하다.	가볍고 튼튼해 스키 제작에 쓰이기도 한다. 일부 자작나무에서 볼 수 있는 혹목(burl, 나뭇가지가 비정상적으로 자라 둥근 혹처럼 형성된 부분)은 독특한 무늬와 단단한 성질 덕분에 그릇이나 컵을 만드는 재료로 인기가 높다.
대체로 곧게 자라며 가공이 쉽다. 섬유의 결이 불규칙한 경우엔 쪼개기 어렵다. 습도 변화에 따라 수축과 팽창이 큰 편이다.	무늬목 재료로 적합하며 섬세한 수공예품이나 고급 가구, 맞춤 목공 작업 등에 사용된다.	악기 제작에 사용되며 알칼리성 물질과 접촉하면 목재의 색이 더욱 짙어진다. '스웨덴 티크'라는 별칭으로도 불린다.
단단하고 내구성이 강하며 비교적 질긴 편이다. 섬유조직은 거칠고 건조 속도가 빠르다.	가구, 공구 손잡이, 사다리, 바닥재, 문턱, 물레방아, 선박 제작 등에 사용된다. 강도가 우수해 노출된 구조물의 부재로도 사용된다. 쪼개짐 방지를 위한 사전 천공이 필요하다.	스웨덴에서는 바르크브뢰드(barkbröd, 나무껍질빵)를 만들 때 느릅나무의 속껍질이 쓰였다. 다른 수종에 비해 쓴맛이 덜하기 때문이다. 하지만 가공하지 않은 느릅나무 원목에서는 특유의 불쾌한 냄새가 날 수 있다. 뿌리 부분에서는 마수르 자작나무처럼 대리석 무늬가 나타나기도 한다.
기계적 하중을 받거나 습기에 노출되는 환경에는 적합하지 않다.	조각과 정밀 목공, 선반 가공 등에 사용된다. 패널, 생활용품, 베네치아 블라인드 등에도 쓰인다.	스케치용 목탄을 만들기에 좋은 목재다. '호모 사피엔스'와 같은 과학적 명명법을 정립한 생물학자 칼 린네(Carl Linnaeus)는 귀족 작위를 받은 후 성을 '폰 린네(von Linné)'로 바꾸었는데, 이 이름은 그의 집안 농장에서 자라던 세 갈래 줄기의 유럽피나무, 즉 'lime tree'에서 유래했다.

수종	색상	나뭇결
마호가니(Mahogany) 마호가니는 나무가 아니라 멀구슬(Meliaceae)과에 속하는 여러 귀한 목재의 총칭이다. 예를 들어 스위테니아 마호가니(Swietenia mahagoni)는 카리브해 제도에서 자라기 때문에 '서인도 마호가니'라고 불리고 남아메리카의 스위테니아 마크로필라(Swietenia macrophylla)는 '온두라스 마호가니', '대서양 마호가니', '큰잎마호가니'로 알려져 있다.	진한 붉은색을 띤다. 햇빛에 노출되면 색이 바래므로 색상을 유지하기 위한 표면 처리가 필수다.	결이 약하게 드러나는 편이다.
단풍나무(Maple) 내구성이 뛰어나 체육관 바닥이나 볼링장 바닥 등에 널리 사용된다.	백색에서 황백색에 이른다.	나이테가 가늘고 뚜렷하다. 물결무늬가 나타나는 플레임 메이플(flame maple), 미성숙한 옹이가 고르게 분포된 버즈아이 메이플(bird's-eye maple) 등이 있다.
참나무(Oak) 스칸디나비아에서 흔히 사용되는 목재 중 하나다. 과거에는 참나무가 스웨덴 해군의 선박 건조에 쓰였기 때문에 모든 참나무는 국왕의 소유로 간주되었다.	황회색 또는 적회색(미국산 오크)에 가깝고, 시간이 지나면 호박빛을 띤다. 가구 제작용 참나무는 일반적으로 화이트오크와 레드오크로 나뉘며 레드오크는 주로 북미에서 자란다.	짙은 색의 뚜렷한 결이 특징이다. 표면 무늬와 색상 변화가 다양하며 통나무를 제재하는 방법에 따라 표면 질감도 달라진다.
소나무(Pine) 적절한 환경에서는 최대 30미터까지 높이 자라며, 줄기는 마치 돛대처럼 곧고 수관은 높은 곳에 형성된다.	황백색(변재) 또는 적황색·갈색(심재). 소나무는 시간이 지날수록 색이 짙어지므로 밝은 색감을 유지하고 싶다면 가성소다로 처리하는 것이 좋다.	짙은 색조의 뚜렷한 나이테가 특징이다.

특성	용도	기타
견고하고 단단하다. 습기와 부패에 강하며, 흰개미에도 잘 견딘다.	고급 가구와 인테리어에 주로 쓰이며 선박과 요트 장비에도 자주 사용된다.	멸종위기에 처한 야생 동식물종의 국제 거래에 관한 협약(CITES)에 따라, 많은 종류의 마호가니 거래가 규제를 받는다. 이 협약은 위기에 놓인 동식물의 국제 거래를 관리하기 위한 자발적 국제 합의다.
단단하고 밀도가 높으며 조직이 균질하다. 매우 내구성이 뛰어나며 쉽게 쪼개지지 않는다.	고급 가구, 파케 마루, 계단, 패널, 문, 공구 손잡이, 나무 갈퀴의 톱니 부분 등에 사용된다.	종기의 개머리판에도 사용된다. 북아메리카산 단풍나무는 수액의 당분 함량이 높아, 메이플 시럽의 원료로 채취된다.
단단하고 밀도가 높으며 강도가 우수하다. 타닌산을 함유하고 있어 가성소다로 처리하면 색이 많이 짙어진다. 철과 같은 금속과 접촉하면 변색되므로 스테인리스 못이나 나사를 사용하는 것이 좋다.	선박 건조, 건축(성곽, 목조 골조 주택 등).	참나무 껍질은 가죽의 무두질에 사용된다. 스웨덴산 참나무는 자연 상태에서 자라면서 뒤틀리는 경우가 많아, 가구 제작에는 중부유럽산 참나무가 주로 쓰인다.
무르고 습기에 강한 목재다. 표면에 아마인유 처리를 할 수 있으나 수령이 오래된 소나무는 수지가 많아 기름이 잘 스며들지 않는다. 표면이 긁히기 쉬운 편이다.	건축재(벽, 지붕, 문, 창, 패널, 마루), 가구, 목공예품, 판재, 바구니, 선박, 전신주 등.	소나무는 아세트산, 테레빈유, 메틸알코올, 타르, 수지, 접착제의 원료로도 쓰인다. 북아메리카산 더글러스 전나무는 옹이가 거의 없다. 이는 '더글러스 가문비나무' 또는 '오리건 파인'이라고도 한다.

수종	색상	나뭇결
가문비나무(Spruce) 스웨덴에서 가장 흔한 나무이지만 가구 산업에서는 그다지 널리 쓰이지 않는다.	옅은 황백색. 건조 후에는 심재와 변재의 색이 거의 동일해진다. 송진을 많이 분비하기 때문에 다른 침엽수보다 송진이 엉겨 붙는 일이 흔하다. 착색할 경우, 이미 송진으로 포화된 부분은 안료가 잘 스며들지 않아 색이 더 강하게 표현되곤 한다.	회색 또는 회갈색 줄무늬가 나타나며 나이테 사이에 작고 마른 '진주 옹이'가 형성되곤 한다.
티크(Teak) 세 가지 다른 나무를 통칭하는 이름으로, 주로 열대 지역에서 자란다. 열대우림 목재로 분류되며 유럽연합의 목재 규정에 따라 벌채와 재배지가 엄격하게 추적·관리된다.	갓 제재한 티크는 올리브그린 색이지만 건조 후에는 진한 적갈색을 띤다. 목재의 색상은 티크가 재배된 지역과 품종에 따라 달라진다. 자바산 티크는 약간 더 밝고, 미얀마 티크는 더 어둡다.	일반적으로 옹이가 없다.
호두나무(Walnut) 호두를 생산하는 나무에서 얻는 목재다.	진한 갈색 계열로, 초콜릿색에서 짙은 적갈색까지 다양하다. 다른 많은 목재와 달리 시간이 지나면 오히려 색이 옅어져 황갈색에 가깝게 변한다.	불규칙한 짙은 줄무늬가 특징이며 옅은 무늬부터 진한 무늬까지 다양하다. 가구를 주문할 때, 서랍 전면의 무늬 차이에 민감한 경우 이 점을 반드시 고려해야 한다.

특성	용도	기타
섬유가 길고 무르며 수축이 거의 없다. 방부 처리가 어려운 편이다.	건축 자재 및 구조재(집성목, 파티클보드, 섬유판), 깃대, 돛대, 말뚝 등에 사용된다. 직조기에도 쓰인다.	알프스 북사면에서 천천히 곧게 자란 가문비나무는 최고의 현악기 재료다. 썩은 가문비나무에서는 바닐린 아로마를 추출할 수 있는데, 이는 천연 바닐라와는 다른 향이다. 뿌리는 바구니 제작 같은 공예 재료로 쓰인다.
단단하고 무거우며 탄성이 좋고 유분기가 있다. 습기나 해충, 부패에 매우 강하지만 접착이 까다롭다.	특히 야외용 가구에 널리 쓰인다. 실외에 두면 은회색의 멋스러운 파티나가 형성된다. 원래의 색과 윤기를 유지하려면 오일 처리를 해야 한다.	티크 나무는 3년이 넘으면 자연적으로 불에 잘 타지 않는, 내화성이 생기기 시작한다. 지름 75 센티미터까지 자라는 데 100~200 년이 걸리나 환경이 좋은 곳에서는 더 빠르게 자라기도 한다.
경도는 중간 정도이며, 조각이나 선반 작업에 용이하다. 스팀 처리 시 매우 유연해진다.	가구, 문, 몰딩 등에 사용된다. 고가의 목재이므로 통원목보다 무늬목 형태로 더 많이 활용된다.	미국산 호두나무는 유럽산보다 색이 짙고 색조가 균일하다. 페루산 호두나무 가운데에는 진한 갈색에서 검정에 가까운 색을 띠는 수종도 있다.

베니어와 무늬목

베니어(veneer)는 통나무를 뜨거운 증기로 부드럽게 처리한 뒤, 회전 절단, 슬라이스 절단, 톱질, 대패질 등의 방식으로 얇게 켜 얻는 목재판이며, 이 가운데 판재의 겉면을 마감하는 데 쓰는 단판을 '무늬목(face veneer)'이라고 한다.

베니어는 절단 방식에 따라 단판의 두께와 질감이 달라지는데, 일반적으로 톱으로 켠 단판은 비교적 두껍고, 슬라이스 절단이나 회전 절단 방식으로 켠 단판은 더 얇고 균일하다. 표면 마감에 사용되는 무늬목은 단판의 배치 방향과 접착 방식에 따라 다양한 결 무늬를 만들어 낸다. 무늬목은 주로 MDF, 합판(여러 장의 단판을 교차 적층한 판재), 파티클보드 등 각종 바탕재의 표면 마감재로 사용된다. 여러 두께로 생산되지만, 단판의 두께가 3~4밀리미터를 넘어서면 더는 표면 마감용 '무늬목'으로 분류하지 않는다. 일반적으로 사용되는 두께는 다음과 같다.

- 0.8밀리미터
- 0.6밀리미터
- 1.5밀리미터

여러 장의 베니어를 적층해 판재를 만들 때, 가장 바깥쪽에 위치해 눈에 보이는 층은 '표면 베니어'라 하고, 수축과 팽창을 줄이기 위해 섬유 방향으로 교차해 덧대는 층은 '교차 베니어'라고 한다.

무늬목으로 표면을 마감한 판재는 휘어짐을 막기 위해 반드시 바탕판의 양쪽 면 모두에 무늬목을 붙이는 것이 원칙이며, 이때 양쪽 면에는 같은 양의 수분(접착제)이 도포되어야 한다. 문처럼 양쪽 면이 모두 드러나는 가구에는 두 면에 같은 종류의 무늬목을 사용하는 것이 일반적인 반면, 식탁 상판의 아랫면처럼 거의 보이지 않는 부분에는 비용을 절감하기 위해 겉면보다 저렴한 무늬목을 사용하는 제조사도 있다.

무늬목 가구는 겉면에 얇은 단판을 붙이고 내부는 다른 소재로 구성한다는 이유 때문에, 값싼 대체재로 여겨지는 경우가 많다. 그러나 실제로는 무늬목 판재가 오히려 원목보다 더 안정적인 해결책이 될 때도 있다. 원목으로 만든 식탁 상판이나 문은 습도, 온도, 빛의 변화에 따라 쉽게 뒤틀리거나 변형될 수 있지만, 무늬목 판재는 이러한 변형이 훨씬 적다. 다만 무늬목 판재에는 접착제가 사용되므로, 실내 공기 중에 포름알데히드가 방출될 수 있다는 점은 유의해야 한다. 사용된 접착제의 종류와 양이 많을수록 방출 위험도 커진다.

베니어는 여러 장을 적층하거나 성형 합판 공법을 통해 판재로

밝은 색상의 베니어는 시간이 지나면서 어두워지고 어두운 색상의 베니어는 반대로 밝아진다. 이러한 변화의 속도는 베니어가 빛에 얼마나 많이 노출되느냐에 따라 달라진다.

만든 뒤 가구 제작에 활용되기도 한다. 원목보다 곡면을 만들기가 쉽기 때문에, 복잡한 형태의 가구를 만들 때 특히 효과적이며, 적층 접착 기술을 통해 원목에서는 얻기 어려운 탄력과 복원력을 구현할 수도 있다.

베니어 상감기법에도 쓰인다. 인타르시아(intarsia)는 서로 다른 목재 조각을 끼워 맞춰 기하학적 무늬나 그림을 만드는 입체적 상감 기법이고, 마케트리(marquetry)는 얇은 무늬목을 표면에 붙여 무늬나 그림을 구성하는 기법이다.

베니어의 무늬와 질감

베니어의 모양은 사용된 수종뿐 아니라, 통나무를 어떤 방식으로 절단했는지, 나이테를 기준으로 어느 방향으로 절단하는지에 따라 달라진다.

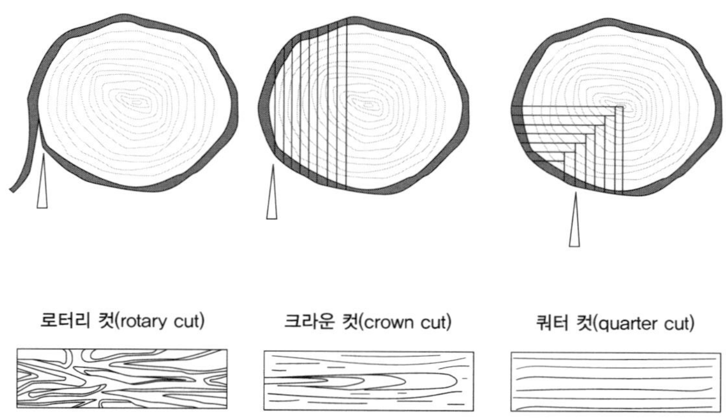

로터리 필링

회전하는 통나무에 대팻날을 대어, 두루마리 휴지처럼 얇고 길게
벗겨내는 방식이다. 이렇게 절단하면 나이테가 넓고 길게 늘어나
면서 대비가 강한 불꽃 모양의 무늬가 만들어진다. 주로 합판의
내부층인 교차 베니어 제작에 쓰이며, 폭이 넓고 이음매가 적어
생산 비용도 상대적으로 낮다.

크라운 컷

통나무를 길이 방향으로 반 자른 뒤, 바깥쪽부터 중심을 향해 얇
게 저미는 방식이다. 이렇게 절단하면 나뭇결 무늬가 타원형의
고리 형태('피라미드형' 또는 '대성당형'이라고도 함)로 나타나
며, 수질선은 가늘고 섬세하게 드러난다.

쿼터 컷

통나무를 네 등분한 뒤, 각 부분을 방사형으로 얇게 써는 방법이다. 이렇게 해서 얻은 무늬목에는 곧게 뻗은 직선형 무늬가 형성된다.

무늬목의 접합 방식

표면의 모습은 여러 무늬목 판을 어떻게 배열하고 접착했느냐에 따라 크게 달라진다. 무늬목의 접합 방식을 살펴보면, 제조사의 열정과 제품에 깃든 장인 정신이 어느 정도 수준인지 가늠할 수 있다.

북 매칭(book-matching)

전통적인 무늬목의 접합 방식이다. 통나무에서 순서대로 켜낸 무늬목을 서로 마주보게 배열해 나뭇결이 좌우 대칭을 이루도록 붙인다. 반복되는 대칭 무늬가 시각적으로 부담스럽게 느껴질 수 있으며, 거울상으로 배열된 두 판이 빛을 서로 다르게 반사하기 때문에, 표면의 밝기나 색감이 미묘하게 달라 보일 수도 있다.

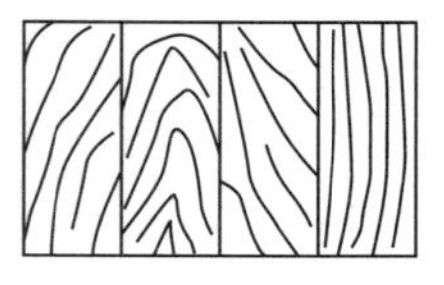

랜덤 매칭(random matching)

같은 수종이지만 반드시 같은 통나무에서 나온 것은 아닌 무늬목을, 마치 널빤지를 잇대듯 배열하는 방식이다. 이렇게 하면 옹이와 나뭇결 무늬가 고르게 분산되어 특정 패턴이 반복되지 않는다.

미스매칭(mismatching)

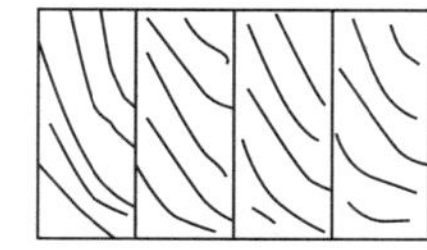

하나의 통나무에서 나온 무늬목을 의도적으로 뒤섞어 배열하는 방식이다. 나뭇결과 색조의 통일감을 유지하면서도, 자연스럽고 불규칙한 무늬를 만들 수 있다.

슬립 매칭(slip matching)

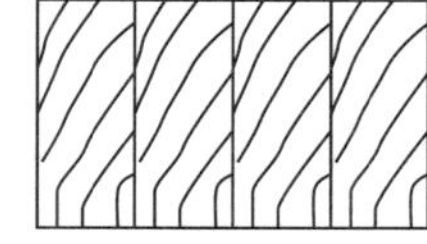

한 통나무에서 순서대로 벗겨낸 무늬목을, 북 매칭처럼 서로 맞대는 것이 아니라 그대로 이어 붙이는 방식이다. 이렇게 하면 점진적으로 변하는 반복적인 패턴이 만들어진다. 나뭇결이 곧고 균일한 무늬목일수록 효과적이며, 빛을 고르게 반사하기 때문에 표면의 광택이 균일하다. 착색(스테인) 마감에도 적절한 방식이다.

리버스 슬립 매칭(reverse slip matching)

통나무에서 순서대로 벗겨낸 무늬목을, 한 장은 그대로, 다음 장은 180도로 뒤집어 붙이는 방식이다. 이렇게 붙이기를 반복하면 무늬의 방향이 교차되어, 전체적으로 자연스러운 패턴이 만들어진다.

패턴 레이드 무늬목(pattern-laid veneer)

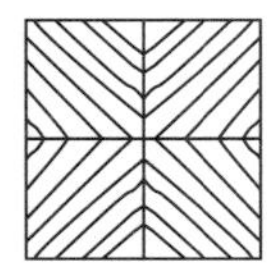

무늬목을 대각선 방향으로 배열해 흥미로운 무늬를 만들 수 있다. 배열 각도와 방향에 따라 다양한 패턴과 입체감을 연출할 수 있다.

가구의 이음새 살펴보기

가구의 이음새와 모서리를 살펴보는 일은 새 옷의 솔기 상태를 확인하는 것과 같다. 제작의 정밀도와 수준이 가장 잘 드러나는 부분이다.

목심 맞춤(dowel wood joint)

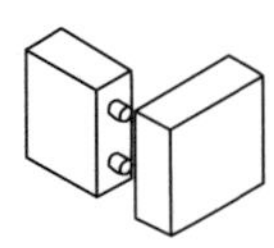

목심은 나무로 만든 원형 핀이다. 보통은 접착제와 함께 쓰지만, 접착제 없이 나사를 이용해 결합하기도 한다. 목심을 이용하면 사용자가 직접 부재를 맞춰 조립할 수 있다.

맞대기 이음(butt joint)

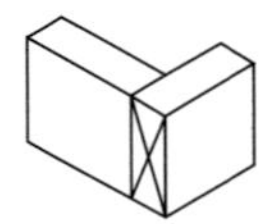

부재를 맞붙여 접착제로 고정하는 단순한 방식이다. 그다지 튼튼하지 않기 때문에 나사나 목심으로 보강해 주는 것이 좋다.

제혀쪽매(tongue and groove)

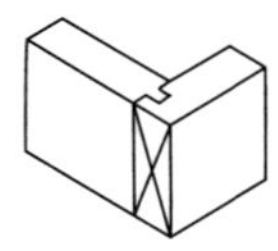

끼워 맞추는 구조라 접착 면적이 넓고 결합부의 틀어짐을 제어할 수 있어, 서랍이나 판재의 접합에 자주 사용된다.

장부 맞춤(mortice and tenon joint)

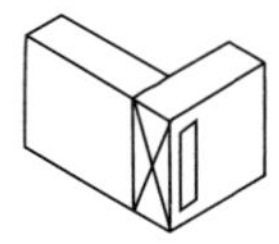

견고한 결합과 안정적인 구조를 만들어 준다. 장부(튀어나온 부분)의 목 부분이 멈춤 역할을 하며 결합부의 비틀림을 막아준다. 장부가 하나인 단일형과, 두 개인 이중형이 있다.

핑거 조인트(finger joint)

목재의 길이를 늘일 때 자주 사용하는 방식이다. 접착 면적이 매우 넓어 매우 견고한 이음새가 된다.

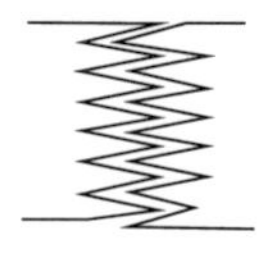

연귀 맞춤(miter joint)

두 부재의 끝을 45도로 절단해 모서리에서 맞붙이는 방식이다. 정밀한 가공이 필요하다. 접착제로 붙일 수 있으나 모서리를 깔끔하고 단단하게 처리하기 위해 스플라인(spline, 홈에 끼워 넣는 얇은 보강재)을 끼워 넣는 경우가 많다. 정확하게 맞춰지면, 나뭇결이 모서리를 돌아 자연스럽게 이어지는 듯한 효과가 생기며, 단면이 외부로 드러나지 않는다.

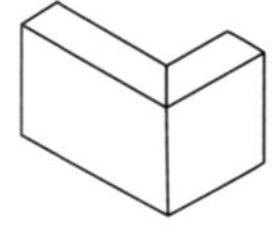

주먹장 맞춤(dovetail joint)

숙련된 장인의 솜씨가 드러나는 이음 방식이다. 견고함과 아름다움을 동시에 갖췄다. 정교한 장식장이나 프레임 제작에 사용된다.

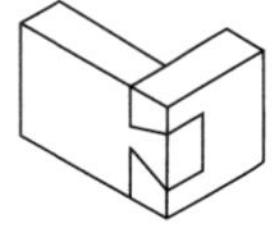

표면 처리

목재의 표면은 외관과 질감을 살리고 보호 기능을 더하기 위해 다양한 방식으로 처리할 수 있다. 다음은 가장 일반적인 표면 처리법에 대한 간단한 설명이다.

무처리

페인트나 오일 등으로 마감하지 않은 목재는 외부 자극에 더 민
감하며 수명도 짧다.

오일

오일은 목재에 스며들어 고유의 나뭇결을 돋보이게 한다. 가구에
오일을 바를 때마다 목재에는 영양이 채워지고, 액체에 대한 저항
성도 강화된다. 긁힘이나 오염에 대한 보호 효과도 뛰어나다. 오
일로 처리된 표면은 이미 지방 성분이 스며든 상태이므로 기름얼
룩이 쉽게 생기지 않는다. 춘재는 조직이 성글고 추재는 치밀해
접선 방향으로 제재한 목재에서는 뚜렷한 색의 변화와 흥미로운
무늬가 나타나는데, 오일은 이러한 대비를 더 강조해, 나무 고유
의 결을 한층 깊이 있게 드러내 준다. 오일 마감된 표면은 초기에
정기적으로 오일을 덧발라 주어야 한다. 수고를 들인 만큼, 시간

압축이상재

압축이상재(compression wood)는 나무가 과도한 하중을 받을 때 형성된다.
가지에 무거운 눈이 쌓이거나, 경사진 땅에서 자라거나, 한쪽 방향에서 강한
바람이 지속적으로 부는 환경이 이에 해당한다. 이러한 조건에서는 색이 더
짙고 단단한 조직이 자라나는데, 이 부분을 제재해 사용할 경우 건조 과정에
서 휘거나 손상되기 쉽다.

이 지남에 따라 따뜻하고 살아 있는 듯한 질감을 얻게 된다. 오일 처리된 표면은 이틀 정도면 마르지만 경화 과정은 몇 주간 계속되므로 오일을 바른 직후에는 직물을 올려두지 않는 것이 좋다.

착색 오일

목재의 색상을 바꾸고 싶을 때는 화이트 오일이나 브라운 오일 같은 착색 오일을 선택할 수 있다. 이 오일은 일반 오일과 마찬가지로 목재의 숨 쉬는 성질을 유지시키면서도 색을 밝게 또는 어둡게 만드는 효과를 낸다. 다만 부분적으로 손질하는 것이 어렵고 전체를 고르게 도포해야 얼룩이 생기지 않기 때문에 관리가 다소 까다로운 편이다. 표면은 비누로 마감한 목재에 비해 약간 더 윤기가 도는 편이다.

하드 왁스 오일

하드 왁스 오일은 목재 고유의 질감을 살려주며, 표면에 물과 오염에 강한 보호막을 형성한다. 그러나 용제나 세제처럼 화학 성분이 강한 액체에는 다소 취약하다. 광택의 정도는 다양하며, 착색제를 혼합해 목재의 색을 강조하거나 변화시킬 수도 있다. 표면의 내구성을 높이려면 여러 겹으로 도포해야 한다.

비누 마감

천연 비누 조각을 이용한 표면 처리 방법이다. 물푸레나무, 참나무, 너도밤나무 등에 자주 쓰이며 밝고 가벼운 느낌을 내기 위해 사용된다. 비누로 마감한 가구는 시간이 지나면서 조금 더 희고 차가운 색조로 변하며 밝은 색감을 유지하려면 꾸준히 관리해야 한다.

가성소다 처리

가성소다는 주로 소나무에 사용되며, 시간이 지나면서 목재가 노랗게 변하는 현상을 완화한다. 과거에는 잿물을 사용했으나, 근래에는 수산화나트륨, 수산화칼륨과 같은 알칼리 용액이 주로 쓰인다.

스테인

목재의 결과 무늬를 살리면서 색을 입히는 착색 방식이다. 전체적인 색감을 균일하게 만드는 데는 효과적이지만, 색이 벗겨지는 것을 막기 위해서는, 오일이나 래커 같은 별도의 표면 마감 처리가 필요하다. 관리가 까다롭지 않으며, 가구용 광택제만으로도 쉽게 윤을 낼 수 있다.

투명 래커

목재 표면에 단단한 코팅층을 형성해 기공을 막는 투명한 표면 마감재다. 다른 대부분의 방식보다 내구성이 뛰어나지만, 표면에 흠집이 생겼을 경우 부분적으로 사포질해 보수하기가 어렵다는 단점이 있다.

무광 래커

투명 래커나 유색 래커와 동일한 특성을 지니지만 표면은 훨씬
더 매트하다. 실크와 같은 은은한 광택 덕분에 오일 처리된 표면
처럼 느껴지기도 한다.

도장

목재에 도장을 하면, 고유의 결이나 무늬가 사라진다. 유성 페인
트와 수성 페인트 모두 사용되는데, 두 종류 모두 합성수지를 포
함하고 있어 미세플라스틱이 발생할 수 있다. 흔히 수성 페인트
가 더 안전하다고 여기지만, 실제로는 그렇지 않다. 유해한 용제
를 피하고자 한다면 아마인유 페인트나 에그 오일 템페라로 칠한
가구를 선택하는 것이 좋다.

접착제와 페인트

가구를 구매하고자 한다면, 제조 과정에서 사용된 접착제가 무
용제형(solvent-free)인지, 실내에서 방출될 수 있는 포름알데
히드가 포함되어 있지는 않은지를 가구점이나 제조업체에 문
의해 보자. 또한 어떤 종류의 페인트가 사용되었는지, 그 안에
가소제, 방부제, 용제가 포함되어 있는지도 함께 확인하는 것
이 좋다. 휘발성유기화합물(VOC)을 함유한 페인트는 실내 공
기 중으로 가스를 방출하므로, 가능한 한 피하는 편이 바람직
하다.

에그 오일 템페라

에그 오일 템페라(egg oil tempera)는 이름에서 알 수 있듯이 달 걀을 포함한 천연 성분으로 만든 친환경 도료다. 부패하기 쉬운 재료이기 때문에 냉장 보관을 해야 한다. 이 도료를 사용하면 표면이 무광으로 마감되고, 시간이 지남에 따라 달걀껍질처럼 부드럽고 깊이감 있는 파티나가 형성된다. 주변의 빛을 은은하게 반사해, 가구가 놓인 위치에 따라 질감과 분위기가 조금씩 달라진다. 이 도료는 증발이 아니라 산화 작용을 통해 서서히 경화되므로, 건조되기까지 최대 10주 정도가 걸린다. 이러한 특성 때문에 에그 오일 템페라로 칠한 가구는 제작과 납품에 더 긴 시간이 소요된다. 처음에는 충격에 다소 민감할 수 있지만 시간이 지나면 쉽게 손상되지 않을 만큼 견고해진다.

목재의 건조

모든 목재는 후속 가공에 앞서 반드시 건조 과정을 거쳐야 한다. 전문 가구 제작자는 수분 함유율이 6~8퍼센트 수준으로 건조된 목재만을 사용한다. 건조 방식에 따라 소요 시간은 달라지는데, 너무 빠르게 건조하면 겉으로는 보이지 않아도 내부에 미세한 균열이 생겨 제품의 수명이 단축될 수 있다.

복합재

기술의 발달로, 서로 다른 소재의 조합으로 이루어진 복합재가 가구와 인테리어 디자인 분야에서 널리 사용되고 있다. 시트(sheet) 형태로 가공이 가능한 플라스틱이 다양하게 개발되면서, 강도와 내구성이 뛰어난 제품을 보다 저렴하고 간편하게 제작하는 것이 가능해졌다. 목재를 기반으로 하는 복합재는 톱밥, 섬유, 나무 조각, 베니어, 나무 막대 등을 수지나 접착제로 결합해 만든다. 가구에 기재된 제품 설명을 이해하는 데 도움이 될 만한 기본 정보는 다음과 같다.

파티클보드/칩보드

파티클보드는 제재하고 남은 부산물이나 재활용 목재를 요소수지 접착제와 섞은 뒤, 압력을 가해 성형한 판재다. 주로 가구용 판재나, 무늬목을 붙이기 위한 바탕판으로 널리 사용된다. 파티클보드는 두께와 형태, 가장자리의 마감 방식에 따라 다양한 종류가 있으며 일반적으로 원목보다 밀도가 높고 가벼우며 가공이 쉽다. 하지만 수분에는 취약해, 습기에 노출되면 팽창하거나 뒤틀릴 수 있다. 습기 저항성에 따라 일반형과 방습형으로 나뉜다.

가구 산업에서 흔히 사용되는 복합 판재

- 메이소나이트(하드보드의 일종)
- MDF
- HDF
- 멜라민 마감 보드
- 합판
- OSB
- 집성목

메이소나이트

메이소나이트(Masonite)라는 이름은 미국의 상표명에서 유래했다. 윌리엄 H. 메이슨(William H. Mason)이 발명한 '하드보드', 즉 고밀도 파이버보드(목재 섬유판)의 일종으로, 제조 과정에서 접착제를 첨가하는 일반 파티클보드와는 달리 목재 자체에 함유된 리그닌 성분이 천연 접착제 역할을 한다. 목재 펄프를 고온의 증기로 팽창시킨 뒤, 리그닌이 활성화된 상태에서 고압으로 성형해 판재로 만든다. 이와 같은 제조 기술 덕분에, 제재 과정에서 생기는 부산물을 건축과 인테리어 자재로 재활용할 수 있다.

메이소나이트는 1930년대에 본격적으로 사용되기 시작했으며, 당시 사용되던 다른 재료에 비해 저렴한 데다 가공이 쉽고 위생적인 소재라 각광받았다.

MDF

MDF는 '중밀도 파이버보드(medium-density fiberboard)'의 약자로, 주로 침엽수에서 얻은 목섬유를 원료로 만든 판재다. 단단하고 표면이 매끄러워 원목과 같은 방식으로 가공할 수 있어 가구 제작에 적합하다. MDF는 밀도가 높을수록 가공이 더 쉬우며, 일반적으로 사용하는 가구 제작 기계의 규격에 맞게 표준 크기로 생산된다. 스웨덴의 가구와 인테리어 디자인 산업에서는 오랫동안 600밀리미터 모듈 규격을 표준으로 사용해 왔다. HDF(고밀도 파이버보드)와 LDF(저밀도 파이버보드)는 MDF와 유사한 방식으로 제조되지만, 밀도가 각각 더 높거나 낮은 변형 판재다. HDF는 문짝처럼 내구성이 필요한 부위에 적합하고 LDF는 포장재로 더 자주 사용된다.

MDF의 단점은, 원목보다 절단면의 다공성이 높아 나사를 박으면 쉽게 헐거워진다는 점이다. 따라서 MDF 판재끼리 연결하려면 '미니 픽스'와 같은 전용 결합 장치가 필요하며, 한번 헐거워진 나사는 다시 조이기 어렵다. 또한 수분을 쉽게 흡수하기 때문에 야외나 주방, 욕실처럼 습기가 많은 공간에서는 사용이 권장되지 않는다.

멜라민 마감 보드

'래미네이트(laminate)'로 통칭되는 많은 재료 중 상당수는 엄밀히 말해 멜라민 마감 보드이며, 크게 두 가지로 나뉜다.

저압 래미네이트

흔히 '멜라민'이라 불리는 것으로, 멜라민 수지로 만든 플라스틱 시트를 MDF나 파티클보드의 표면에 직접 압착해 붙인 판재다. 표면이 단단하고 오염에도 강하지만 무게를 견디는 힘이 고압 래미네이트에 비해 떨어지기 때문에 테이블 상판보다는 주로 문짝이나 캐비닛의 옆면처럼, 하중이 크지 않은 수직면에 주로 사용된다.

고압 래미네이트

보통은 그냥 '래미네이트'라고 불린다. 멀리서 보면 나무나 돌처럼 보일 수 있지만 가까이에서 보면 사진을 인쇄한 무늬라는 것을 알 수 있다. 여러 겹의 수지 함침지(수지를 흡착시킨 종이)를 고온·고압으로 눌러 붙여 만들어 내구성이 뛰어나고 방수 성능도 좋지만 손상되면 깔끔하게 복원하기 어렵다.

합판

합판, 즉 '플라이우드(plywood)'는 원래 상표명이지만, 현재는 모든 교차 베니어 판재를 포괄하는 일반 명칭으로 쓰이고 있다. 얇게 켠 베니어를 섬유결이 서로 직각이 되도록 겹겹이 붙여 만든다. 합판은 소나무, 가문비나무, 자작나무 등 다양한 수종으로 제작할 수 있는데, 그중에서도 자작나무 합판이 가구 산업에서 가장 널리 사용된다. 다양한 두께와 품질로 생산되며 스웨덴에서 흔히 사용되는 두께는 4, 6, 9, 12, 15, 18, 21밀리미터다. 섬유결이 교차된 구조 덕분에 합판은 모든 방향에서 강도와 내구성이 뛰어나고, 습도 변화에 의한 팽창과 수축이 적어 원목보다 형태 안정성이 높다.

MDF나 파티클보드와는 달리 헐거워진 나사를 다시 조이는 것이 가능한데(MDF는 나사 자리를 옮겨 새 구멍을 뚫어야 한다), 다만 절단 시 가장자리가 거칠게 뜯겨 깨끗하게 절단하기가 어렵다는 단점이 있다. 또한 제조 과정에서 베니어끼리 접착할 때 사용하는 접착제의 성분에 따라, 실내 공기 중에 유해 물질이 방출될 가능성도 있다.

OSB

OSB는 '방향성 스트랜드 보드(oriented strand board)'의 약자로, 폭 약 2.5센티미터, 길이 최대 10센티미터 정도의 납작한 나무 조각을 여러 겹으로 압착해 만든 판재다. 각 층의 나무 조각을 같은 방향으로 배열하고, 인접한 층끼리는 방향이 교차되도록 겹겹이 쌓은 뒤, 접착제를 바른 상태에서 열과 압력을 가해 만든다. 이러한 구조 덕분에 OSB는 모서리가 쉽게 깨지는 합판에 비해 내구성과 강도가 월등히 뛰어나 주로 건축 자재로 사용되며, 저가형 소파나 패딩 처리되는 암체어의 프레임으로도 쓰인다. 사용되는 나무 조각의 크기가 크고 가공 과정이 단순해, MDF보다 저렴한 경우가 많다.

블록보드

블록보드(blockboard)는 합판 두 장 사이에 폭이 좁은 원목 막대를 나란히 배열하고, 이를 고압으로 접합해 만든 판재다(겉면의 판재는 MDF나 파티클보드 등이며, 경우에 따라 멜라민으로 코팅되기도 한다). 무게가 가볍고 형태 안정성이 높으며 강도가 뛰어나 하중을 잘 견디기 때문에, 집성목과 마찬가지로 선반, 테이블 상판, 조리대 등에 자주 사용된다.

집성목 판재

집성목 판재(edge-glued board)는 폭이 좁고 긴 원목 막대를 폭 방향으로 나란히 이어 붙인 판재다. 선반, 테이블 상판, 조리대 등에서 매우 일반적으로 쓰인다.

리놀륨

리놀륨(linoleum)은 아마인유, 코르크 가루, 목분(나무를 곱게 갈아 얻은 가루)에 수지와 천연 안료를 혼합한 뒤, 올이 굵은 삼베 위에 펴 발라 굳힌 탄탄하면서도 탄성 있는 재료다. 표면에 작은 흠집이 생기더라도 자연 산화 과정으로 인해 표면이 다시 부풀어 올라 눈에는 잘 띄지 않는다는 장점이 있다. 또한 자외선에도 강해, 강한 햇빛 아래에서도 색상이 잘 유지된다. 표면을 샌딩하거나 다시 마감하면 새것처럼 복원하는 것도 가능하다. 주로 바닥재로 사용되지만, 테이블 상판이나 스툴, 의자 좌판 등의 마감재로도 인기가 있다.

플라스틱

플라스틱은 인테리어와 가구 디자인에서 널리 사용되는 합성·반합성·바이오 기반 소재를 포괄하는 일반 명칭이다. 합성 플라스틱은 석유나 천연가스 같은 유한한 자원에서 얻어지는 반면, 바이오 기반 플라스틱(polylactic acid, 폴리젖산)은 식물성 오일이나 기타 생물 유래 성분으로 만들어진다. 플라스틱의 미세 입자는 자연과 생태계로 유출될 수 있기 때문에 생산자와 사용자 모두가 책임감 있게 다뤄야 한다. 지금까지는 많은 종류의 플라스틱이 일정 횟수 이상 재활용되면 섬유가 탄성을 잃어 재활용이 제한적이었지만, 이 분야에서는 활발한 연구가 이어지고 있다. 지금으로서는 아는 바가 많지 않지만, 제품의 내구성이나 수명을 높이는 데 꼭 필요한 경우가 아니라면 가능한 한 플라스틱 사용을 피하려고 한다.

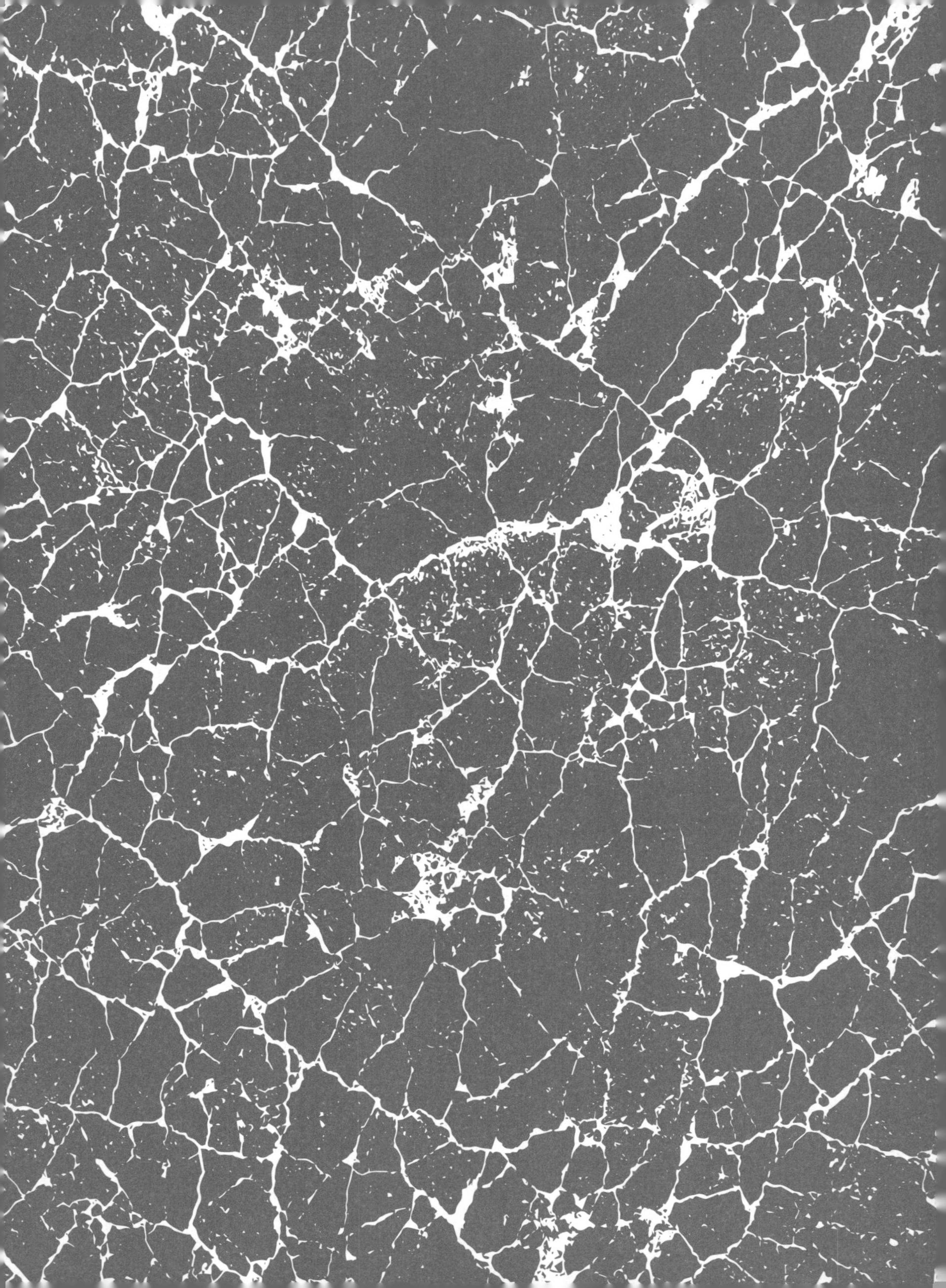

석재

돌을 고르는 일은 나무를 고르는 일과 비슷하다. 단순히 색이나 외형만 볼 것이 아니라 재료의 본질적 특성과 물성까지 함께 고려해야 한다. 우리는 흔히 돌의 종류에 따라 드러나는 겉모습의 차이에만 주목하지만, 실제로 중요한 것은 각각의 돌이 특정 용도와 조건에 얼마나 더 적합한가 하는 점이다. '돌'은 여러 암석과 광물을 아우르는 말이며 자연에서 비롯된 재료이므로 '천연석'이라 부르기도 한다. 한번 땅에서 캐낸 돌은 다시 원래 상태로 되돌릴 수 없으므로 이 재료를 다룰 때는 마땅히 경외심과 책임감을 가져야 한다. 올바른 판단을 내리기 위해서는 정확한 정보를 아는 것이 필수다. 가구나 디자인에 자주 쓰이는 대표적인 암석의 종류를 이해하는 데 도움이 될 간단한 개요를 정리했다.

차이는 천연석의 본질이다

천연석을 산다는 것은 페인트를 사는 일과는 전혀 다르다. 물론 샘플 조각을 집에 가져가 조명 아래에서 확인해 볼 수는 있지만 어떤 주문도 완벽히 똑같은 결과로 이어지지는 않는다. 같은 채석장에서 채굴한 동일한 종류의 돌이라 해도 돌 하나하나는 모두 다르다. 따라서 매장에서 본 테이블 상판과 주문 후 받은 상판이 완전히 똑같을 것이라 기대해서는 안 된다. 나란히 놓은 두 개의 커피 테이블이나 침대 협탁의 상판조차도 미세하게 다를 수

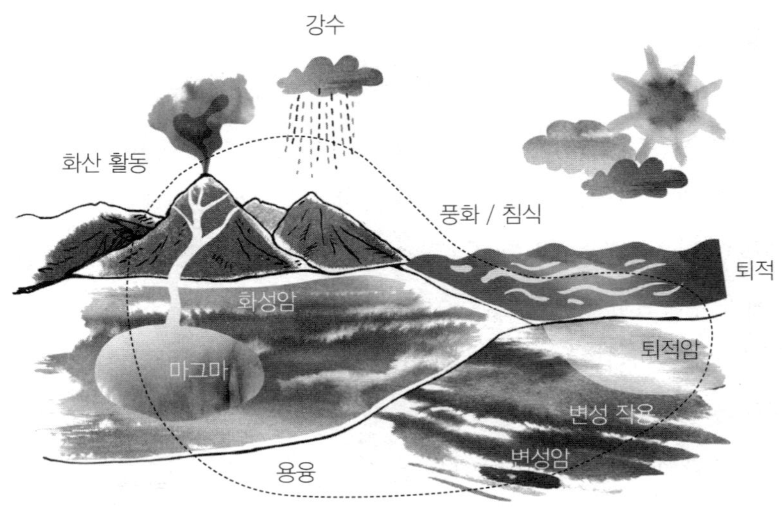

암석의 순환

밖에 없다. 신뢰도 높은 공급업체는 그 차이를 최소화하려 애쓰지만, 가격만 중시하는 업체는 제품 출고 전에 검수조차 하지 않는 경우도 있다. 어쨌든, 어느 정도의 차이는 천연석의 고유한 특징이다. 바로 그 점이 석재가 지닌 매력이기도 하다. 만약 꼭 동일한 두 개의 돌판이 필요하다면 복합 석재(composite stone)나 세라믹 화강암(ceramic granite)을 선택할 것을 권한다.

화성암, 퇴적암, 변성암

암석은 크게 화성암, 퇴적암, 변성암, 이렇게 세 가지 종류로 나뉜다. 화성암은 뜨거운 마그마가 식으며 결정화될 때 형성된다. 이는 지표 아래 깊은 층에서 형성되기도 하고, 화산 분출로 용암이 흘러나와 지표 위에서 식으며 만들어지기도 한다. 화강암과 반려암이 대표적인 화성암이다. 이 암석들은 다양한 색상의 광물 입자가 뒤섞인 '점박이' 무늬를 띠는 경우가 많으며, 색상은 암석을 구성하는 광물의 조합에 따라 달라진다.

퇴적암은 느슨한 퇴적물이 쌓이고 굳어지면서 형성되므로 층상 구조를 보이는 경우가 많다. 석회 침전물이나 조개껍데기 잔해가 쌓여 만들어지기 때문에 때로 오르토세라스(Orthoceras)나 삼엽충 같은 화석이 관찰되기도 한다. 대표적인 퇴적암에는 사암, 셰일(shale), 석회암이 있다.

변성암은 기존의 화성암이나 퇴적암이 지하 깊은 곳, 고온의 환경에서 높은 압력을 받을 때 형성되며, 이 과정에서 흔히 대리석에서 볼 수 있는 결 모양의 무늬가 생긴다. 대표적인 변성암에는 편마암, 규암, 대리석 등이 있다.

암석의 순환

암석은 순환 과정을 통해 다른 유형의 암석으로 변할 수 있고, 이러한 과정을 '암석의 순환'이라 한다. 풍화와 침식, 퇴적, 압밀과 고결, 변성 작용, 용융, 마그마 활동, 화산 활동 등이 이러한 순환에 포함된다. 예를 들어 퇴적암이나 화성암은 압력을 받으면 변성암이 될 수 있고, 변성암은 높은 온도에서 다시 녹아 마

그마가 되며, 이 마그마가 냉각·결정화되면 새로운 화성암이 만
들어진다.

화성암

반려암

반려암은은 흔히 '검은 화강암'이라 불리는 어두운색의 매우
단단한 화성암이다. 스웨덴은 반려암의 주요 수출국 중 하나
이며 '모헤다(Moheda)'는 스코네(Skåne) 북동부, 스몰란드,
블레킹에(Blekinge)에서 채석되는 반려암의 상표명이다.

화강암

스웨덴의 넓은 지역은 화강암으로 이루어진 암반 위에 형성
되어 있다. 화강암은 어떤 방향으로도 절단이 가능해 표면 마
감재로 널리 쓰이며 전 세계적으로 인기가 높다. 상업적으로
가장 흔한 스웨덴산 화강암은 회색 또는 붉은 보후스 화강암
(Bohus granite)이다.

비앙코 사르도(Bianco Sardo)는 이탈리아산으로, 입자가 굵
고 밝은 회색 화강암이다. 로사 사르도(Rosa Sardo)는 분홍빛
과 베이지 톤이 섞인 화강암이며, 쿠루 그레이(Kuru Grey)는
입자가 고운 밝은 회색의 화강암이다.

화강암은 석영맥(석영이 줄무늬처럼 박힌 부분)이나 미세한
균열이 없어야 품질이 우수하다고 여겨진다. 화강암 상판은

내구성이 높고 긁힘에 강하며 고온에도 잘 견딘다.

퇴적암

석회암

가구나 실내 디자인에 사용되는 석회암은 치밀하고 균열이 없어야 한다. 표면에 드러난 화석은 단단히 박혀 있어 떨어질 위험이 없어야 하며, 화석의 일부가 돌의 모서리까지 닿아 절단면에 노출되어서도 안 된다.

욀란드 석회암(Öland limestone)은 세계적으로 유명한 스웨덴산 석회암으로, 회색 또는 적갈색을 띤다. 표면을 평면 가공하면 약간 거칠고 밝은 느낌을 주고, 연마하면 색이 한층 어두워진다. 돌 고유의 질감과 개성을 살리고 싶은 공간에 적합한 상부 마감재다.

유라 석회암(Jura limestone)은 독일산으로, 따뜻한 베이지색이나 회색 계열이다. 점박이 무늬 덕분에 표면이 생동감 있고 자연스러워 보인다.

아줄(Azul)은 원래 포르투갈 발베르데(Valverde) 근처에서 채굴되기 때문에 처음에는 '아줄 발베르데'라는 이름으로 알려졌지만, 지금은 다른 지역에서도 채굴되고 있어서 모든 아줄 석회암에 '발베르데'라는 이름을 쓰지는 않는다. 아줄은 베이지에서 회색, 청색까지 부드럽게 이어지는 색조 덕분에 전 세계적으로 인기가 높다.

기자 석회암은(Giza limestone)은 이집트에서 채굴되며 회갈색을 띠고 패턴이 풍부하다. 흥미롭게도 고대 이집트의 피라미드가 바로 이 석회암으로 지어졌다.

사암

사암은 여러 광물이 결합해 형성되기 때문에 색상과 이름 또한 다양하다. 일반적으로 석영이 함유되어 있으나 방해석이나 갈철석이 함유되기도 한다. 품질이 좋은 사암은 입자가 곱거나 중간 정도이고, 균열의 흔적이 없어야 한다.

세일

세일은 바다 깊은 곳에서 주로 점토와 같은 미세한 퇴적물이 열과 압력을 받아 압축되면서 형성된 암석이다. 대리석이나 화강암처럼 기계로 절단하는 것이 아니라, 퇴적층의 결을 따라 손으로 얇게 쪼개어 채취한다. 색상은 연한 회색에서 짙은 흑색까지 다양하다.

변성암

대리석

대리석은 전 세계 여러 지역에서 채석되며 색상과 무늬가 매우 다양하다. 가장 널리 알려진 것은 이탈리아의 카라라 대리석(Carrara marble)으로, 보통은 흰색 또는 푸른빛이 도는 흰색·회백색을 띠며 무늬가 또렷하고 선명해 독특한 시각적 효과를 낸다.

고전적인 콜모르덴 대리석(Kolmården marble)은 1600년대부터 스웨덴에서 채석돼 왔으며 스웨덴을 대표하는 암석 중 하나로 국제적으로도 명성이 높다. 녹색 계열에 물결치는 듯한 무늬가 특징이며 독특한 색상과 패턴 덕분에 고급스러운 대리석 중 하나로 꼽힌다. 'OX'라는 약어는 이 대리석이 노르셰핑(Norrköping) 북동쪽에 있는 옥소케르(Oxåker) 채석장에서 나온 것임을 뜻한다. 콜모르덴 대리석은 절단 방향에 따라 서로 다른 무늬를 드러낸다.

대리석은 비교적 부드러운 암석이므로 기계적·화학적 손상에 민감하다. 특히 적포도주, 커피, 차, 비트, 석류, 강황 같은 물질은 쉽게 얼룩을 남길 수 있으며, 산성 물질이나 강한 세제에도 손상될 수 있다.

편암

편암은 부피의 최대 절반가량이 반짝이는 광물, 주로 운모로 이루어진 변성암의 한 종류로, 특유의 빛나는 표면이 돋보인다. 스칸디나비아산 편암은 품질이 우수하고 내구성이 높은 것으로 알려져 있다.

천연석의 표면 처리

쪼갬면 마감(broken/split-face)

편암을 쪼갰을 때 드러나는 자연 파절면을 말한다. 특정 종류의
편암에서만 가능하다.

다이아몬드 밀링(diamond milling)

일반적으로 연마의 첫 단계에서 이루어지며 회전하는 다이아몬
드 공구로 표면을 얕게 절삭하면 고리 모양의 자국이 남는다. 흔
히 다이아몬드 컷팅이라고 한다.

브러싱(brushing)

다이아몬드 입자가 박힌 회전 브러시로 표면을 문질러 연마하는
방식이다. 암석의 종류나 이전 단계의 가공 방식에 따라, 표면에
는 미세한 물결 무늬나 미세한 요철이 남을 수 있다.

분사 다듬기/모래분사 다듬기(blasted/sandblasted)

공기압을 이용해 특수 연마 모래를 암석 표면에 분사해 입자감이
느껴지는 거친 질감을 내는 방식이다. 입상 구조를 지닌 규암이
나 사암에 가장 적합하며, 장식적 무늬나 질감 표현에 사용된다.

정밀 연삭(finely ground)

거울과 같은 광택은 없지만, 매끄럽고 균질한 무광 표면으로 마

감된다.

연마(polished)

거울처럼 반사되는 아주 매끄러운 표면을 만든다. 연마된 표면은
용제로 세척한 후에도 광택을 유지해야 한다.

평삭(planing)

석재 표면을 평삭기로 가공하면 불규칙한 홈과 줄무늬가 어우러
진 거친 질감이 형성된다. 평삭날이 겹쳐 지나간 자리에 남는 매
끄럽고 짙은 색의 띠는 장식적인 효과를 준다. 또한 모서리나 가
장자리의 형태를 다듬는 데에도 사용된다.

부시 해머 마감(bush hammering)

유압 공구로 석재 표면을 거칠게 쪼아 올록볼록한 요철 질감을
만드는 방식이다.

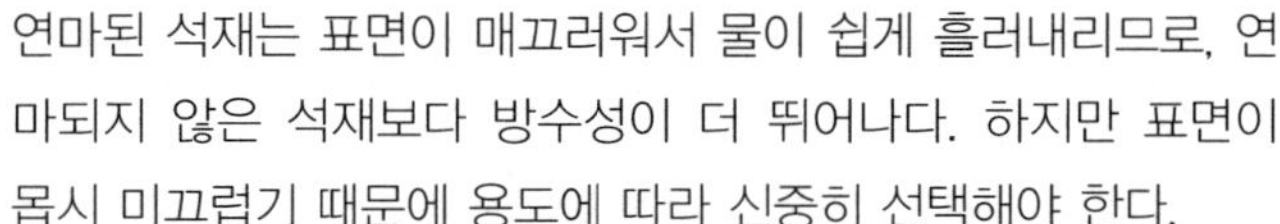

돌의 표면

연마된 석재는 표면이 매끄러워서 물이 쉽게 흘러내리므로, 연
마되지 않은 석재보다 방수성이 더 뛰어나다. 하지만 표면이
몹시 미끄럽기 때문에 용도에 따라 신중히 선택해야 한다.

정다듬(chipping)

망치와 정을 사용한 전통적인 수공 기법으로, 주로 석회암이나 대리석의 모서리나 장식부를 다듬는 데 쓰인다.

에이징(aging)

표면에 자연스러운 마모감과 세월이 스민 듯한 파티나를 부여하는 방식으로, 특정한 하나의 기법이라 할 수는 없다. 공급업체마다 평삭, 브러싱, 연마 등 다양한 방법을 통해 구현하며, 주로 석회암에 적용된다.

석재 함침 처리

석저의 표면을 보호하기 위해 발수제나 보호제를 침투시켜 처리하는 방법이다. 이 과정은 바닥재는 물론, 반복적인 사용으로 긁히거나 닳기 쉬운 테이블 상판, 조리대, 작업대 등의 표면을 오래 유지하는 데 필수적이다.

석재의 종류에 따라 적합한 화학제를 선택해야 하며, 특히 식품이 닿는 부위에 사용할 수 있는 제품인지 반드시 확인해야 한다. 농도와 건조 시간 등 구체적 사용 방법은 각 석재 공급업체의 지침을 따르도록 한다.

인조석

테라조

테라조(terrazzo)는 잘게 부순 천연석에 결합재를 섞어 만든 인조석으로, 견고하고 내구성이 뛰어나며 관리가 쉽다. 1950년대에 크게 유행했다가 최근 다시 주목받으며 다양한 색상과 패턴으로 제작되고 있다. 수지가 포함되어 있어 열에 민감하고, 시멘트도 혼합되어 있기 때문에 천연석보다 다소 무겁다. 따라서 가구의 구조나 프레임이 그 하중을 충분히 견딜 수 있도록 설계되어야 한다. 무게가 무거운 만큼 하중이 집중되면 균열이 생길 위험도 있지만 천연석에 비해 가격이 훨씬 저렴하고, 선택의 폭도 넓다는 장점이 있다.

합성 석영

시중에는 다양한 브랜드의 석영 인조석 소재가 출시되어 있다. 세부 특성은 제품마다 다르지만, 기본적으로는 천연석(주로 석영)을 미세하게 분쇄한 뒤, 색소와 접착제를 혼합해 판 형태로 압축·성형한 재료다. 일부 제품은 뜨거운 냄비를 바로 올려도 될 만큼 내열성이 높지만, 그렇지 않은 경우도 있다. 오염과 착색에는 매우 강한 편이라 관리가 쉽다.

콘크리트

콘크리트는 모래와 자갈(또는 쇄석)에 시멘트와 물을 혼합해 만든다. 열과 추위, 습기에 모두 강하고 내구성이 뛰어나며, 유지 관리가 간편하다는 점 때문에 가구나 실내 디자인 소재로 인기를 얻고 있다.

단, 콘크리트는 표면에서 미세한 먼지가 발생하기 쉬운데, 이를 방지하고 긁힘에 대한 저항성을 높이기 위해서는 콘크리트 실러(sealer)를 도포하는 것이 좋다. 실러는 표면을 보호하는 동시에 질감을 풍부하게 하고, 은은한 광택이 돌게 한다. 짚으로 광택을 내는 마감이나 습식 연마 등 다양한 표면 처리 방식을 통해 원하는 질감을 연출할 수 있다.

가죽

가죽은 동물에서 얻은 원피(가공 전의 동물 가죽)를 무두질해 만든 천연 소재의 총칭이다. 유연하면서도 질기고 통기성이 뛰어나, 제대로 관리된다면 오래 사용할 수 있을 뿐만 아니라, 시간이 지날수록 깊은 멋이 더해진다. 가죽의 품질과 특성은 어떤 동물에서 얻은 원피인지, 어떤 방식으로 가공됐는지에 따라 달라진다. 가구 제작에 사용되는 대표적인 가죽의 종류와 각각의 용도는 다음과 같다.

누벅

누벅(nubuck)은 털을 제거한 가죽의 겉면을 아주 부드럽게 연마해, 솜털로 덮인 복숭아 껍질 같은 무광택의 질감을 만들어 낸 고급 가죽이다. 겉보기에는 모카(mocha)와 비슷하지만, 모카는 가죽의 안쪽 면을, 누벅은 겉면을 가공한다. 매우 부드럽고 촉감이 섬세하지만, 그만큼 얼룩에 약하고 빛에도 민감하다.

아닐린 가죽

아닐린 가죽(aniline leather)은 표면 코팅이나 래커 처리 없이 염료만으로 가죽의 속까지 물들인 천연 가죽이다. 마무리 단계에서 얼룩과 오염을 방지하기 위한 가벼운 처리가 더해지지만, 본질적으로는 자연 상태에 가깝다. 풀그레인(full grain, 표면을 가공하지 않은 최고급 원피)만을 사용하며, 표면이 매우 부드럽고 고급스

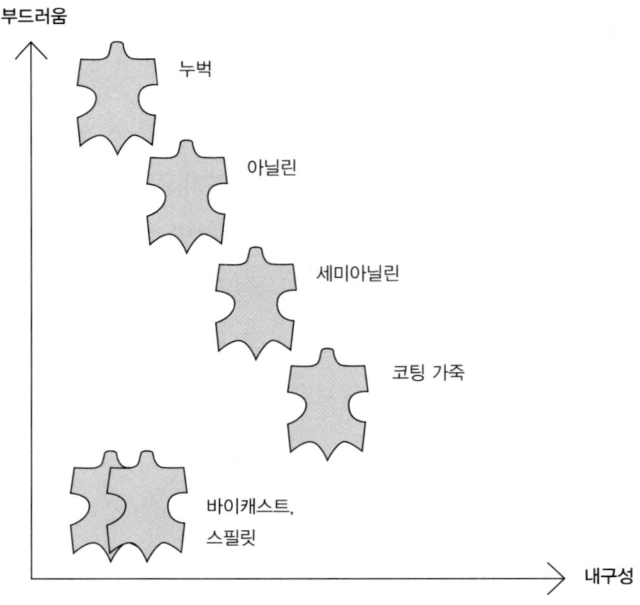

럽다. 체온에 자연스럽게 적응하기 때문에 소파로 제작하면 착석감이 탁월하고, 곤충에 물린 자국이나 흉터 같은 원피 고유의 흔적이 그대로 남아 있어 특유의 자연스러운 외형과 개성을 드러낸다. 염료나 래커로 덮여 있지 않아 통기성이 뛰어나며 시간이 지남에 따라 멋진 파티나가 생기는데, 이를 잘 유지하려면 사람의 피부와 마찬가지로 전용 관리 제품을 사용해 정기적으로 관리해야 한다.

아닐린 가죽은 얼룩이나 오염에 민감하지만, 최근에는 이러한 흔적을 효과적으로 제거할 수 있는 전용 클리너가 다양하게 출시되고 있다. 다만 잘 마르지 않는 유성 제품은 가죽의 색을 어둡게 만들고 표면에 광택을 내며, 남은 유분이 먼지나 기름때를 더 쉽게 달라붙게 하므로 피해야 한다. 중고 가죽 가구를 구매할 경우, 머리, 목, 팔꿈치 등 피부가 닿는 부위를 주의 깊게 살펴보는 것이 좋다. 이 부위에 어두운 얼룩이 있다는 건, 사용자의 피부에서 나온 기름이 가죽에 스며들어 전문적인 세척이 필요하다는 신호일 수 있다.

세미아닐린 가죽

세미아닐린 가죽(semi-aniline leather)은 풀그레인 가죽에 얇은 색소와 래커층을 덧입혀, 아닐린 가죽의 자연스러운 질감을 살리면서도 얼룩과 오염에 대한 저항력을 높인 가죽이다. 표면을 얇게 마감했기 때문에 가죽 고유의 자연스러운 결이 살아 있으며, 순수 아닐린 가죽보다 관리가 훨씬 수월해서 물과 오염은 물론, 햇빛에도 강하다. 세미아닐린 가죽을 사용한 좌석 가구는 착석감이 매우 좋은 것으로 알려져 있다.

가죽의 탄성

가죽의 탄성은 동물의 어느 부위 가죽을 사용했는지에 따라 달라진다. 척추에 가까운 부위일수록 단단하고 탄성이 적으며, 척추에서 멀어질수록 더 유연하고 신축성이 높아진다.

코팅 가죽

아닐린 가죽이나 세미아닐린 가죽과 마찬가지로, 코팅 가죽(피그 먼트 가죽)도 다양한 색상과 색조로 제작된다. 가죽 표면을 안료 와 래커로 마감해 내구성이 높고, 오염과 수분, 햇빛에도 강하다. 표면 처리로 인해 통기성은 떨어지지만, 그만큼 관리가 쉽고 물 기 제거도 간편하다. 코팅 가죽에는 기름기가 많이 함유된 관리 제품, 특히 잘 마르지 않아 표면에 막처럼 남는 제품의 사용을 피 해야 한다. 천연 가죽의 표면을 그대로 유지한 제품도 유통되지 만, 원하는 질감이나 무늬를 얻기 위해 엠보싱 처리된 제품도 흔 히 볼 수 있다.

스플릿 가죽, 바이캐스트 가죽, 본디드 가죽, PU(폴리우레 탄) 가죽

스플릿 가죽(split leather)은 가죽을 무두질하기 전, 원피를 기계 적으로 여러 층으로 분리할 때 얻는 하단층의 가죽이다. 상단 부 분은 은면 가죽(grain leather)이라 부른다. 스플릿 가죽은 주로 저 가형 부자재나 신발, 벨트, 작업용 장갑 등에 많이 사용된다.

바이캐스트(bicast) 가죽은 일반적으로 스플릿 가죽 위에 폴리우 레탄 필름을 접착해, 광택이 있는 플라스틱 같은 표면을 만든 것 이다. 최근에는 스플릿 가죽 대신 직물을 바탕재로 사용하기도 하 는데, 이 경우 질감이 더 부드럽고 유연하다.

바이캐스트 가죽은 천연 가죽보다 가격이 저렴하고 관리가 간편 하지만, 상대적으로 뻣뻣하고, 시간이 지나면 표면 코팅층이 벗겨지는 경우가 많다.

본디드 가죽(bonded leather)은 가죽을 절단하거나 분리할 때 생기는 조각과 부산물을 모아 접착제와 혼합한 뒤 시트 형태로 압축해 만든다. 이렇게 만들어진 시트는 원하는 색상과 무늬로 착색하거나 엠보싱하거나 착색할 수 있다.

PU(폴리우레탄) 가죽은 인조가죽과 유사한 합성 소재로, 기본적으로 직물 기반층 위에 폴리우레탄 표면층을 입힌 구조다. 때로는 가죽과 더 유사한 제품을 얻기 위해 뒷면에 가죽 섬유층을 얇게 코팅하기도 한다. '비건 가죽'으로 알려진 소재 중 상당수가 PU 가죽에 해당한다.

이러한 복합 소재는 천연 가죽과 성질이 다르므로, 전통적인 가죽용 관리 제품이 아닌 해당 소재 전용 관리 제품을 사용해야 한다는 점을 명심하라.

인조 가죽

인조 가죽은 직물 위에 폴리우레탄 코팅을 입혀 만든 합성수지 기반의 소재로, 천연 가죽보다 약간 단단하며 플라스틱과 흡사한 냄새가 나는 것이 특징이다.

무두질

무두질은 원피를 가공해 부패를 방지하고, 가죽에 부드럽고 유연한 질감을 부여하는 과정이다. 무두질에는 여러 방식이 있으며, 환경 규제와 지속 가능한 생산에 대한 요구에 따라 오랜 기간에 걸쳐 꾸준히 개선되어 왔다. 과거에는 크롬 같은 강한 화학물질과 중금속을 사용하는 탓에 자연환경뿐 아니라 작업자와 최종 소비자의 건강에도 나쁜 영향을 미치는 해로운 공정으로 알려져 있었다.

식물성 무두질은 크롬 대신 나무껍질에서 얻은 탄닌 성분으로 가죽을 보존하는 방식이다. 시간이 오래 걸리고 까다롭기 때문에 전통적인 크롬 무두질로 만들어진 제품에 비해 가격은 더 높아질 수 있지만 환경친화적이다. 다만 크롬 무두질과는 다른 특성을 가진 가죽이 만들어지기 때문에, 모든 종류의 가구에 사용할 수 있는 것은 아니다. 크롬 무두질로 가공된 가죽은 더 유연하지만 시간이 지나며 멋스럽게 낡아가는 느낌은 식물성 무두질 가죽에 미치지 못한다.

국가마다 허용되는 화학물질의 종류나 배출 전 처리에 대한 법적 기준은 다르다. 가죽이 사용된 가구를 구입할 때는 가죽이 어디서, 어떻게 무두질 되고 염색됐는지를 문의하는 것이 좋다.

구입하려는 가구의 가죽이 REACH 규정(유럽연합의 화학물질 등록·평가·허가 및 제한 규정)을 준수하는 등록된 무두질 공장에서 생산된 것인지 확인하라.

또한 6가 크롬(chrome VI)이 사용되지 않았다는 제조사의 보증이 있는지도 확인해야 한다. 6가 크롬은 유럽연합에서 수년 전부터 사용이 금지되었지만, 남아메리카와 아시아 지역의 일부 국가에서는 여전히 사용되고 있다.

아울러 난연 처리나 곰팡이 방지제 사용 여부도 중요하다. 이들
물질은 피부 알레르기나 자극을 유발할 수 있으며, 특히 반팔이
나 반바지를 입었을 때처럼 피부가 가죽에 직접 닿는 경우 문제
가 될 수 있다.

"가죽에 남은 작은 긁힘이나 상처는
괜찮다. 그것은 그 소가 자유롭게
살았다는 증거일 뿐이다."

— 『우리에 대하여(About Us)』(Blå Station 공식 웹사이트, 2024),
보르게 린다우(Börge Lindau, 가구 디자이너)

직물

우리가 일상에서 흔히 '천'이라고 부르는 직물은, 섬유를 직조해 만드는 재료로, 의류는 물론 가구나 인테리어 장식 등 다양한 용도로 폭넓게 쓰인다. 직물의 성질을 이해하려면, 그 재료인 섬유가 어떤 원료에서 비롯되었는지를 기준으로 분류해 살펴보는 것이 도움이 된다. 특히 직물 분야는 환경을 고려하는 흐름 속에서 빠르게 변화하고 발전하고 있는데, 아래의 분류를 보면 그 이유를 조금 더 쉽게 짐작할 수 있을 것이다.

천연 섬유

천연 섬유는 동물이나 식물에서 얻은 섬유로, 자연에서 비롯된 소재다. 식물은 해마다 다시 자라나고 동물도 새로 태어나기 때문에, 이러한 자원은 생태적으로 순환하며 재생이 가능하다. 다만 재배나 사육 방식에 따라 품질의 차이가 크다.

식물성 섬유

씨앗과 열매 섬유

식물성 섬유 가운데 첫 번째 범주는 씨앗이나 열매에서 얻는 섬유다.

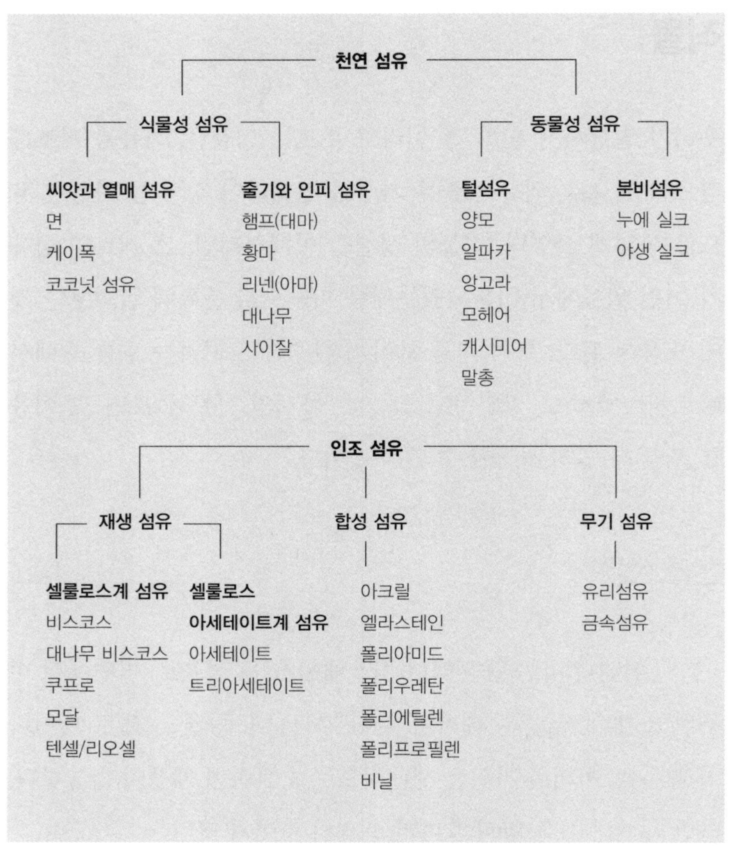

면

면은 목화의 씨앗을 감싸고 있는 솜털 같은 섬유에서 얻는다. 목화에는 20여 종의 품종이 있지만 상업적으로 재배되는 주요 품종은 네 가지 정도다. 면은 강도가 높고 내구성이 우수하며 유연하다. 또한 세탁이 가능하고 습기와 열을 잘 흡수한다.

하지만 세탁 시 약간 수축하고 탄성이 없으며 잘 구겨진다는 단점도 있다. 면은 다른 섬유에 비해 재배 과정에서 물을 많이 줘야 하는 '목이 마른 식물'이고, 비료와 살충제 등 화학물질 사용량도 많은 편이다. 따라서 천연 섬유라 하더라도 환경에 꼭 이롭다고만은 할 수 없으며, 최종 제품에 남아 있는 화학 성분에 따라 인체에 유해할 수도 있다. 그러므로 친환경적이고 지속 가능한 방식으로 재배된 면을 선택하는 것을 권장한다.

면섬유가 길고 가늘수록 실과 직물이 더 강하고 윤기가 나며 유연해진다. 면은 직조 방식에 따라 플란넬, 퍼케일, 새틴, 포플린, 테리 천, 코듀로이, 데님 등 다양한 직물로 만들어진다. 이들 직물은 각기 다른 질감과 특성을 지니지만, 모두 합성 섬유를 섞지 않은 순면 소재라는 공통점이 있다.

코코넛 섬유

코코넛 섬유는 코코넛 껍질에서 얻는 섬유로, 가볍고 통기성이 좋은 소재다. 잘 익은 코코넛에서 얻는 갈색 섬유를 코이어(coir), 덜 익은 코코넛에서 얻는 흰색 섬유를 화이트 코이어라고 한다. 섬유는 단단히 꼬아 곱슬거리고 탄력 있는 형태로 만든다. 코코넛 껍질에서 얻은 섬유 중 더 부드럽고 고운 섬유는 엘란크린(elancrin)이라 불린다. 갈색 섬유는 주로 충전재나 카펫으로 활용되며 흰색 섬유는 밧줄이나 청소용 솔을 만드는 데 쓰인다.

케이폭 섬유

케이폭 섬유는 남아메리카와 중앙아메리카, 인도, 아프리카 서부 열대우림 지역에서 자생하는 세이바 펜탄드라(Ceiba pentandra) 나무의 씨앗을 감싸고 있는 솜털에서 얻는다. 케이폭은 약 80퍼센트가 공기로 구성되어 있어 세계에서 가장 가벼운 천연 섬유로 알려져 있다. 주로 이불, 쿠션, 매트리스의 충전재로 쓰이며 항균성과 통기성이 뛰어나 알레르기로 고생하는 사람에게도 적합하다.

줄기와 인피 섬유

식물의 줄기와 인피(속껍질)에서 얻는 섬유로, 아마나 대마 같은 식물에서 채취된다. 씨앗 섬유에 비해 가공 과정이 더 복잡하고 시간이 오래 걸린다.

리넨

리넨(linen)은 아마에서 얻는 섬유다. 아마는 재배 과정에서 화학 처리가 거의 필요 없고 물 사용량도 적어, 다른 섬유보다 친환경적이라 할 수 있다. 수분 흡수력이 뛰어나고, 사용할수록 부드러워지면서 은은한 윤기를 더하지만, 고온 세탁에 취약하고 주름이 쉽게 생긴다는 단점이 있다. 고급 리넨은 밀도가 높고 감촉이 부드러운 반면, 품질이 좋지 않은 리넨은 뻣뻣하며 특유의 윤기가 덜하다.

햄프

햄프(hemp, 삼 섬유)는 대마의 줄기 껍질에서 얻는 천연 섬유로, 기계적 방식이나 화학적 공정을 통해 방직용 섬유로 가공된다. 대마는 척박한 토양에서도 잘 자라고 생장 속도가 빠르며, 섬유가 길고 질겨서 다양한 굵기로 방적할 수 있다. 내구성이 좋아 튼튼한 직물로 짜이며, 대표적인 예로는, 벨트나 끈 등에 쓰이는 띠 모양의 직물인 웨빙(webbing)이 있다.

황마

황마(jute)는 방글라데시와 인도 등 열대 지역에서 재배되는 흰황마와 붉은황마의 줄기 껍질에서 얻는 섬유다. 황마 섬유는 질기고 내구성이 뛰어나 카펫이나 의자의 좌석 등에 널리 사용된다. 하지만 섬유에 포함된 리그닌 성분 때문에, 빛에 노출되면 신문지가 바래듯 누렇게 변색하고 부스러진다.

사이잘

사이잘(sisal)은 주로 아프리카에서 재배되는 용설란과 식물의 잎에서 얻는 섬유다. 질기고 거칠며 내구성이 뛰어나 카펫과 매트, 로프, 거친 직물, 바구니 제작에 사용된다.

동물성 섬유

털에서 얻은 섬유

동물에서 얻는 섬유는 의류와 직물은 물론, 실내 장식용 러그나 담요, 카펫 등 인테리어 제품에 다양하게 활용된다.

양모

곱슬거리는 양의 털에서 얻는 양모는 털섬유의 길이와 굵기가 다양하다. 살아 있는 양에게서 털을 깎아낸 후, 세척과 빗질, 방적 과정을 거쳐 실로 만든다. 양모의 품질은 양의 털 상태와 분류 및 가공 방식에 따라 달라진다. 양모는 섬유 속에 많은 공기를 머금고 있어서 뛰어난 보온성을 지닌다. 구김은 잘 가지 않지만 세탁 시 수축이 일어날 수 있으며, 얼룩진 부분을 문지르면 섬유가 엉겨 펠트화될 수 있다. 양모의 질이 곱고 부드러울수록 보풀은 더 쉽게 생긴다.

메리노 울

메리노 양은 스페인에서 유래된 품종으로, 고운 품질의 양모를 많이 생산하도록 특별히 개량된 종이다. 메리노 울을 선택할 때는 반드시 뮬레징 프리(mulesing-free) 인증 여부를 확인하는 것이 좋다. 이 인증은 파리 유충 제거를 위해 양의 엉덩이 부위의 피부를 도려내는 비윤리적 방법이 사용되지 않았음을 보장한다.

알파카 울

라마과에 속하는 알파카의 털에서 얻은 섬유로, 길이가 매우 길다(최대 약 10센티미터). 섬유의 표면이 매끄러워 피부에 자극이 적으며, 광택이 부드럽고 은은하다. 보풀이 거의 생기지 않는다.

앙고라 울

앙고라 토끼에서 얻는 섬유로, 매우 가늘고 부드러우며 보온성이 높다. 털을 깎거나 뽑아서 얻는 섬유이므로 다소 비싸더라도 윤리적 방식으로 생산된 '크루얼티 프리(cruelty-free) 앙고라' 제품을 선택하는 것이 좋다. 토끼털은 양털과 달리 피지 성분(기름)을 함유하지 않는다.

캐시미어

인도 카슈미르 지역이 원산지인 산양의 털에서 얻는 섬유로, 매우 부드럽고 가볍다. '캐시미어'라는 이름은 이 지역명에서 유래했다.

모헤어

앙고라 염소의 털에서 얻는 섬유로, 시중에서 구할 수 있는 실 가운데 가장 부드럽고 고급스러운 실로 꼽힌다. 주로 고급 담요나 쿠션, 방석 등에 사용된다.

말총과 소꼬리 털

말꼬리에서 얻는 털은 질기고 탄성이 있으며, 갈기에서 얻는 털은 부드러우나 탄성이 떨어진다. 소의 꼬리털 역시 부드러우나 탄성이 거의 없다. 털은 살아 있는 동물에게서 깎는 것이 일반적이며, 죽은 동물에게서 얻은 털은 광택과 탄성이 떨어진다. 말총은 보통 좌석이나 침대의 충전재로 사용되며 붓을 만드는 데도 쓰인다. 특수 가공을 통해 곱슬곱슬한 형태로 만들어 탄성을 높인 말총도 있다.

실크

뽕나무 실크

실크는 누에나방의 유충이 만드는 천연 단백질 섬유다. 균일하고 품질 좋은 실크를 얻기 위해, 누에는 통제된 환경에서 사육되며 뽕나무잎을 먹는다. 누에는 분비물을 토해 가늘고 긴 실로 뽑아낸 후 그 실을 몸 주위에 감아 고치를 만든다. 누에고치 하나에는 최대 3천 미터의 명주실이 감겨 있다. 누에가 실을 다 뽑아 고치를 완성하면 번데기를 죽이기 위해 고치를 끓는 물에 넣는다. 그런 다음 아주 조심스럽게 실을 풀어내어 다양한 종류의 직물로 방적하는데, 대표적인 것이 바로 실크다. 트윌(twill)이나 오간자(organza) 등은 직조 방식에 따른 이름이다. 실크는 고온에 약하고 세탁이 까다로워 보통 드라이클리닝을 해야 한다. 또한 실크는 값비싼 고급 소재이기 때문에, 사용되는 실크의 양을 줄이면서도 풍성한 느낌을 내기 위해 일부 제조업체는 실크에 금속염(metallic salts)을 입혀 중량감을 높이기도 한다. 이러한 가공은 원단에 무게감을 더하지만, 섬유의 탄성을 약화하고 주름이 잘 생기게 한다.

야생 실크

투사 실크(tussah silk)라고도 한다. 야생에서 참나무잎을 먹고 자라는 누에는 사육되는 누에처럼 일정하게 먹지 않기 때문에, 실의 색상에 자연스러운 편차가 생기고, 실의 굵기 또한 뽕나무 실크보다 더 굵고 균일하지 않다. 올이 굵고 불규칙한 질감의 태국 실크(Thai silk)가 야생 실크의 특징을 보여주는 대표적인 예라 할 수 있다.

인조 섬유

인공적인 공정을 통해 만든 섬유를 말한다. 인조 섬유는 크게 두 부류로 나뉜다. 하나는 레이온을 비롯한 재생 섬유로, 나무에서 추출한 셀룰로스를 원료로 만들어지며, 다른 하나는 석유 기반의 합성 섬유다. 석유는 유한한 자원이므로 '재생 불가능 자원' 또는 '화석 원료'로 분류된다.

재생 섬유

재생 섬유는 가문비나무를 비롯한 식물의 세포벽에서 추출한 셀룰로스를, 화학적으로 용해해 방적이 가능한 섬유로 재생한 것이다. 일반적으로 건조한 상태에서는 강하지만 젖으면 상당히 약해지는 경향이 있다. 재생 섬유 분야는 현재도 활발한 연구와 개발이 이루어지고 있다. 가구 산업에서 널리 쓰이는 재생 섬유로는 비스코스, 비스코스 대나무 섬유, 큐프로(인견), 모달, 리오셀/텐셀, 셀룰로스 아세테이트(주로 안감용), 트리아세테이트(충전재용) 등이 있다.

합성 섬유

합성 섬유는 주로 석유와 같은 화석 원료를 바탕으로 만든다. 열을 가하면 부드러워지는 성질이 있어 고온으로 다림질하는 것은 불가능하고, 햇빛에 약한 경우가 많아 커튼용 소재로는 적합하지 않다. 가구나 인테리어 디자인에서 흔히 사용되는 합성 섬유로는 아크릴, 엘라스테인(신축성이 뛰어남), 폴리아미드(빛에 민감함), 폴리우레탄(구김이 잘 가지 않음), 폴리에틸렌, 폴리프로필렌, 비닐 섬유 등이 있다.

무기 섬유

탄소 섬유, 유리 섬유, 광섬유, 금속 섬유 등은 주로 단열이나 방음용으로 사용되며, 공공장소의 커튼이나 장식재에도 쓰인다.

혼합 섬유

직물용 섬유는 단일 소재로만 직조되기도 하지만, 다양한 특성을 부여하기 위해 여러 섬유를 섞어 직조하기도 한다. 이처럼 섬유를 혼합해 사용하면, 섬유 간의 성질이 서로 보완되고 장점은 극대화할 수 있다.

금속과 합금

가구에는 다양한 종류의 금속과 합금이 쓰인다. 의자 다리와 테이블 다리, 선반 유닛, 못, 나사, 너트에 이르기까지 여러 구성 요소가 모두 이에 해당한다. 각 금속의 특성과 차이를 알면, 가구의 구조와 성능을 더 깊이 이해하는 데 도움이 된다.

알루미늄

알루미늄은 튼튼하면서도 가벼운 금속으로, 무게 대비 강도가 뛰어나다. 서리나 비에도 강해 야외용 가구에 자주 사용된다. 또한 100퍼센트 재활용이 가능하며, 그 과정에서 품질이 전혀 저하되지 않는다는 것도 큰 장점이다.

많은 이들에게 알루미늄은 녹슬지 않는 금속으로 알려져 있지만 이는 pH 4~9 범위에서만 해당한다. 구리나 아연처럼 부식에 더 강한 금속과 접촉하면 알루미늄 쪽이 먼저 부식될 수 있으므로, 다른 금속과 함께 사용할 때는 주의가 필요하다.

강철

강철은 철을 주성분으로 한 합금으로, 다양한 품질로 제조된다. 탄성은 거의 없지만 휨 강도가 높아 가구의 프레임 제작에 적합하다. 100퍼센트 재활용할 수 있지만, 표면 처리를 하지 않거나 보호층을 입히지 않으면 녹이 발생한다. 아연 도금이나 용융 아연 분사 등으로 부식 방지 처리를 하면, 별도의 유지 관리 없이도 오랫동안 사용할 수 있다.

스테인리스 스틸

스테인리스 스틸은 크롬 함량이 높은 철 기반 합금으로, 표면이 균일하고 매끄러우며 부식에 강하다. 강도 또한 높아, 얇은 관을 사용해도 구조적으로 매우 안정적인 가구를 만들 수 있다. 하지만 용접 등으로 고온에 노출되면 녹에 강한 특성이 사라지므로, 용접 부위에 스프레이 분사나 침지 방식으로 표면 처리를 해 부식 방지 기능을 복원해야 한다. 스테인리스 스틸은 연성이 높아 낮은 온도에서도 구부리거나 성형할 수 있다. 가구에 있는 스테인리스 스틸 부위를 청소할 때는 표면에 흠집이 생기거나 손상될 수 있으므로 철 수세미나 금속 재질의 수세미 사용을 피해야 한다.

주철 및 연철

주철은 가구 부품, 브래킷, 야외용 가구, 조리 기구 등에 널리 사용되는 소재다. 내구성이 뛰어나지만 무겁기 때문에 대량으로 사용되지는 않으며, 가구 제작이나 인테리어 디자인에서 일부 부품이나 장식 요소로 쓰인다. 주철로 만든 야외용 가구는 무게감이 있어 강한 바람에도 잘 흔들리지 않지만, 움직이기 어려울 만큼 무겁다. 주철은 고온과 압축에는 강하지만, 충격이나 타격에는 약한 성질을 갖고 있다. 주철과 연철의 가장 큰 차이는 탄소 함량에 있다. 주철은 탄소 함량이 높아 단단하지만 깨지기 쉬운 반면, 연철은 탄소 함량이 낮아 상대적으로 부드러우며 가공이 쉽다.

황동

구리와 아연을 혼합해 만드는 황동은, 청동과 더불어 인류가 가
장 오래전부터 사용해 온 합금 중 하나다. 아연 함량이 높을수록
부식에 강하며, 구리의 비율에 따라 색상은 옅은 노랑에서 붉은
갈색까지 다양하게 나타난다. 황동은 자성을 띠지 않으며, 녹이
슬지 않는다. 낮은 온도에서도 쉽게 성형할 수 있을 만큼 연성이
높고 절삭이나 펀칭, 주조, 용접과 같은 방식으로 가공하기도 쉬
워 장식품, 문손잡이, 램프, 촛대, 보석, 배관 부속품 등 다양한 용
도로 활용된다. 반짝이는 황금빛 덕분에 한때 '가난한 자의 금'이
라 불리기도 했다.

황동은 관리하지 않으면 시간이 지남에 따라 색이 어두워지고 수
분 자국이나 손자국이 쉽게 남는다. 그러나 닦아내면 새것처럼
광택을 되살릴 수 있으므로, 황동으로 만든 장식품이나 부품의
상태를 유지하기 위해서는 정기적인 손질이 필요하다.

구리

구리는 붉은빛 광석 형태로 지하에서 채굴되며, 시간이 지나면
표면에 산화층이 형성되어, 이 층이 푸른빛의 파티나로 변해 구
리 특유의 질감을 만들어 낸다. 붉은빛이 도는 황금색 금속인 구
리는 비교적 부드럽고 여러 번 재용해할 수 있으며 불순물 제거
도 용이하다. 전도성이 매우 뛰어나 전기 배선이나 장비에도 널
리 사용된다. 구리는 스웨덴 역사에서 중요한 역할을 해온 금속
이기도 하다. 17세기 중반, 팔룬 광산(Falu Gruva)은 유럽 최대 규

모를 자랑했으며, 이곳의 구리 채굴은 스웨덴 경제를 이끄는 주요 산업이었다. 세계적으로 유명한 붉은색 외벽 페인트 '팔룬 레드(Falu Red)'는 바로 이 구리 채굴의 부산물이며, 흰색 테두리를 두른 붉은 오두막은 스웨덴을 상징하는 풍경으로 자리 잡았다.

주석

주석은 은백색의 금속 원소로, 화강암이나 슬레이트 등의 암석에서 발견되는 광물인 석석(錫石)에서 추출된다. 녹는점이 매우 낮아 주조에 주로 사용되며, 산소에는 잘 산화되지 않지만, 산이나 알칼리에는 영향받을 수 있다. 섭씨 10도 이하의 저온에서는 금속의 표면이 얼룩지고 부스러지는 '주석병(tin pest)'이라 불리는 표면 손상이 발생할 수 있으므로 보관 시 온도에 유의해야 한다. 주석은 매우 부드러운 소재로 섬세하게 다뤄야 하며, 광택제를 사용하면 표면에 흠집이 생기기 쉬우므로 사용을 피하는 것이 좋다.

유리

유리는 투명한 소재지만, 겉보기만으로는 그것이 무엇으로 만들어졌는지, 어떤 수준의 안전성을 갖추고 있는지를 쉽게 판단하기 어려울 때가 많다. 유리는 세 가지 주요 원료, 즉 모래(이산화규소), 소다(탄산나트륨), 석회(탄산칼슘)를 혼합해 가열한 뒤, 다시 냉각시켜 만든다. 여기에 색상, 무게, 광택, 하중 강도 등에 영향을 미치는 다양한 첨가제를 더해 여러 가지 특성을 부여할 수 있다.

강화 유리

유리는 충격이나 기계적 하중, 고온, 그리고 균일하지 않은 응력(외부 힘에 맞서 내부에서 버티는 힘) 등에 의해 쉽게 깨지거나 흠집이 생기기 쉬운 소재이므로, 가능한 한 강화 유리를 사용하는 것이 바람직하다. 강화 유리는 파손 시 날카로운 파편 대신 무수히 많은 알갱이 형태로 부서지는데, 이 조각들은 날카롭지 않아 상처를 입힐 위험이 거의 없다. 그에 반해 일반 유리는 깨질 때 칼날처럼 길고 날카로운 파편이 생겨 심각한 부상을 초래할 수 있다. 강화 유리는 섭씨 650도까지 가열한 뒤 급속 냉각해 제작된다. 이 과정에서 유리의 표면층은 수축하고 중심부는 압축되며, 그 결과 일반 유리보다 훨씬 높은 강도를 갖게 된다.

강화 유리는 무거운 하중을 견딜 수 있지만 표면에 긁힘이 생기면 강도가 급격히 약해질 수 있다. 따라서 표면이 거친 도자기나

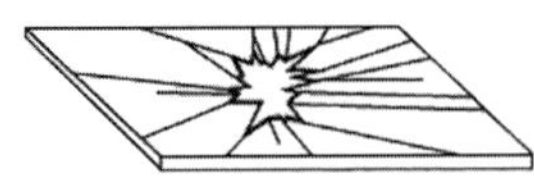

유리가 깨지면서 길고 날카로운 조각들이 생긴다.

유리가 미세한 알갱이 형태로 부서진다.

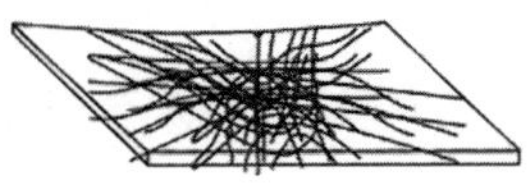

유리 사이의 플라스틱 필름이 파편을 붙잡아 주어, 상처나 부상의 위험을 최소화한다.

밑면이 울퉁불퉁한 장식품 등을 올려둘 때는 주의해야 한다. 온도 변화나 응력의 변화에 따라 작은 흠집 하나만으로도 유리는 파열될 수 있다. 인터넷에 '유리 테이블 파열'이라고 검색하면 실제로 이런 사고가 일어났음을 증명해 주는 기사를 얼마든지 찾을 수 있다. 강화 유리는 비교적 저렴한 소재이지만 일단 강화 처리를 마친 후에는 자르거나 가공할 수 없으므로 주문 시 정확한 크기를 미리 지정해야 한다.

접합 안전유리

강화 처리 외에도 깨진 유리 파편으로 인한 부상의 위험을 줄이기 위해 접합(lamination) 공정을 적용할 수 있다. 이 공정은 두 장 이상의 유리 사이에 플라스틱 필름을 끼워 여러 겹으로 접합하는 방식이다. 이러한 구조는 유리를 더욱 튼튼하게 만들며, 파손 시에도 파편이 플라스틱 필름에 붙은 채 흩어지지 않는다.

색유리

유리를 녹이는 제조 과정에서 색을 첨가하면 다양한 시각적 효과를 얻을 수 있다. 예를 들어 테이블 상판 등에 자주 사용되는 스모크 유리나 일반 색유리가 이에 해당한다. 또한 접합 안전유리를 제작할 때 사용하는 필름의 색과 종류에 따라, 또 다른 시각적 변화를 줄 수도 있다.

납선 유리

납선 유리(leaded glass)는 여러 조각의 유리를 납선의 홈에 끼워 연결한 뒤 납땜으로 고정해 만든 일종의 모자이크다. 오래된 진열장이나 조명 등에서 자주 볼 수 있다. 납과 그 화합물은 인체에 유해하므로, 작업 시에는 반드시 장갑을 착용해 피부 접촉을 피해야 하고, 깨졌을 경우에는 모든 조각을 철저히 수거해 지정된 납 폐기물 처리 장소에 안전하게 버리거나 관련 법령 및 지침에 따라 전문 업체에 위탁 처리하는 것이 바람직하다.

에칭 유리

표면의 특정 부분을 기계적으로 거칠게 처리해 광택 없이 뿌옇게 만든 장식용 유리다. 주로 실내 문이나 진열장 등의 장식 요소로 사용된다.

플렉시글라스

흔히 '아크릴 유리'로 불리지만, 플렉시글라스(plexiglas)라는 이

름은 사실 오해의 소지가 있다. 이 소재는 유리가 아니라 실제로
는 폴리메틸메타크릴레이트(PMMA)라는 플라스틱의 상표명이
기 때문이다. 플렉시글라스는 일반 유리보다 강도가 높고 훨씬
가벼워, 이를 부분적으로, 또는 전체에 사용해 제작한 가구는 일
반 유리로 만든 동일한 형태의 가구보다 훨씬 가볍다. 성형이 용
이하고 색을 입히기 쉬운 장점이 있지만, 긁힘에 약하고 세척 시
손상되기 쉽다.

타임라인

나의 첫 번째 책 『인테리어 디자인과 스타일링의 기본』이 스물아홉 개의 언어로 번역 출판되었을 때, 해외 언론인들이 가장 많이 물었던 것은 '스칸디나비아 미학'에 관한 것이었다. 그들은 스칸디나비아의 집과 가구가 세계의 다른 지역과 어떻게 다른지, 또 왜 우리의 디자인 언어가 국제적으로 이토록 큰 성공을 거두게 됐는지를 궁금해했다.

처음엔 거의 본능적으로, 나보다 앞서 많은 사람이 해왔던 말들을 거의 그대로 반복했다. '형태는 기능을 따라야 한다'는 것이 우리의 철학이고, 많은 디자이너가 자연과의 밀접한 관계에서 영감을 받았으며, 스웨덴의 민주주의 체제가 복지국가의 수준을 끌어올리는 데 기여했다는 식이었다. 하지만 이 설명을 반복할수록 과연 내가 무슨 말을 하고 있는 건지 스스로 의문이 들기 시작했다. 솔직히 말해 이런 막연한 주장들을 뒷받침할 만한 구체적이고 생생한 사례를 거의 떠올릴 수 없었다. 그래서 나는 스웨덴 디자인의 역사에 대해 더 깊이 탐구해 보기로 결심했다.

결핍에서 미학으로

오늘날의 스웨덴 가정의 모습을 보면 20세기 초까지만 해도 스웨덴이 유럽에서 주거 수준이 가장 열악한 나라였다는 사실을 상상하기 어렵다. 19세기 동안 스웨덴의 인구는 두 배로 증가했다. 시인 에사이어스 텡네르(Esaias Tegnér)의 표현을 빌리자면 '평화, 감자 그리고 백신' 덕분이었다. 하지만 연이은 흉작으로 인해 식량 부족은 점점 심각해졌고, 농지를 둘러싼 경쟁이 치열해지면서 많은 사람들이 일자리를 찾아 도시로 몰려들어, 그 결과 20세기 초에는 노동력이 과잉 상태에 이르렀다.

생계를 유지하기 어려웠던 사람들은 빈곤과 과밀, 비위생적인 환경 속에서 살아야 했다. 게다가 당시에는 선거권이 소득에 따라 주어졌기 때문에 일반 국민 사이에서 유일하게 풍요로웠던 것은 '불만'뿐이었다. 이러한 이유로 수많은 사람이 더 나은 삶의 조건을 찾아 대서양을 건너기로 결심했다. 1860년에서 1930년 사이 약 140만 명의 스웨덴인이 북아메리카 등지로 이주했다.

하지만 어쩌면 스웨덴에 남은 사람들이야말로 진짜 큰 여정을 떠났다고 할 수 있을지도 모른다. 불과 75년도 되지 않아 스웨덴은 바닥에서 정상으로 도약했기 때문이다. 1975년 무렵에는 주택난이 완전히 해소되어, 스웨덴은 세계에서 가장 높은 수준의 주거 환경을 갖춘 나라로 평가받았다.

스웨덴이 빈곤에서 벗어나 오늘날의 풍요롭고 세련된 생활 문화를 이루게 된 배경에는, 정치 개혁과 경제 부양책, 국가 주도의 주택 연구, 다양한 이해 단체 및 산업 단체 간의 긴밀한 협력, 그리고 소비자에게 올바른 정보를 제공하려는 정부의 꾸준한 노력이 있었다. 이제부터 소개할 내용은 인테리어 디자인에 관심 있는 사람이라면 알아두면 좋은 이정표들이다. 스웨덴의 인테리어와 가구 디자인의 역사에서 중요하게 기록되는 사건들을 간단히 살펴보도록 하겠다.

스웨덴의 인테리어와 가구 디자인 연표

1844
일요공예학교
개설

1844년 스코네 출신의 닐스 몬손 만델그렌(Nils Månsson Mandelgren, 1813~1899)은 스톡홀름의 스웨덴 왕립미술원에서 장인을 위한 일요공예학교를 열었다. 다양한 수공예 분야의 도제와 장인들이 일요일마다 그곳에서 드로잉을 비롯한 폭넓은 예술 교육을 받을 수 있었다.

1845
스웨덴 공예협회
창립

일요공예학교는 재정 확보에 어려움을 겪었고, 이를 지원하기 위해 닐스 몬손 만델그렌은 자체적인 재정 기반을 갖춘 협회를 설립했다. 그것이 오늘날 세계에서 가장 오래된 디자인 관련 협회로 알려져 있는 스웨덴 디자인협회의 전신, 스웨덴 공예협회다. 정부는 이 협회에 수공예품의 품질을 관리하고 보전하는 임무를 맡겼으며, 협회는 곧 만델그렌의 교육 활동까지 이어받았다. 이에 따라 1845년은 오늘날의 콘스트팍(Konstfack, 스웨덴의 국립 예술·공예·디자인 대학교)의 출발점으로 기록된다. 스웨덴은 디자인 단체의 조직화뿐 아니라, 제품 디자인을 위한 고등 교육에 있어서도 매우 이른 시기에 본격적인 기반을 갖추기 시작했다.

1846
기업 활동의
간소화 개혁

산업과 상업 활동 전반에 영향을 미치는 개혁 조치로서 '공장·수공업법'이 스웨덴에서 시행되었다. 이 법의 제정으로 길드 제도가 폐지되고, 누구나 자유롭게 공장과 제조업을 발전시킬 수 있는 길이 열렸다. 정부는 협력 체계를 지속하기 위해 장인들에게 직능별로 협회를 구성할 것을 권장했고 공장·수공업 협회가 출범했다. 이를 계기로 다양한 직능별 협회가 생겨났고 이후 스웨덴의 주거 환경과 디자인 발전에 크게 기여한 협업 문화의 토대가 마련됐다.

이 시기 동안 스웨덴과 핀란드는 잇따른 흉작과 작물 실패로 인해 극심한 기근과 빈곤에 시달렸다. 특히 1867년은 '대기근의 해' 또는 '이끼의 해'라고 불린다. 당시 먹을 것이 너무 부족해지자 사람들은 나무껍질을 갈아 빵을 굽고 이끼로 죽을 끓여 연명해야 했다. 스웨덴에서 대규모 이민이 급격히 증가하는 시기다.

1905년에 「스웨덴 공예협회 저널」이 창간됐고 1932년에는 제호를 「폼(Form)」으로 변경했다. 이 잡지는 현재까지 발행되고 있으며 스칸디나비아 디자인을 다루는 가장 오래되고 권위 있는 매체로 평가받는다.

20세기 초, 해외 이민자 수가 지나치게 많아지자 국가 차원에서 이를 억제하기 위해 이민위원회를 구성했다. 당시 대중이 가장 강하게 요구했던 것은 계층 간 격차 해소와 주거 환경의 개선이었고, 이는 중요한 정치 개혁으로 이어졌다. 동시에 시민들이 스스로 집을 지을 수 있도록 장려한 '자가주택 운동'이 본격적으로 확산되어, 스웨덴의 여러 지방 단체가 시민들에게 유리한 조건의 대출을 제공했다. 당시 주택을 소유하고자 했던 이들은 건축 과정에 직접 참여해 집을 짓는 조건에 동의해야 했다.

주거 문제가 중대한 국가적 과제로 떠오르자 스웨덴 정부는 주택위원회를 구성해 스웨덴의 주거 실태를 정확히 파악하고자 했다. 위원회는 주택 실태를 파악하고 점검하는 것은 물론, 더욱 저렴한 건축 방식을 모색하고 건축 규정을 간소화하며 주택담보대출 제도를 정비하는 것을 목표로 했다. 이 시기에 스웨덴 최초의 인구 및 주거 실태 조사도 함께 실시되었다.

1867 ~1869
'대기근의 해'

1905
스웨덴 공예협회 저널 창간

1907
이민과 자가주택 운동

1912
주택위원회와 주거 실태 조사

스웨덴 공예협회는 엘사 굴베리(Elsa Gullberg)의 주도로 자체 직업소개소를 설립했다. 이 기관은 예술가와 산업계를 연결하는 중개소 역할을 하며, 공산품의 품질을 높이고 일상 용품을 보다 매력적으로 만드는 것을 목표로 했다. 값비싼 수공예품에 견줄 만한 품질을 갖춘 저렴한 제품을 생산해, 노동자 계층도 아름다움을 누릴 수 있도록 하자는 이상이 깔려 있었다. 이는 형편없는 제품이나 '부르주아 미학의 조악한 모방품'을 양산하는 데 머물지 않겠다는 의지의 반영이기도 했다.

스웨덴 공예협회는 릴리에발크 미술관에서 '집 전시회'를 열었다. 이 전시는 스웨덴의 저명한 예술가와 건축가들이 디자인한 작품을 통해, 노동자 계층이 합리적인 가격으로 구매할 수 있는 간소한 가구와 생활용품을 선보이는 것을 목표로 했다. 전시에 앞서, 디자이너와 업체들이 출품작을 제작하는 공모전이 열렸으며, 완성된 작품은 총 23개의 방에 전시되었다. 전시는 예상 관람객 8천 명을 훨씬 웃도는 4만여 명의 방문자를 끌어모으며 큰 성공을 거두었고, 군나르 아스플룬드(Gunnar Asplund), 우노 오렌(Uno Åhrén), 칼 말름스텐 등이 대중적인 주목을 받았으나, 일부 평론가들은 정작 노동 계층 관람객은 거의 보이지 않았으며, 결과적으로 중산층 이상을 위한 새로운 인테리어 트렌드를 창출하는 데 그친 전시라고 지적했다.

1910년대 들어 가구 유통은 지역 장인의 수공 제작 중심에서 벗어나 공장에서 생산된 가구를 취급하는 가구점 중심으로 옮겨갔다. 가구점의 수가 늘어나자 판매업자들의 공동 이익을 보호하기 위한 가구판매자협회가 설립되었다. 협회는 공장과 소매점 간의 거래 규정과 공동 가격표를 마련하고, 교육 프로그램과 공동 광고 캠페인을 통해 회원 간 협력 체계를 구축했다.

그레고르 파울손은 예테보리에서 열린 스웨덴 박람회를 위해 획기적인 저서 『더 아름다운 일상 용품』을 집필했다. 이 책은 스웨덴 공예협회에서 출판한 첫 홍보물이기도 했다. 그는 예술가와 장인이 산업계와 협력해 일상 용품의 품질을 향상시켜야 한다고 주장했다.

스웨덴 산업표준화위원회가 설립돼 철강과 건축 자재에서 가구와 생활용품에 이르기까지, 생산과 유통이 대규모로 확대되는 과정에서도 가능성과 안정성이 보장되도록 제품의 규격과 품질 관리에 대한 표준을 제정했다.

스웨덴에서 최초의 가구박람회가 열렸다.

총리 페르 알빈 한손(Per Albin Hansson)은 유명한 '국민의 집(folkhem-met)' 연설을 통해 복지국가의 비전을 제시했다. 그는 모든 시민이 양질의 주거를 누릴 권리가 있으며, 사회 전체가 하나의 공동체로서 더 나은 삶의 기반을 마련해야 한다고 강조했다.

스톡홀름시와 스웨덴 공예협회가 스웨덴의 건축과 디자인, 공예에 대한 비전을 제시하기 위해 스톡홀름 박람회를 개최했으며, 이 박람회는 스웨덴에서 기능주의가 본격적으로 확립되는 계기가 되었다. 기능주의는 건강하고 민주적인 생활 방식을 지향하며, 수면·생활·식사·조리 공간을 명확히 구분하고, 형태와 기능의

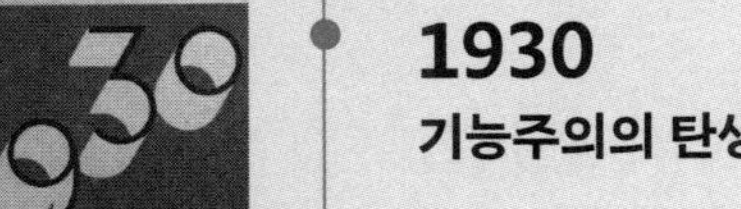

결합을 미학적 원칙으로 삼았다. 또한 크고 밝은 창을 통해 자연광을 충분히 들이고 실내가 자연과 조화를 이루도록 하는 등, 이전 시

1919
『더 아름다운
일상 용품』

1922
SIS 설립

1927

1928
'국민의 집' 연설

1930
기능주의의 탄생

대의 어둡고 무거운 인테리어와 과시적 미감에서 벗어나고자 했다.

1931
'아셉테라'
선언문

1930년 스톡홀름 박람회가 폐막한 뒤, 전시를 기획한 건축가들, 즉 군나르 아스플룬드, 발터 간(Walter Gahn), 스벤 마르켈리우스, 에스킬 순달(Eskil Sundahl), 우노 오렌, 그레고르 파울손은 박스홀름 호텔에 모여 '아셉테라(acceptera, 받아들여라)'라는 선언문을 공동 집필했다. 1931년 5월에 발표된 이 선언은 독일 바우하우스로부터 사상적 영향을 받았음을 뚜렷이 보여준다. 기능주의 건축의 형식적·사회적 혁신이 스웨덴 복지국가 건설에 적용되는 길을 열었다고 평가된다.

1932
주택정책위원회

1930년대 초, 사회부 장관은 향후 스웨덴의 주거 정책에 중대한 영향을 미치게 될 주택정책위원회를 구성했다. 이 위원회는 1933년부터 1947년까지 활동하며, 이 시기 스웨덴의 주택 정책을 규정한 표준화의 기초를 마련했다.

1939
생활 습관 조사

주택정책위원회의 활동 중 하나로, 스웨덴 공예협회와 스웨덴 건축가협회는 국민의 생활 방식을 조사하는 임무를 맡았다. 가구 디자이너이자 실내 건축가이며 사회 비평가였던 레나 라르손(Lena Larsson)은 주부들을 대상으로 가정 내 공간 사용 실태를 조사했다. 연구 결과는 전후 주택 건설 프로그램의 중요한 기초 자료가 되었다.

1940
위기 속의 가계 운영사

제2차 세계대전이 발발한 지 1년 후, 스웨덴 정부는 국립 정보국 내에 특별부서 '적극적 살림(Aktiv Hushållning)'을 설치했다. 이 부서는 전시 상황에서 국민들이 가사와 소비를 효율적으로 관리할 수 있도록 정보를 제공했다.

1941
인구 조사

인구 조사가 실시됐다. 가정 및 가족문제위원회는 전문가 집단을 구성해, 다양한 가사 노동의 실태와 작업 환경을 조사하였다.

1941년의 인구 조사 결과를 바탕으로, 전문가들은 가사 노동 분야에 여전히 개선해야 할 부분이 많다는 결론을 내렸다. 이들은 주부협동조합위원회와 가정학교사연합에 협력 제안을 하며, 가사 노동 전반을 연구할 전문 기관의 설립을 추진했다.

가정연구소(HFI)가 주부협동조합위원회와 전국주부연합, 스웨덴 사회민주당 여성협회, 스웨덴 농촌여성협회, 협동조합여성회, 가정학교사연합 등의 주도로 설립되었으며, 국가로부터 재정 지원을 받았다. 가정연구소의 목적은 가사 노동의 효율성과 합리성을 높이는 것이었다. 연구소는 주방의 설계와 설비에 관해 폭넓게 연구했으며, 그 결과는 의자와 수납장, 작업대의 적정 높이와 조리대와 싱크대의 배치 기준 등 주거 설계의 표준 권장안을 마련하는 데 활용되었다.

주택정책위원회의 첫 보고서가 1945년에 발표되었다. 보고서에는 미래의 주거 정책 방향에 대한 다양한 제안이 담겨 있었다. 대표적으로는, 주방을 제외하고 한 방에 기거하는 사람의 수가 둘을 초과하지 않도록 하자는 제안이 있었다. 거주 과밀화를 방지하자는 이유였다. 또한 임대료가 가계 소득의 20퍼센트를 넘지 않아야 한다는 목표를 제시했으며 가족 주거 수당과 건축 보조금 제도의 도입을 이끌었다.

NK-bo(Nordiska Kompaniets boende, 노르딕 컴퍼니 리빙)는 스웨덴 최초의 라이프스타일형 가구 전문점으로, 단순한 판매 공간을 넘어 영감을 주는 인테리어 전시 공간을 지향했다. NK가 운영한 이 매장은 온 가족을 위한 저렴하고 실험적인 가구를 판매하는 동시에, 가구 배치와 실내 인테리어에 대한 조언을 제공했다. 1947년부터 1956년까지 사회 비평가이자 선구적 인테리어 디자이너였던 레나 라르손이 NK-bo의 예술감독을 맡았다. 앞서 1939년 국민의 생활 습관 조

1942
가사 노동 연구의
필요성 인식

1944
가정연구소 설립

1945
표준화의 시작

1947
비전 있는 가구점
NK-bo의 탄생

사를 주도한 바 있던 그는, 그 경험을 바탕으로 실용적이면서도 창의적인 인테리어 솔루션을 개발하고, 스티그 린드베리(Stig Lindberg), 베르틸 발리엔(Bertil Vallien), 잉베 에크스트룀(Yngve Ekström) 등 신진 및 기성 디자이너들이 활동할 수 있는 장을 마련해 주었다. 라르손은 가구 디자이너 엘리아스 스베드베리(Elias Svedberg)와 에리크 보르츠(Erik Wortz) 그리고 NK의 뉘셰핑(Nyköping) 공방과 함께 조립식 가구 트리바(Triva) 시리즈 개발에도 참여했다. 트리바의 핵심 개념은 소비자가 의자나 테이블을 매장에서 박스 상태로 직접 구입해, 동봉된 설명서를 보고 집에서 조립할 수 있도록 한 것이었고, 이 아이디어는 이후 이케아로 이어져 더욱 발전했다. 1943년 잉바르 캄프라드(Ingvar Kamprad)가 설립한 이케아는 초기에는 소형 생활용품 위주로 판매했으나, 1947년부터는 본격적으로 가구를 판매하기 시작했다. 트리바의 박스형 조립 가구 개념이 이케아의 상징적인 판매 방식으로 자리 잡은 건 1956년부터다.

1948
스웨덴인의 수면 방식 조사

에리크 베리룬드의 지휘 아래, 스웨덴에서 처음으로 가구의 기능성에 대한 본격적인 연구가 진행되었다. 이 연구는 '스웨덴의 침대 문화 개선'이라는 목표 아래 침실 가구에 초점을 맞춰 진행되었다. 당시 스웨덴 사람들은 품질이 낮은 침대와 열악한 잠자리 환경에서 생활하고 있었으며, 연구 결과 마련된 표준은 침대·침구·이불·베개의 품질을 향상시키는 동시에 생산 공정을 단순화하는 데 기여했다.

1950
주방 표준화

스웨덴 산업표준화위원회는 주방에 대한 국가 표준을 제정했다. 이는 1939년의 주거 실태 조사와 스웨덴 공예협회의 세부 연구 결과를 바탕으로 하였다. 이로써 주방의 표준화와 대량 생산이 가능해졌고 주방 설계 과정 또한 한층 단순화되었다.

스웨덴 정보라벨링연구소(VDN)가 설립됐다. 이 기관의 목적은 소비재에 대한 정보성 라벨 표시 제도를 확대·보급하는 것이었다.

스웨덴 최초의 가구 시험 연구소가 설립되었다. 이와 더불어 스웨덴 실내건축가협회의 창립과 연계해 '인테리어 디자인'과 '인테리어 디자이너'라는 개념이 공식적으로 정의되었다.

가정연구소는 특별 부서인 '적극적 살림'과 통합해 소비자연구소로 개편되었다. 같은 해, 주택관리위원회의 주도로 「좋은 집(God Bostad)」 창간호가 출간되었다. 이 출판물은 국가 주택 대출을 받기 위해 필요한 주택 설계 및 시공의 최소 기준을 명시한 것으로, 방의 크기나 위생 공간의 규격부터, 주방의 찬장과 작업대, 옷장 등에 이르기까지, 주택 구성 요소 전반에 대한 표준을 포괄적으로 다루었다. 「좋은 집」은 1976년까지 발행되었다.

스웨덴 공예협회가 주관한 'H55 헬싱보리 박람회'가 개최되었다. 이 박람회는 현대적 생활 양식과 새로운 건축 기술, 최신 디자인 트렌드를 대중에게 소개하기 위해 기획되었다.

에리크 베리룬드의 주도 아래, 가구의 기능에 대한 두 번째 주요 연구가 진행되었다. 식탁과 의자에 초점을 맞춘 이 연구는 의자의 최적 높이, 식탁 다리의 배치 등과 같은 인체공학적 요소를 다뤘다.

당시 70세였던 가구 디자이너 칼 말름스텐은 1957년 여름, 짧은 기간 동안 자신의 교육 방식을 시범적으로 운영해 본 뒤, 카펠라고르덴 공예학교를 설립했

1950
스웨덴 정보라벨
링연구소

1953

1954
「좋은 집」 발행

1955
헬싱보리 박람회

1956
스웨덴인의
착석 방식 연구

1957
카펠라고르덴
설립

다. 그의 비전은 '손과 영혼을 위한 학교, 전국 각지에서 모인 젊은이들이 아름다움과 기능을 공예 속에서 결합하고자 하는 열망으로 함께하는 배움의 터'를 만드는 것이었다.

1958

국립소비자연구소에서 소비자 정보 잡지 『로드 오크 뢴(Råd och Rön, 조언과 결과)』을 창간했다.

1962
생활용품 부서
창설

스웨덴 공예협회 내에 브리타 오케르만의 주도로 생활용품 부서가 신설되었다. 그는 1940년대 생활 습관 조사에 참여했으며, 1940년부터 1946년까지 '적극적 살림' 부서의 책임자였다. 생활용품 부서는 소비자위원회의 지원금으로 운영되었으며, 강좌와 강연, 학습 모임을 운영하고 순회 전시회를 기획하였다. 또한 다수의 정보성 출판물을 발간했으며, '일상을 위한 좋은 물건(Bra vara till Vardags)'이라는 자체 라디오 프로그램도 운영했다.

1964
스웨덴 색채연구소
설립

1970년대까지 색채연구소는 건축가, 디자이너, 심리학자, 물리학자, 화학자, 색채 전문가들과 함께 색의 과학적 연구와 체계화에 집중했다. 이 연구는 이후 자연색 체계(NCS)로 발전했으며 현재 스웨덴뿐 아니라 국제적으로도 통용되는 표준 색채 체계의 기초가 되었다(모든 국가가 수용한 것은 아니지만 대다수 국가에서 사용되고 있다).

1965
백만 호 주택
프로그램

스웨덴 의회에서 주택난을 해소하기 위해 향후 10년간 백만 채의 현대식 주택을 건설하고, 이를 적정한 가격으로 공급하기로 의결했다. 이를 실현하기 위해서는 건설 부분의 합리적인 경영과 산업화가 필수적이었다. 아베스타(Avesta)의 건축기사 에른스트 순드(Ernst Sundh)는 갠트리 크레인(gantry crane)이라는 대형 장비를 조기에 도입한 인물 중 한 명이다. 이 장비는 주택 건설 과정을 기계화하여 작업 속도를 세 배나 끌어올렸다. 당시 사용된 조립식 부재의 크기가 사실상 실내 공간의 크기를 결정했으며, 그 결과 방이 폭에 비해 지나치게 긴 형태로 지어지는 경우가 많았다. 대다수의 건설 현장에서는 크레인을 레일 위에 설치해 주택 부지를 따라 이동시키며 공사를 진행했기 때문에, 크레인이 닿을 수 있는 범위가 곧 주택 간 간격의 기준이 되었다.

국가의 부분적 재정 지원을 받아 설립된 가구연구소는 가구 분야의 연구와 개발을 수행하고 소비자, 생산자, 유통업자 모두의 이익을 도모하는 역할을 했다.

1967
가구연구소 설립

스웨덴은 유럽에서 최초로 공공 불만심의위원회를 설립한 나라다. 이 제도를 통해 소비자와 기업 사이에 법적 소송 없이도 공정하게 분쟁을 해결할 수 있는 길이 열렸다.

1967
불만심의위원회 신설

1971년 1월 1일, 소비자 옴부즈맨 제도가 도입됐으며 허위 광고를 금지하는 법률이 시행됐다. 같은 해, '협동조합운동'은 소비자 총회를 개최했고, 이 자리에서 당시 총리였던 올로프 팔메(Olof Palme)가 소비자의 영향력을 강화해야 한다고 연설했다. 총회에 앞서 전국적으로 1,334개의 학습 모임이 열렸고 총 1만 2,775명이 참여했다. 이러한 토론을 통해 5천 건이 넘는 제안서가 총회에 제출되었는데, 그중 하나인 '브랜드 없는(märkeslösa varor) 상품'이라는 아이디어는 이후 식료품부터 생활용품, 가구에 이르기까지 다양한 품목을 아우르는 '블로비트(Blåvitt)'라는 상품군으로 현실화되었다.

1971
소비자 옴부즈맨 제도와 소비자 대회

가구연구소는 스웨덴 가구 산업을 위한 참조 기준이자 품질 라벨링 체계로 활용될 '뫼벨팍타' 개념을 도입했다.

1972
뫼벨팍타

국립소비자문제연구소가 소비자위원회, 정보라벨링연구소와 통합

1973
소비자청 설립

되어, 새로운 기관인 소비자청이 설립되었다.

1976
스웨덴
디자인협회와
협동조합운동의
기본 가구 시리즈

스웨덴 공예협회는 스웨덴 디자인협회로 이름을 변경했다. 이 기관은 자원의 유한성을 인식하며 생산과 소비 문제에 더 집중했다. 협동조합운동과 스웨덴 디자인협회는 스웨덴 디자이너들이 설계한 단순하고 내구성 있는 '블로비트' 기본 가구 시리즈를 개발하는 데 협력했다. 새로운 기본 가구 라인의 출범을 기념해 디자이너 케르스티 산딘(Kersti Sandin)과 라르스 뷜로브(Lars Bülow)는 협동조합 본부인 KF-하우스에서 전시회를 열었다. 2년 후, 그들은 기본 가구 시리즈의 두 번째 단계 개발을 위한 협동조합 공모전에서 1등을 차지한 바스(Bas) 암체어와 함께 소파, 테이블 3종, 주방 의자도 디자인했다.

Svensk
Form

1978

스칸디나비아 색채연구소 AB가 설립되었다. 이 연구소는 당시 도장과 페인트 업계를 대표하는 단체였던 마스터 페인터 전국협회의 소유였다.

1979

자연색 체계(NCS)가 도입되었다. 이후 이 체계는 스웨덴 색채표준(SIS)으로 자리 잡았다.

1981

공공 불만심의위원회가 독립적인 기관으로 승격되었다.

1983
ROT 프로그램
도입

'백만 호 주택 프로그램'의 일부 한계를 보완하기 위해, 수리·재건축·개조를 의미하는 ROT 프로그램이 도입되었다. 이 제도는 새로운 대출 상품 개발로 기존 주택의 질적 개선을 추진하는 한편, '백만 호 주택 프로그램'의 속도 둔화로 실직한 건설 노동자들에게 일자리를 제공하는 것을 주된 목표로 삼았다.

1980년대 스웨덴 디자인의 주요 목표 중 하나는 디자인의 중요성에 대한 사회적 인식을 높이는 것이었다. 1983년에는 연례 디자인상인 '최고의 스웨덴 디자인(Utmärkt Svensk Form)'이 제정되었으며, 첫 수상자는 요나스 볼린이었다. 그는 콘크리트 소재로 만든 의자 '콘크리트'로 이 상을 수상했다.

1987년 7월 1일에 도시계획 및 건축법이 발효되었다.

1987
도시계획 및 건축법 발효

북유럽 각료이사회는 스칸디나비아 친환경 인증제도인 '스바넨(Svanen)'을 제정했다. 소비자가 친환경 제품을 쉽게 식별할 수 있도록 하고, 기업이 지속 가능한 제품을 생산하도록 장려하는 것이 목적이었다.

1989
환경 라벨링

도시계획 및 주택청은 명칭을 보베르케트(Boverket, 주택, 건축, 도시계획 국가위원회)로 변경했고, 이 명칭은 현재까지 사용되고 있다.

1991
보베르케트

가구연구소는 옌셰핑으로 이전했지만, 경제적 어려움에 직면해, 이전한 지 6개월 만에 파산했다.

1995

스웨덴이 유럽연합에 가입하면서 스웨덴 주방 표준은 유럽연합 표준으로 대체됐다. 하지만 실제로 이 유럽연합 표준은 스웨덴 표준으로부터 영감과 영향을 받은 것이었다.

1997
유럽연합 및 유럽 표준

스웨덴의 모든 표준화 작업이 스웨덴 표준협회로 통합되었다. 몇 년 뒤, 유럽연합, 아이슬란드, 노르웨이, 영국 내 국경 간 무역에 대한 소비자 권리에 대해 무료 상담을 제공하는 ECC 스웨덴이 소비자청 산하 기관으로 편입되었다.

2001
스웨덴 표준협회

2005
디자인의 해

스웨덴 정부는 2005년을 '디자인의 해'로 지정해 디자인의 사회적 역할을 강조하고, 우리가 사용하는 일상 용품이 우수한 디자인의 결과물임을 환기했다. 정부는 이 프로젝트에 무려 6천만 크로나를 투자했고 캠페인은 스웨덴 디자인협회가 주관했다. '디자인의 해' 기간 동안 전국적으로 1,600개가 넘는 프로젝트가 진행되었다.
또한 2005년은 스칸디나비아에서 인테리어 디자인과 디자인 전반을 다루는 블로그(저자의 블로그 포함)가 처음 등장한 해이기도 하다. 이 블로그들은 이후 이 분야의 소비와 미적 감수성 형성에 중요한 영향을 미쳤다.

2006
디자인 S 제정

잡지 『로드 오크 륀』은 독립 단체인 스웨덴 소비자 연합에 매각되었다. 스웨덴 디자인협회는 스웨덴 산업디자인협회 및 스웨덴 광고협회와 협력해 '디자인 S'를 제정했다. 이는 스웨덴에서 가장 권위 있고 포괄적인 디자인상으로, 이전의 '최고의 스웨덴 디자인상'을 대체했다. 디자인 S는 디자인 분야에서 활동하는 전문 디자이너, 건축가, 개인 실무자, 생산자, 그리고 기업들을 대상으로 한다.

2010

스칸디나비아 색채연구소 AB가 현재의 명칭인 NCS Color AB로 변경됐다. 같은 해, '뫼벨팍타' 라벨은 그 의미가 확장되어, 품질뿐 아니라 친환경 인증과 사회적 지속 가능성까지 포괄하게 되었다.

2011
FMI 설립

스웨덴 가구판매자협회와 스웨덴 페인트판매자협회가 통합되어 무역 단체 FMI(도료와 가구 및 인테리어협회)가 출범했다. FMI의 목표는 소비자가 FMI 회원사인 오프라인 매장이나 온라인 판매처를 보다 신뢰하며 이용할 수 있도록 하는 것이다. 법적 문제가 발생할 경우, 해당 판매자는 FMI로부터 법률 지원을 받을 수 있으며, 이는 소비자에게도 유리하게 작용한다.

소비자를 위한 맞춤형 안내 서비스인 '헬로 컨슈머(Hello Consumer)' 서비스가 출범했다.

국립소비자분쟁조정위원회(ARN)는 모든 유형의 소비자 분쟁을 다룰 수 있도록 기능을 확대했다. 또한 유럽연합 시민들이 국가 간 거래에서 발생한 문제에 대해 인터넷으로 불만을 제기할 수 있는 무료 플랫폼이 마련되었다. 일부 분야에서는 민간 자금으로 운영되는 새로운 무역협의회가 위원회를 대체했다.

가구 디자이너 라르스 뷜로브와 케르스티 산딘 뷜로브는 2017년 11월 스톡홀름에 가구디자인박물관을 개관했다. 두 사람은 가구연구소와 콘스트팍, 스웨덴 디자인협회 관련 기관에서 오랫동안 활동했으며, 젊은 시절에는 이케아 와 협동조합연합과도 협력한 바 있다. 디자이너이자 디자인 기업가, 교육자로서 이들은 스웨덴의 수도에 디자인 특화 박물관이 없다는 점을 인식하고, 자신들이 소장해 온 20세기 초부터 현재까지의 디자인 가구 컬렉션을 기반으로 박물관을 설립하기로 결심했다.

뫼벨팍타 2.0(Möbelfakta 2.0)은 스칸디나비아의 선도적인 라벨링 시스템이자 유럽 전역의 기준을 제시하는 모델이 되겠다는 목표로 출범했다. 뫼벨팍타 스웨덴 AB는 영리 기업으로, 스웨덴 환경연구소가 대주주이며 목재 및 가구 산업체협회(TMF)와 협력해 운영된다. TMF는 스웨덴 내 목재 가공 및 가구 산업 전반을 아우르는 무역 및 고용주 단체로, 약 650개의 회원사를 대표한다.

2015
개인 대상 소비자
상담 서비스

2016

2017
가구 디자인
박물관

2020
뫼벨팍타 2.0

공간 계획을 위한 측정 기준과 개념들

가구 배치에는 미적 감각만이 아니라 수학적 계산도 필요하다. 인테리어 디자이너와 건축가들이 가구 배치에 필요한 최소 공간을 산출할 때는 네 가지 요소를 고려한다. 가구 자체의 치수, 가구를 사용할 때 필요한 공간, 청소를 위한 공간, 그리고 가구 옆 통행 공간이다.

이 모든 이야기가 어쩌면 너무도 당연하게 들릴 수 있겠지만, 잡지나 소셜 미디어에서는 지나치게 가득 차 있거나 비효율적으로 꾸며진 집들을 어렵지 않게 볼 수 있다. 이 장에서는 가구가 공간 안에서 균형을 이루며 제 기능을 할 수 있도록, 배치에 관한 기본 계산과 몇 가지 핵심 원칙들을 살펴보고자 한다.

가구 사용 공간의 기준

가구 배치를 계획하거나 매장에서 구매를 고민할 때, 많은 사람이 가구를 '사용하지 않는 상태'로만 치수를 잰다. 하지만 문이나 서랍을 여는 데 필요한 회전 반경이나, 가구를 사용할 때 앞쪽에 확보해야 할 여유 공간까지 반드시 고려해야 한다. 서랍이나 트레이를 끝까지 당겨 빼거나 회전식 수납 선반, 옷장 문 등을 여는 동작에는 그에 맞는 신체의 움직임과 공간이 필요하다. 어떤 가

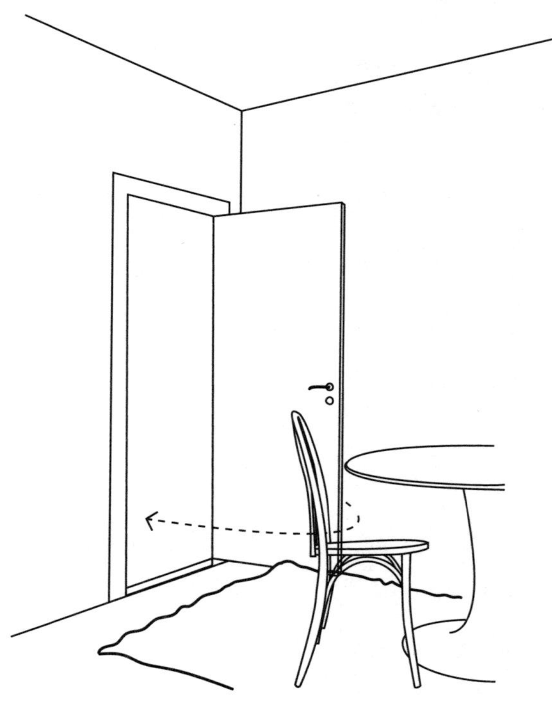

흔히 저지르는 실수 중 하나는 문의 개폐 반경을 고려하지 않는 것이다. 방의 치수는 꼼꼼히 재면서도, 문이 열리는 데 필요한 공간은 놓치곤 한다. 이런 실수는 일상에서 작은 불편을 반복적으로 만들어 낸다. 문을 열 때마다 러그의 모서리가 걸린다거나, 매번 의자를 옮겨야만 문을 활짝 열 수 있다면 그것만큼 성가신 일도 없다.

구를 선택할지 결정할 때, 이런 점들은 결코 간과해서는 안 되는 부분이다. 가구의 사용 공간은 일부 겹칠 수 있지만, 벽이나 기둥 같은 고정된 구조물에 부딪혀서는 안 된다. 그리고 같은 가구라도 가구의 어느 부분을 사용하는가에 따라 사용자가 차지하는 공간의 크기가 달라진다는 점을 기억하자. 예를 들어 서랍장의 경우, 맨 위 서랍을 열 때보다 맨 아래 서랍을 열 때 사용자를 위한 더 넓은 공간이 전면에 필요하다.

문의 개폐 반경

가구 자체의 움직임에 따른 반경뿐만 아니라 공간에 설치된 고정 구조물의 반경도 고려해야 한다. 예를 들어 현관문이나 방문, 베란다로 향하는 문과 창문은 어떤 방향으로 열리는가? 그리고 그에 따라 어느 정도의 공간을 비워두어야 하는가?

통과 치수

디자이너들은 평균적인 성인의 팔꿈치 간 너비, 즉 팔꿈치에서 팔꿈치까지의 거리를 약 60센티미터로 본다. 이를 토대로 집 안의 통로는 두 사람이 불편 없이 마주 지나갈 수 있도록 최소 100센티미터 이상 확보하도록 권장한다. 주거 공간은 이러한 기준을 바탕으로 설계되지만, 실제로는 통행이 잦고 공간이 협소한 지점에서 거주자들의 병목 현상이 발생하곤 한다.

통행 공간

일반 수준	상향된 수준	하향된 수준
기본적인 접근성	확장된 접근성	접근성 필요 없음
├ 800 ┤ 가구 옆 좁은 통로	├ 900 ┤ 가구 옆 좁은 통로	├ 600 ┤ 가구 옆 좁은 통로
├ 900 ┤ 가구와 벽 사이 통로	├ 1000 ┤ 가구와 벽 사이 통로	├ 900 ┤ 실내 계단 또는 주요 동선
├ 1100 ┤ 벽과 벽 사이 통로	├ ≧1300 ┤ 벽과 벽 사이 통로	

고정 요소의 제약

방의 가구 배치에는 작지만 중요한 요소들이 영향을 미친다. 예를 들어 에어컨, 배관, 전기 콘센트 같은 것들이 그렇다. 벽에 장롱이나 서랍장을 붙일 거라면 걸레받이의 두께도 고려해야 한다.

움직임을 위한 공간

앞서 인체 측정학에서 정적인 신체 치수와 동적인 신체 치수를 구분한 바 있다. 특정 공간에서는 우리 몸이 움직이는 데 필요한 공간만이 아니라, 우리와 함께 움직이게 되는 물건까지도 고려해 여유 공간을 두어야 한다. 예를 들어 현관에서는 신발을 신고 벗는 동작에 따른 공간이 필요하고, 욕실에서는 수건을 걸 어둘 자리와 몸을 닦고 옷을 챙겨 입을 공간이 필요하다. 주방에 서는 가만히 서 있는 상태에서의 공간만이 아니라, 냄비나 쟁반 을 들고 움직일 때의 공간도 필요하다. 청소가 필요한 공간이라 면 진공청소기를 끌고 이동할 수 있는 공간이 있어야 하며, 침대 나 장식장, 테이블, 찬장 아래까지 청소하려면 청소기 튜브를 구 부릴 수 있는 공간과 더불어 우리 몸이 움직일 수 있는 자리도 확 보되어야 한다.

예상 밖의 문제들

주거 공간의 가구 배치는 단순히 방의 크기에만 좌우되지 않는다. 방의 비례, 창문과 문의 위치 역시 그만큼 중요하다. 최근 주택에서 흔히 볼 수 있는, 천장에서 바닥까지 이어지는 대형 창이나 창턱이 낮은 창문은 풍부한 자연광을 들이는 데는 탁월하지만, 그만큼 비어 있는 벽면이 줄기 때문에 가구 배치를 어렵게 만든다. 예를 들어 책장을 놓을 자리나 벽걸이 TV를 설치할 공간을 마련하기가 어려워질 수 있는 것이다. 특히 벽걸이 TV를 설치하고자 한다면, 창을 통해 들어오는 빛이 화면에 반사될 수 있으므로, 빛의 방향과 반사 각도까지도 신경 써야 한다.

가구를 배치할 때, 다른 공간으로 통하는 문이 많은 것은 장점이 아니다. 문이 열리고 닫히는 공간을 확보해야 할 뿐 아니라, 방 사이를 자연스럽게 오가는 동선의 흐름을 만들기가 어렵기 때문이다.

또한 도면에 표시되지 않은 감각적인 요소들도 고려해야 한다. 예를 들어 방의 특정 구역에 외풍이 있거나 저녁 무렵에 강한 햇빛이 드는 등 공간 활용에 방해가 되는 조건이 있을 수 있다. 난로와 같은 난방 기구를 사용할 계획이라면 난방 기구 주변의 안전 거리를 확보하는 것도 중요하다.

가까이에 두기

주방을 설계할 때는 각 구성 요소를 가능한 한 서로 가까이에 배치하는 것이 기본 원칙이다. 모든 것은 사용되는 위치에 최대한 근접해 있어야 한다. 식기세척기는 싱크대 가까이에, 냄비는 조리대와 오븐에서 한 걸음 이내의 거리에 두는 것이 이상적이다. 이러한 원칙은 집 전체의 가구 배치에도 그대로 적용된다. 배치하려는 가구 옆에 어떤 물건이 함께 있어야 할까? 근접성이 요구되는 것은 어떤 상황일까? 필요한 물건이 실제로 필요한 장소 가까이에 보관되고 있는가? 물건을 꺼내거나 제자리에 두기 위해 불필요하게 멀리 돌아야 하는 것은 아닌가? 이처럼 물건의 위치를 정할 때는 동선과 사용 맥락을 함께 고려하는 것이 바람직하다.

ANS 원칙

한 유명 가구 브랜드는 'ANS 원칙'이라 불리는 개념을 바탕으로 설계와 판매 전략을 세운다. ANS는 활동(Activity), 필요(Need), 해결책(Solution)의 머리글자를 딴 명칭이다. ANS 원칙에 익숙한 디자이너들은 항상 먼저 그 공간에서 어떤 활동이 일어나는지를 정의하고, 그 활동이 어떤 필요를 만들어 내는지 파악한 뒤, 그 필요를 충족할 수 있는 해결책을 마련하는 순서로 계획을 세운다.

공간의 디자인, 형태, 구역

공간 디자인은 평면과 단면에서 본 공간의 형태와 크기까지를 포함하는 개념이다. 건축가나 디자이너가 '공간 디자인'이라는 말을 사용할 때는 단지 정사각형이나 직사각형 같은 기하학적 형태만을 뜻하지 않는다. 높낮이의 차이, 거리감, 가구의 배치 등에 따라 생기거나 경험되는 물리적·심리적 구획 요소들까지 모두 포함한다. 예를 들어 부피가 큰 책장이나 벽 전체를 차지하는 미디어 시스템은 공간의 비례에 대한 우리의 인식 자체를 바꿔놓을 수 있다. 마찬가지로 독립형 가구나 커튼, 파티션 등은 넓은 개방형 공간 안에서도 서로 다른 구역을 나누는 역할을 한다.

가구 배치를 계획할 때, 특히 개방형 공간에서는 소파나 안락의자 같은 구체적인 가구 형태를 정하기에 앞서, 어떤 활동이 어디에서 이루어질지를 버블 다이어그램(공간 내 활동과 기능을 원형태로 단순화해 구역을 시각적으로 나눈 도표)으로 구상해 보면 도움이 된다. 가구를 먼저 정하는 대신, 공간을 여러 구역으로 나누고, 각 구역에서 어떤 활동이 일어날지를 유추해 본다면 전혀 다른 해법에 도달할 수도 있다. 앞선 구상을 실현하기 위해 어떤 가구가 필요한지를 결정하는 일은 그다음이다.

컴퓨터 게임 디자이너들이 가상 환경을 설계할 때도 마찬가지다. 낯선 공간에 들어섰을 때, 사람들이 어떻게 주변을 파악하고, 어떤 식으로 방향을 잡는지에 대한 기본 원리를 활용한다.

공간 구성하기

공간을 구성한다는 것은 집 안의 공용 공간과 사적인 공간이 서로 어떤 관계를 맺도록 할 것인지, 다시 말해 이 둘을 어떻게 배치하고 연결할지를 정하는 일이다. 물론 집은 각자의 취향대로 꾸밀 수 있지만, 침실과 같은 사적인 공간이 거실이나 주방으로 향하는 통로 역할을 하게 되는 상황은 누구나 피하고 싶을 것이다.

주거 공간을 공적 영역과 사적 영역으로 나눠야 한다는 생각은 1800년대부터 이미 존재했다. 당시 여유 있는 가정에서는 집으로 손님을 초대하는 것을 중시하는 풍조가 있었기 때문에 공동주택 건물의 평면 설계에도 이러한 문화가 반영되었다. 응접실이나 격식을 갖춘 방은 길가를 향한 건물 전면에 배치하는 반면, 좀 더 사적인 방들은 이들과 일정한 거리를 두고 뒤쪽 안마당을 향하도록 배치했다.

그러나 백만 호 주택 프로그램 기간 동안 지어진 아파트들은 전혀 다른 개념에 따라 설계되었다. 이 시기의 이상적인 설계 원칙은 '중립적 소통'으로, 각 방은 서로를 통과하지 않고, 현관이나 복도에서 바로 드나들 수 있어야 했다.

1980년대에 들어서면서 스웨덴의 주거 공간 설계는 다시 한 번 전환점을 맞는다. 이전까지는 주방을 거실과 철저히 분리하는 것이 건축 규범이었지만, 1985년에는 "주방과 거실을 한 공간에 두되, 필요한 경우 분리할 수 있어야 한다"는 보다 유연한 정책으로 대체된 것이다. 이로 인해 주방과 거실 사이의 벽을 없앤 개방형 평면 설계가 등장했고, 이는 더 작은 면적으로 더 많은 주택을 지을 수 있다고 판단한 건설업체들 사이에서 인기를 끌며 빠르게 확산되었다.

지난 수십 년 동안 많은 사람들은 오래된 아파트나 주택을 자신만의 취향과 방식으로 리모델링하여 기존의 공간 구성을 꾸준히 재구성해 왔다. 하지만 공간을 뜯어고치는 일에는 언제나 시간과 비용이 들기 마련이고, 환경에 대한 부담도 만만찮다. 그러니 단지 가구를 제대로 선택하는 것만으로 공간의 구성에 변화를 줄 수 있다면, 이것만으로도 충분히 주목할 만한 가치가 있지 않을까?

축선과 공간 경험

스웨덴 예테보리의 찰머스 공과대학교 연구원 올라 뉘란데르(Ola Nylander)에 따르면, 시선이 곧게 이어지는 방향, 다시 말해 공간을 시각적으로 연결하는 축선(axiality)은 주거 공간이 지닌 측정할 수 없는 가치를 이해하는 데 중요한 개념이다. 그는 이 개념을 '흥미로운 두 지점을 연결하는 선'으로 정의하며 "이 선이 두 개 이상의 방을 가로지를 때 주거 공간 안에 투시성과 시선의 흐름이 생긴다"라고 설명한다(올라 뉘란데르, 『주거 품질(Boendekvalitet)』, 2011).

축선이 여러 방을 관통할수록 그 존재감은 더욱 뚜렷해진다. 만약 건축가가 축선을 고려해 공간을 설계했는데, 거주자가 부피

큰 가구를 놓아 방과 방 사이의 시선을 차단하거나 바깥 경관을 가린다면, 이는 그 공간이 지닌 경험적 가치를 훼손하는 일이다. 지금 살고 있는 집 안에서 시선이 곧게 이어지는 방향을 찾아보자. 그 축의 양 끝에는 무엇이 놓여 있는가? 그 끝의 색이나 형태, 세부 요소 중 일부를 가구 선택에 반영할 수도 있다. 또한 창 너머로 이어지는 풍경을 실내의 일부로 받아들여, 공간에 깊이와 연속성을 더하는 것도 가능하다.

인클로저

인클로저(enclosure)란 한 공간이 주는 '닫힘'과 '열림', 다시 말해 '에워싸인 느낌'이나 '개방감'에 관한 경험을 말하며, 집이라는 공간 안에서 이러한 두 감각이 균형을 이룰 때 우리는 비로소 편안함을 느낀다. 축선과 마찬가지로, 리모델링하거나 가구 배치를 새로 할 때, 건축가가 의도한 인클로저 개념을 거스른다면 그 공간이 지닌 본래의 의미는 퇴색할 수 있다. 인클로저가 만들어 내는 다양한 공간감과 그 변화의 가능성을 지나치게 없애거나 과도하게 강조하는 일은 피해야 한다.

채광과 그림자

새로운 공간에 가구를 배치할 때는 자연광의 흐름을 유심히 살펴보는 것이 중요하다. 하루 동안 빛이 방 안에서 어떻게 움직이고 달라지는지 관찰해 보자. 창문을 통해 들어오는 직사광뿐 아니라 대기에서 산란되어 퍼지는 확산광이나, 주변의 표면에서 반사되어 들어오는 반사광, 건물 구조의 고정 요소들이 만들어 내는 그림자, 그리고 방 안에서 느껴지는 빛의 색감까지도 고려할 필요가 있다. '일광(daylight)'은 태양에서 비롯된 모든 자연광을 가리키는 말로, 직접 들어오는 직사광과 대기에서 산란·반사되어 퍼지는 간접광을 모두 포함하는데, 실내 채광의 맥락에서는 대체로

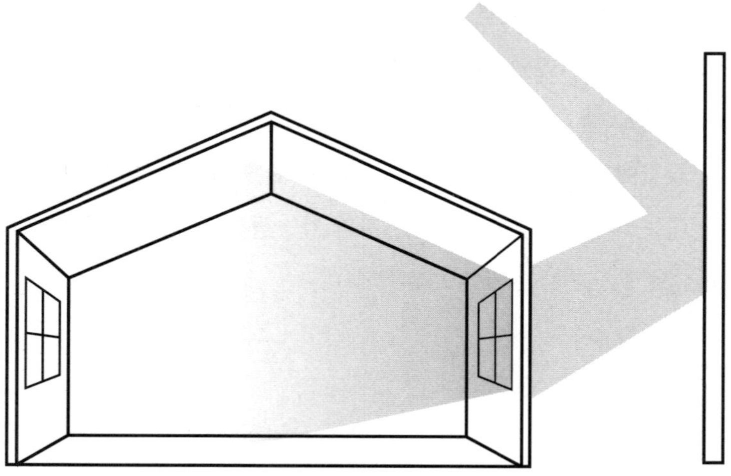

지금 설계 중인 방 안으로 들어오는 간접광의 색에 영향을 미칠 만한 외부 요인으로는 무엇이 있을까?

하늘 전체에서 부드럽게 확산해 들어오는 확산광을 가리킨다.

일광이나 직사광이 공간의 온도에 미치는 영향은 방의 방향, 시간대, 계절에 따라 달라질 수 있다. 일반적으로 북반구에서는, 북향 방의 빛이 차갑고, 남향 방의 빛은 더 따뜻하다. 태양을 '시간이 지날수록 점점 더 뜨거워지는 조명등'이라고 생각하면 이를 쉽게 이해할 수 있다. 따뜻한 빛은 밝고 따뜻한 색을, 차가운 빛은 차가운 색을 더욱 도드라지게 만드는 경향이 있다. 따라서 가구의 색을 고르거나 실내에서 빛을 반사하는 다양한 물건의 위치를 정할 때 이러한 점을 염두에 두는 것이 좋다.

실내로 들어오는 간접광의 색감은 단순히 그 순간의 하늘빛뿐 아니라 여러 외부 요인에 의해 달라진다. 예를 들어 빛은 방 안에 도달하기 전에 주변 건물에 반사되거나, 그 표면의 색을 통과하며 색이 달라질 수 있다. 만약 창문이 주황색 타일 벽을 마주하고 있어 그 벽에 반사된 빛이 내부로 들어온다면, 방향이나 계절에 상관없이 실내의 빛은 더 따뜻하게 느껴질 것이다.

대비 효과

공간을 새롭게 꾸미려는 이들이 내게 가장 많이 하는 질문은, 가구와 벽의 색을 어떻게 골라야 하느냐는 것이다.

"의자는 검정으로 할까요, 회색으로 할까요? 나무색은 어때요?"

"이 거실의 색 조합에 대해 어떻게 생각하세요?"

그러나 어떤 대비 효과를 바라는지를 모른다면 제대로 조언하기란 사실상 불가능하다. 가구나 벽이 눈에 띄기를 바라는가? 그렇다면 배경(또는 전경)과 대비되는 색을 선택하라. 반대로 조화롭고 통일된 분위기를 만들고 싶다면 가구와 벽의 색이 서로 어우러지도록 고르는 것이 좋다. 당연한 이야기처럼 들리지만, 막상 선택의 순간이 되면 이 단순한 원리를 잊기 쉽다.

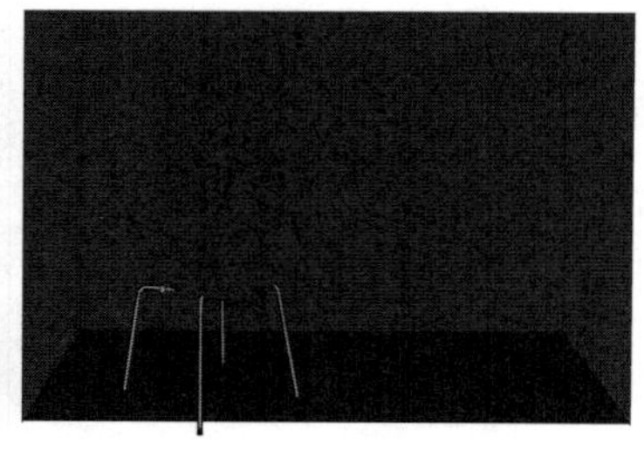

의자가 돋보이기를 원하는가? 그렇다면 벽이나 주변 색과 대비되는 색을 선택하라. 『인테리어 디자인과 스타일링의 기본』에는 시선이 머무는 포컬 포인트를 활용해 마법처럼 공간의 분위기를 바꾸는 방법이 더 자세히 소개되어 있다.

빛 반사율

가구의 색을 고르거나 바닥재를 선택할 때, 혹은 조명등을 설치하거나 벽을 칠할 때는 빛 반사율(light reflectance value, LRV)이라는 개념을 참고하면 좋다. 인테리어 디자이너들은 방에 어떤 조명을 몇 개, 어떤 종류로 설치할지 계산할 때 이 값을 활용하며, 서로 다른 표면의 밝기와 색을 조율할 때도 유용하게 사용한다. 실내에서 충분한 빛과 대비를 확보하는 일은 단순한 취향의 문제가 아니라 삶의 질을 좌우하는 중요한 요소다. 빛 반사율은 특정 표면이 자연광과 인공조명을 얼마나 반사하는지를 0~100퍼센트의 수치로 나타낸 것이다. 거울은 100퍼센트(빛을 거의 전부 반사), 흰색 페인트를 칠한 벽은 보통 약 85퍼센트, 검은색 벽은 0퍼센트에 가깝다. 빛 반사율은 벽지나 천장용 페인트뿐 아니라 다양한 바닥재의 제품 설명서에도 명시되어 있다.

빛 반사율 핵심 정리

- 빛 반사율이 높은 벽이나 바닥, 천장은 방 안 전체에 빛이 고르게 퍼지도록 돕는다. 동일한 조도나 자연광 조건에서도 표면의 빛 반사율이 높으면 그만큼 빛의 효과가 더 커진다.
- 빛 반사율이 높은 가구나 표면은 더 적은 조명으로도 충분한 밝기를 확보할 수 있어, 에너지 사용량을 줄이는 데 도움이 된다.

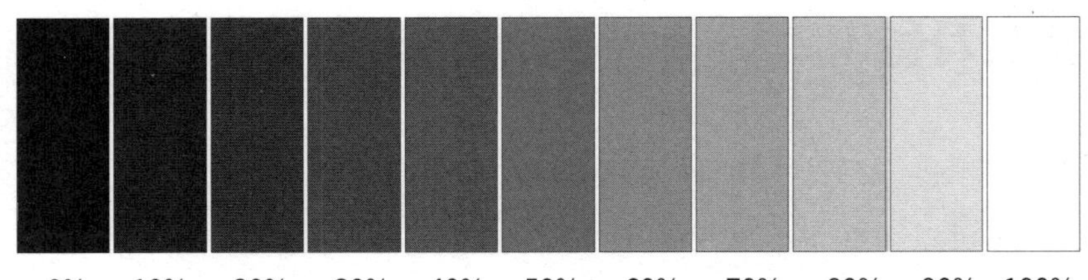

- 빛 반사율 값이 50퍼센트 미만인 색상은 반사보다 흡수하는 빛의 양이 더 많다.

- 빛 반사율은 밝고 어두운 정도를 비교하는 보편적인 척도이므로, 서로 다른 나무 재질이나 색상이더라도 빛 반사율은 같을 수 있다. 따라서 벽과 바닥의 색을 선택할 때는 서로의 밝기가 적당히 구분되도록 빛 반사율에 차이를 두어 조합하는 것이 좋다. 그래야 모든 표면이 한 덩어리처럼 보이지 않고 공간의 깊이감이 살아난다. 공공장소에서는 사람들이 공간을 더 쉽게 인지하고 방향을 잡을 수 있도록 바닥과 벽, 문틀과 벽 사이의 빛 반사율 차이를 최소 30퍼센트 이상 두는 것이 권장된다.

- 시각장애인, 인지장애인, 치매 환자 등 방향 인지에 어려움을 겪는 사람들을 위해 공공장소에서는 출입문과 같은 곳에 주변과의 대비가 분명한 안내 표식을 사용하도록 권장한다. 아파트 복도와 같은 공용 공간에도 이러한 기준이 권장되지만, 개인 주거 공간에서는 의무 사항이 아니다. 다만

이러한 배려가 필요한 가족이나 고령자가 있다면 해당 지침을 참고하는 것이 좋다. 대비되는 표시는 색상이나 재질을 구분해 표현할 수 있다. 예컨대 자연색 체계(NCS)에서 표지판과 주변 표면 간에 명도 차이가 최소 0.40 이상이면 시각장애인도 안내 표식을 보다 쉽게 인지할 수 있다.

- 설계한 공간을 흑백 사진으로 찍어보면 시각적 대비가 부족한 부분이 어디인지, 시력이 좋지 않은 사람이 그 공간을 어떻게 인식할지를 한눈에 파악할 수 있다.

가구 업계의 인증 마크

인테리어 디자인과 가구 업계에서는 품질, 환경, 지속 가능성과 관련한 다양한 인증 마크가 사용된다. 이 가운데 일부는 제조사나 마케팅 업체가 자체적으로 만든 것이고, 또 다른 일부는 독립적인 제3기관의 심사와 인증을 거쳐야만 사용할 수 있다. 이 경우에는 별도의 신청과 승인이 필요하다. 다음은 현재 가구 및 인테리어 디자인 분야에서 알아두면 유용한 품질과 환경, 지속 가능성에 관한 주요 인증 마크를 간략히 정리한 목록이다.

블라우어 엥겔(Blauer Engel, 파란 천사)
독일 정부가 주관하는 지속 가능성 인증 마크로, 환경 보호와 소비자 보호를 목적으로 한다.
www.blauer-engel.de/en

브라 밀예발(Bra Miljöval, 좋은 환경 선택)
스웨덴 자연보호협회가 운영하는 인증 마크로, 판매자나 구매자와 무관한 독립 기관의 심사를 거치는 제3자 인증 방식이다. 스웨덴에서 환경 단체가 직접 운영하는 유일한 인증 마크다.
www.bramiljoval.se

CE(Conformité Européene, 유럽 적합성)
제품이 건강, 안전, 기능, 환경과 관련된 기본 요건을 충족하며, 규정된 평가 절차를 준수했음을 나타내는 인증 마크다. 유럽연합 내에서 제품을 판매하려면 CE 표시는 필수다.
www.sis/se/standarder/ce-markning

FSC(Forestry Stewardship Council, 국제산림관리협의회)
목재 제품이 환경적·사회적·경제적으로 책임 있게 관리된 산림에서 생산되었음을 증명하는 인증 마크다.
www.fsc.org/se-sv

GOTS(Global Organic Textile Stand-
ard, 국제 유기 섬유 기준)

섬유 분야에서 가장 널리 알려진 국제
환경 인증 중 하나다. 이 라벨은 면, 울
등 천연 섬유 제품에만 부여되지만, 일
정 비율의 합성 섬유 혼합은 허용된다.
GOTS 기준은 다음의 두 가지 등급으
로 나뉜다.

- 1등급(Organic): 전체 섬유의 95퍼센
  트 이상이 유기 섬유로 구성된 경우
- 2등급(Made with Organic): 전체
  섬유의 70퍼센트 이상이 유기 섬유
  로 구성된 경우

GOTS는 승인된 인증 기관에 의해 이
루어지며 이후 생산자에 대한 무작위
검사를 통해 지속적으로 관리한다. 이
라벨은 섬유의 재배 단계부터 완제품
에 이르기까지 전 과정을 포괄한다.
www.global-standard.org

ISO(International Organisation for Standardization, 국제표준화기구)

다양한 분야에서 국제적인 표준을 제
정하는 비영리 기구다.
www.iso.org/home.html

뫼벨팍타(Möbelfakta, 가구 정보)

비영리 회사인 뫼벨팍타 스베이예 AB
가 운영하는 가구 인증 및 라벨링 시스
템이다. 이 인증을 받은 가구는 환경 기
준을 충족하고, 윤리적 지침에 따라 생
산되며, 국제 품질 기준을 따른다는 세
가지 요건을 모두 충족한 것으로 간주
된다. 뫼벨팍타는 가구 생산자, 구매자,
디자이너, 건축가 등 가구와 관련된 모
든 이들이 신뢰할 수 있는 참고 체계로
자리 잡는 것을 목표로 한다.
www.mobelfakta.se

PEFC(Program for the Endorsement of Forest Certification Schemes, 산림 인증 제도 상호인증 프로그램)

제품이 환경적·사회적·경제적으로 책
임감 있게 관리된 산림에서 생산되었
음을 보증하는 인증 시스템이다.
https://pefc.se

RDS(Responsible Down Standard, 책임 있는 다운 기준)

동물 복지와 추적 가능성에 대해 엄격
한 기준을 적용하는 다운(깃털) 소재
에 대한 국제 인증이다. 이 라벨은 강
제 급식이나 생체 채취를 하는 사육자

로부터 생산된 다운이 아님을 보장하며, 새가 평생 적절한 먹이와 물을 공급받고 불필요한 스트레스를 겪지 않도록 관리되었음을 인증한다. 또한 모든 다운은 식용 목적으로 사육된 새에서 얻어지므로, 다운은 식품 산업의 부산물임을 명시한다.
www.textileexchange.org/standards/responsible-down

REACH(Registration, Evaluation, Authorisation and Restrictions of Chemicals, 화학물질 등록·평가·허가 및 제한)

사람과 환경을 유해 화학물질로부터 보호하기 위해 2007년부터 시행된 유럽연합 규정이다. 이 제도는 화학물질의 유통 전반에 걸쳐 위험성을 평가하고 관리하도록 설계되어 있으며, 유럽연합 차원에서는 유럽화학물질청(ECHA)이, 스웨덴에서는 화학물질청(KEMI)이 주요 책임을 맡고 있다.
https://environment.ec.europa.eu/topics/chemicals/reach-regulation_en?utm_source=chatgpt.com

SIS(Swedish Standards Institute, 스웨덴 표준협회)

ISO(국제표준화기구) 및 CEN(유럽표준화위원회)에 소속된 스웨덴의 국가 표준 제정 기관이다.

SS(Swedish standard, 스웨덴 표준)

SIS가 제정하는 스웨덴의 국가 표준을 의미한다.

SS-EN

유럽연합 표준을 스웨덴 국가 표준으로 도입한 것으로, 유럽의 통일된 기준을 스웨덴에서도 동일하게 적용하기 위한 표준이다.

스바넨(Svanen, 백조)

북유럽 5개국이 공동으로 운영하는 공식 환경 라벨로, 스웨덴에서는 국영 기업 밀뢰메르크닝 스베리에(Miljömärkning Sverige)가 관리한다. 이 기관은 정부의 지침에 따라 운영되며, 특정 산업이나 이윤과는 무관하게 활동한다. 밀뢰메르크닝 스베리에는 유럽연합의 공통 환경 라벨인 'EU 플라워(EU Flower)'도 관장한다. 스바넨은 1형(ISO 14024) 환경 라벨로, 제품은 전 생애 주기를 고려하여 개발되어야 하고, 독립적인 제3자가 정한 환경 기준을 충족해야 하며, 이 기준이 지속적으로 강화되어야 한다는 조건에 부합해야 한다. 승인된 제품은 일정 기간 동안 스바넨 마크를 사용할 수 있는 라이선스를 부여받으며, 기간이 만료되면 재신청을 통해 갱신해야 한다.

www.svanen.se

오코 텍스(OEKO-TEX)

전 세계 섬유 및 섬유 유사 제품을 대상으로 하는 대표적인 국제 안전·환경 인증 라벨이다. 건강과 환경에 해로운 다양한 유해 물질의 기준치를 엄격하게 규정한다. 이 가운데 상당수는 이미 유럽 법률로 규제하고 있지만, 경우에 따라 'Oeko-Tex Standard 100'은 더 엄격한 기준을 적용한다. 또한 아직 법률로 규제되지 않은 건강·환경 유해 물질에 대해서도 별도의 허용 기준을 마련한다.

- Oeko-Tex Standard 100(유해 물질 안정성 인증)
- Oeko-Tex MADE IN GREEN(친환경·사회적 책임 추적 가능성 인증)
- Oeko-Tex LEATHER STAND-ARD(가죽 제품 유해 물질 안전성 인증)
- STeP(Sustainable Textile and Leather Production) by Oeko-Tex(섬유·가죽 생산 공정의 지속가능성 인증)
- Oeko-Tex DETOX TO ZERO(화학물질 관리 해독 시스템 평가 프로그램)
- Oeko-Tex ECO PASSPORT(화학 물질·염료·첨가제에 대한 안정성 인증)

www.oeko-tex.com

보기 좋은 공간을 넘어
머물고 싶은 집으로

내가 블로그의 방향을 바꾸고 최신 인테리어 트렌드 대신 인테리어 노하우에 집중하기 시작했을 때, 많은 독자가 의아하다는 반응을 보였다. 특히 그동안 꾸준히 공유해 왔던 '영감의 원천'들에 대해 스스로 비판적 시선을 드러냈을 때는 더욱 그랬다.

하지만 가구 제작과 디자인 원리에 대해 알면 알수록 예쁘게 보인다는 이유만으로 엉뚱한 가구나 비실용적 인테리어를 칭찬하는 일이 점점 불편하게 느껴졌다. 한 유명 인테리어 디자이너는 내 태도가 지나치게 직설적이고 비판적이라고 생각했는지 "당신이 이 업계에서 추구하는 철학과 입장이 도무지 이해되지 않아요"라며 다소 불쾌한 어조의 메시지를 보내오기도 했다.

이 책이 그런 나의 관점을 조금이나마 명확히 보여줄 수 있기를 바란다.

요즘 시중에 나와 있는 가구들은 모두 동일한 수준의 품질이나 편안함을 추구하지 않는다. 실용적인 면에서 서로 잘 어울리지 않거나 불편한 조합도 많다. 그럼에도 소비자에게 제공되는 정보는 '어떤 조합이 예쁘게 보이는지'에만 초점이 맞춰져 있는 경우가 대부분이다.

이 책이 그런 현실에 작은 깨달음을 주는 계기가 되었으면 한다. 보기 좋은 공간을 넘어, 정말 머물고 싶은 집을 만드는 데 도움이 되기를 바란다.

프리다

참고 문헌 및 자료

도서

Asaroglou, Vasiliki; Bonarou, Anna. 2013. *Furniture arrangement: in residential spaces*. Create Space Independent Publishing Platform

Berglund, Erik. 1957. *Bord för måltider och arbete i hemmet*. Svenska Slöjdföreningen

Berglund, Erik. 1997. *Tala om kvalitet: om möbelmarknaden och brukarorienterad utveckling*. Axplock

Berglund, Erik. 1988. *Sittmöblers mått: handbok för möbelformgivare*. Möbelinstitutet rapport nr 50. Möbelinstitutet

Berglund, Erik; Engdal, Sten. 1961. *Möbelråd*. Svenska Slöjdföreningen

Berglund, Erik; Engdal, Sten. 1962. *Särtryck ur möbelråd*. Svenska Slöjdföreningen

Bergström, Greta (red). 1961. *Hemvården*. Lantbruksförbundets Tidskriftsaktiebolag Förlag

Bodin, Anders; Hidemark, Jacob; Stintzing, Martin och Nyström, Sven. 2022. *Arkitektens handbok*. Studentlitteratur

Booth, Sam; Plunkett, Drew. 2014. *Furniture for interior design*. Quercus

Bosättning. 1944. Sveriges Riksbank

Bullar, John. 2013. *The complete guide to joint-making*. Guild of Master Craftsman

Ching, Francis D. K; Binggeli, Corkey. 2018. *Interior design illustrated*. Fourth Edition. Wiley

Dahlgren, Torbjörn; Wistrand, Sven; Wiström, Magnus. 2016. *Nordiska träd och träslag*. Arkus förlag

Gordan, Dan. 2019. *Svenska stolar och deras formgivare 1899 till idag*. Norstedts

Henriksson-Abelin, Kerstin. 1962. *Sätta bo*. Rabén & Sjögren

Hård af Segerstad, Ulf; Kerstin Henrikson-Abelin, Sven Staaf (red.-råd). 1963. *Bo bättre trivas mera*. Bra Bohags bosättningsråd

Jackson, Albert; Day, David. 1996. *Möbler att fynda, laga, vårda*. ICA

Kempe, Tord (red). 1962. *Välja heminredning: möbler, färgsättning, mattor, belysning, gardiner, tavlor och ting*. ICA-förlaget

Kempe, Tord (red). 1969. *Välja heminredning: inredning, möbler, textilier, färgsättning, belysning, tavlor och ting*. ICA-förlaget

Klarqvist, Björn. 1969. *Bostadsplanering*. Läromedelsförlagen Akademiförlaget

Konsumentverket. 1987. *Textil handbok: fibrer, skötsel, utrustning, mått, lexikon*. Konsumentverket

Larsson, Lena. 1957. *Bo idag*. Tidens Bokklubb

Larsson, Lena; Svedberg, Elias. 1955. *Heminredning*. Forum

Lidwell, William; Holden, Kritina; Butler, Jill. 2010. *Universal principles of design: 125 ways to enhance usability, influence perception, increase appeal, make better design decisions, and teach through design*. Rockport Publishers Inc

Matérn, Hans von (red). 1984. *Möbelns svaga punkter: en rapport om vanliga brister i möbelkonstruktioner*. Möbelinstitutets rapport 39. Möbelinstitutet

Matérn, Hans von; Adler, Tore. 1981. *Möbelsyn [19]81 Svenska stolar*. Möbelinstitutet

Matthews, John. 1969. *Snickeri i bild*. Rabén & Sjögren

Myhr, Ulrika. 2015. *Sittande barn: trender, utmaningar och dynamiskt sittande*. Studentlitteratur

Möbelinstitutet. 1983. *Möbelordlista: förklaringar till material och utförandebeteckningar som förekommer vid marknadsföring av möbler och inredningsenheter till konsumenter*. Möbelinstitutets rapport nr 38. Möbelinstitutet

Neufert, E; Kister, J. 2019. *Architects' data*. 5th Edition. Wiley-Blackwell

Nylander, Ola; Forshed, Kjell. 2014. *Bostadens omätbara värden*. HSB Riksförbund

Palmquist, Mats. 2018. *Träsmak: en bok om svenska pinnstolar*. Historiska media

Panero, Julios; Zelnik, Martin. 1979. *Human dimension & interior space: a source book of design reference standards*. Whitney library of design

Pheasant, Stephen; Haslegrave, Christine M. 2006. *Bodyspace: anthropometry, ergonomics and design of work*. Third edition. Taylor & Francis

Richter, Nirvan (Erik). 1987. *Trä(d)boken. 16 sorters träd och trä i Sverige: artbeskrivning, mytologi o folkmedicin, egenskaper o användning, träprover i lådan*. Norrgavel

Scott, Ernest. 1990. *Stora snickarhandboken*. Ica Bokförlag

Snidare, Uuve. 2004. *Kök i Sverige*. Prisma

Stem, Seth; Tringali, Laura. 1989. *Designing furniture: from concept to shop drawing: a practical guide*. Taunton Press

Svenonius, Brita; Lyberg. Anna-Lisa. 1953. *Bädda rätt och sova gott*. Aktiv hushållning

Sveriges Stenindustriförbund. 2005. *En handbok om natursten.* Sveriges Stenin-
dustriförbund

Waldén, Katja. 1960. *Rikare vardag.* Rabén & Sjögren

Wiström, Barbro; Näslund, Iwan; Lagercrantz, Ann-Marie. 1961. *Möblera rätt:
möbleringsförslag, de äldres bohag, barnens miljö.* ICA-förlaget

Wänström Lindh, Ulrika. 2018. *Ljusdesign och rumsgestaltning.* Studentlitteratur

기사와 에세이

Andersson, Adam; Palomäcki, Zack (2017). *Design av sittmöbel för Stolab: Pro-
duktdesign för offentliga miljöer med olika syften* [Examensarbete grundnivå,
yrkesexamen, 15 hp]. Institutionen för ekonomi, teknik och samhälle,
Luleå tekniska universitet. DiVA: http://www.diva-portal.org/smash/
get/ diva2:1120279/FULLTEXT01.pdf

Andersson, Niklas (2008). *Gesällprovets tillverkningsprocess* [Examensarbete
grundnivå, 15 hp]. Möbelsnickeriprogrammet, Institutionen för ekonom-
isk och industriell utveckling, Tekniska högskolan, Linköpings universitet.
DiVA: https://www.diva-portal.org/smash/get/diva2:18361/FULL-
TEXT01.pdf

Blad, Amanda. (2019). *Ergonomisk möbeldesign.* [Examensarbete, 30 hp]
Avdelningen för produktutveckling, Institutionen för Designveten-
skaper, Lunds tekniska högskola, Lunds universitet. LUP: https://lup.
lub.lu.se/luur/download?func=downloadFile&recordOId=9001499&-
fileOId=9001504

Bogvi Dahlström, Susanne (2012). *Front, botten, sida: om lådkonstruktioner under
åren 1700-1820* [Examensarbete grundnivå, 16 hp]. Institutionen för
ekonomisk och industriell utveckling, Carl Malmsten - furniture studies.
Tekniska högskolan, Linköpings universitet. DiVA: https://www.di-
va-portal.org/smash/get/ diva2:588952/FULLTEXT01.pdf

Boverket (2007). *Bostadspolitiken: svensk politik för boende, planering och byggande
under 130 år.* (1. uppl.) Karlskrona: Boverket. https://www.boverket.se/
globalassets/publikationer/dokument/2007/bostadspolitiken.pdf

Carlbom, Hannah; Reinholdsson Emma (2019). *Skyltdockor på moderna männ-
iskors vis. Ett innovativt utvecklingsarbete där digital teknologi har använts för att
skapa mjuka värden så som inkludering, jämlikhet och välmående* [Examensarbete
grundnivå, 15 hp]. Maskinteknik, Akademin för ekonomi, teknik och

naturvetenskap, Högskolan i Halmstad. DiVA: https://www.diva-portal. org/smash/get/ diva2:1326808/FULLTEXT02

Cooper, Clare Marcus (1974). *The House as Symbol of the Self*. University of California.

Engström, Elin (2016). *Under ytan: En praktisk och kunskapsteoretisk undersökning om att synliggöra det osynliga* [Examensarbete grundnivå, 16 hp]. Institutionen för ekonomisk och industriell utveckling, Carl Malmsten - furniture studies, Linköpings universitet. DiVA: https://www.diva-portal. org/smash/get/diva2:1040619/FULLTEXT01.pdf

Eriksson, Gabriella; Zachau, Sandra (2015). *Framtagning av ekodesignat produktförslag för Ekdahls möbler* [Examensarbete grundnivå, 15 hp]. Produktutveckling, Tekniska Högskolan i Jönköping. DiVA: https://www.diva-portal.org/smash/get/ diva2:821799/FULLTEXT01.pdf

Erixon, Karl (2021). *PRODUKTUTVECKLING FRÅN SKISS TILL PROTOTYP: En fallstudie i en möbels utveckling från skiss till första prototyp i samarbete med Swedese* [Examensarbete grundnivå, 16 hp]. Institutionen för ekonomisk och industriell utveckling, Malmstens Linköpings universitet, Linköpings universitet. DiVA: https://www.diva-portal.org/smash/get/ diva2:1577953/FULLTEXT01.pdf

Frost, Jenny (2016). *Säng med varierbar fjädring* [Examensarbete grundnivå, 15 hp]. Skolan för industriell teknik och management (ITM), Maskinkonstruktion (Inst.), KTH. DiVA: http://www.diva-portal.org/smash/get/ diva2:946417/FULLTEXT01.pdf

Garvin, David A. (Nov 1987). *Competing on the Eight Dimensions of Quality*, Harvard Business Review 65, no 6.

Grill, Adam (2008). *Kök och käk. Hur matlagningen påverkats av köket, dess utrustning och människornas livsstil 1960–2000* [Examensarbete grundnivå, 15 hp]. Institutionen för Restaurang- och Måltidskunskap, Örebro Universitet. DiVA: https://www.diva-portal.org/smash/get/ diva2:139086/FULLTEXT01.pdf

Harrison, Donald D. et al.(1999). *Sitting Biomechanics Part I: Review of the Literature Journal of Manipulative and Physiological Therapeutics*. Volume 22, Issue 9, November–December 1999, Pages 594-609.

Hellquist, Gruv Stina; Lindberg, Malin (2015). *Giftfritt och effektivt - Om att göra kloka val i tapetserarverkstaden*. [Examensarbete grundnivå, 16 hp]. Institutionen för ekonomisk och industriell utveckling, Carl Malmsten - furniture studies, Tekniska högskolan, Linköpings universitet. DiVA: https://www.diva-portal.org/smash/get/ diva2:904106/FULLTEXT01.pdf

Institutet för träteknisk forskning, Svenska träskivor (1992). *Spånskivor.* (2. uppl). Stockholm: Trätek. DiVA: https://www.diva-portal.org/smash/get/ diva2:1080066/FULLTEXT01.pdf

Johansson, Kristina. (2016). *Børje Mogensen soffa: Uträkning av dunplymåer och dess planering* [Examensarbete grundnivå, 15 hp]. Fakulteten för naturvetenskap, teknik och medier, Avdelningen för industridesign. Mittuniversitet. DiVA: http://miun.diva-portal.org/smash/get/ diva2:945096/FULLTEXT01.pdf

Kindström, Erik (2017). *Lådstyrningar: Hantverksmässigt tillverkade lådor och dess utveckling genom historien* [Examensarbete grundnivå, 15 hp]. Fakulteten för naturvetenskap, teknik och medier, Avdelningen för design, Mittuniversitetet. DiVA: https://www.diva-portal.org/smash/get/ diva2:1151417/ FULLTEXT01.pdf

Klingenberg, Thérése (2008). *Stoppade möbler under 1950- och 60- talet: Nya material och tekniker* [Examensarbete grundnivå, 15 hp]. Institutionen för ekonomisk och industriell utveckling, Carl Malmsten - furniture studies, Linköpings universitet. DiVA: http://www.diva-portal.org/smash/get/ diva2:133675/FULLTEXT01

Kuurne, Mikael (2021). *Produktutveckling i praktiken - Prototypens olika stadier* [Examensarbete grundnivå, 16 hp]. Möbeldesign, Institutionen för ekonomisk och industriell utveckling, Linköpings universitet. DiVA: https://www.diva-portal.org/smash/get/diva2:1590476/FULLTEXT01.pdf

Lindgren, Pierre; Sjöstrand, Oscar (2018). *Wingseat – en ergonomisk kontorsstol* [Examensarbete grundnivå, 30 hp]. Skolan för industriell teknik och management (ITM), Maskinkonstruktion (Inst.), Produkt- och tjänstedesign, KTH. DiVA: https://www.diva-portal.org/smash/get/ diva2:1239265/ FULLTEXT01.pdf

Mallari, Joy; Penttilä, Roine. (2019). *Design för möbler i framtidens förskola. Ett möbelset som främjar lärandet* [Examensarbete grundnivå, 15 hp] Maskinteknik, Skolan för industriell teknik och management, Hållbar produktionsutveckling. KTH. DiVA: http://kth.diva-portal.org/smash/get/ diva2:1342773/FULLTEXT01.pdf

Malm, Filip; Olsson Ida. (2015). *Framtagning av ett förlängningsbart bord. Development of an extendable table* [Examensarbete grundnivå, 30 hp]. Kandidat-påbyggnad, Produktutveckling, Tekniska Högskolan i Jönköping. DiVA: http://www.diva-portal.se/smash/get/diva2:820127/ FULLTEXT01. pdf

Olsson, Tony (2010). *Synliga sammansättningar: Ett arbete om människors uppfattning om synliga sammansättningar i möbler.* [Examensarbete grundnivå, 16 hp]. Institutionen för ekonomisk och industriell utveckling, Carl Malmsten - furniture studies, Linköpings universitet. DiVA: http://www.diva-portal.org/smash/get/ diva2:354008/FULLTEXT01.pdf

Sandberg, Dick (1998). *Stjärnsågning: ledstjärnan för svensk träindustri* [Rapport (Övrigt vetenskapligt)]. Royal Institute of Technology, Division of Wood Technology and Processing, KTH. DiVA: https://www.diva-portal.org/ smash/get/diva2:542040/FULLTEXT01.pdf

Sundestrand von Weissenberg, Sara (2019). *Är möbleringarna SIS-ådär?* [Examensarbete avancerad nivå, 30 hp]. Arkitektur, Institutionen för arkitektur och byggd miljö, Lunds universitet. LUP: https://lup.lub.lu.se/luur/ download?func=downloadFile&recordOId=8993602&fileOId=8993608

Thörnqvist, Thomas (red.) (2019). *Eken och andra lövträd: Ekfrämjandet 75 år 1944-2019.* [Nybro] Ekfrämjandet. DiVA: https://ltu.diva-portal.org/ smash/get/diva2:1539403/FULLTEXT01.pdf

Wallér, Annie (2010). *Gungstol.* [Examensarbete avancerad nivå, 30 hp]. Institutionen för Design, Konsthantverk och Konst (DKK), Inredningsarkitektur & Möbeldesign, Konstfack. DiVA: http://www.diva-portal. se/smash/get/diva2:526150/FULLTEXT01.pdf

Werner, Inga Britt. (2008). *Bostadskvalitet idag: en utvärdering av nybyggda bostäder, ur kundens synvinkel* [Rapport (Övrigt vetenskapligt)]. Skolan för arkitektur och samhällsbyggnad, Samhällsplanering och miljö, Urbana och regionala studier. KTH. DiVA: www.diva-portal.org/smash/get/ diva2:492428/ FULLTEXT01.pdf

Åhl, Joel (2009). *Utformning och undersökning av stolsfunktioner anpassade till population och användningsområde* [Examensarbete avancerad nivå, yrkesexamen, 30 hp]. Institutionen för Arbetsvetenskap, Avdelningen för Industriell design, Luleå tekniska universitet. DiVA: https://www.diva-portal.org/ smash/get/ diva2:1016456/FULLTEXT01.pdf

웹사이트

A

https://www.allmannyttan.se/historia/ https://www.arn.se/om-arn/
ARNshistoria/

https://www.alumeco.se/

B

https://bergdala-glastekniska-museum.se/industrin.html

https://www.boverket.se

C

https://ceos.se/produkter/mdf93.html

https://ceos.se/produkter/plywood.html

www.closets.com/tips

D

https://docplayer.se/9248432-Materiallara-textilkunskap.html

https://www.doerner-helmer.de/

E

https://Elfa.com

https://www.1177.se/Jonkopings-lan/liv--halsa/fysisk-aktivi-
tet-och-traning/vardagsergonomi-ta-hand-om-din-rygg/

F

https://fmibranschen.se/konsument/

https://www.finewoodworking.com/2007/01/05/ engi-
neer-shelves-with-the-sagulator

https://www.frontera.com/how-to-find-the-per- fect-rocking-chair

https://www.frontera.com/how-to-find-the-perfect-rocking-chair

G

https://gds.se/inredning/mobler/hyllor-saa-valjer- du-ratt-konsoler

https://granitop.se/granit/

H

https://www.hallakonsument.se/produktsakerhet/ barnsangar

https://www.hastens.com/

https://www.hermanmiller.com/research/catego- ries/white-pa-
pers/the-art-and-science-of-pressu- re-distribution/

https://herdins.se/vara-vanligaste-traslag/

https://www.hjh-office.se/kundtjaenst/ordlista-oever-tekniska-termer

   https://www.holmtravaror.se/valnot/

   https://www.holmtravaror.se/faner

I

   https://www.ivl.se/

   https://issuu.com/mineraskifer (Publikation: Skifferboken)

K

   https://kf.se

   https://www.konsumentverket.se

   https://khs.se/

L

   https://www.hdm.lth.se/

   https://www.lqdesign.se/

M

   https://www.mobelfakta.se/

   https://mercado.se/wp-content/uploads/2015/10/ sittstallningens-betydelse2.pdf

   https://mathsson.se/butik/alla-mobler/fallbord/ fallbord/

   https://issuu.com/mineraskifer/docs/skifferboken_swe___eng_issuu

N

   https://ncscolour.com/blogs/inspiration/40-years-of-colour-history

   https://norrgavel.se/

   https://norellmobel.se/

   https://www.nordiskamuseet.se/

   https://www.nrm.se/faktaomnaturenochrymden/geologi/bergar-terochmalmer/magmatiskabergarter.1605.html

   https://www.nytimes.com/wirecutter/guides/buying-a-sofa/amp/

O

   https://www.olssongerthel.se

   olofpalme.org/wp-content/dokument/710920_kf_kongress.pdf

P

   https://www.popularwoodworking.com/techni- ques/aw-extra-3614-stronger-shelves/

   https://www.carlhansen.com/

R

https://riksdagen.se/sv/dokument-lagar/dokument/proposition/kungl-majts-proposition-nr-105-ar-1956_EH30105/html

S

https://www.sammaloofwoodworker.com/ sam-maloof-legacy

https://www.sgu.se/om-geologi/mineral/bergarts- bildande-mineral/

https://www.sis.se/om-sis/faktaochorganisation/

https://www.sis.se/om-sis/faktaochorganisation/ett-sekel-av-stand-arder

https://www.slu.se/

https://www.slojdochbyggnadsvard.se/kunskap--fakta/materi-al-och-teknik/materialbiblioteket/traslag/

https://www.skogssverige.se/

https://www.skogeniskolan.se

SNIRI Snickerifabrikernas Riksförbund

https://stiligahem.se/

https://stragendo.ee/sv

https://stringfurniture.com/

https://www.sten.se/stenkartoteket/

https://shop.svenskttra.se

https://svenskform.se/175aravsvenskform/

https://www.svenskttra.se/publikationer-start/publikationer/snickerihandbok/

https://www.svenskbyggplat.se/

https://www.special-plast.se/plastskolan/kallskum/ vad-ar-kallskum/

https://stockholmskallan.stockholm.se/teman/staden-vaxer/mil-jonprogrammet/

https://sok.riksarkivet.se/ Svenska Slöjdföreningens arkiv (ACC.NR 1992/027 m.fl.)

https://spraktidningen.se/2011/11/garderob/

https://www.special-plast.se/plastskolan/kallskum/vad-ar-kallskum/

https://sok.riksarkivet.se/arkiv/FwDf2Rep2a6dfZ2XdYixh3

T

https://www.tellus.se/produkt-kategori/hjul-tillbe- hor-2/dubbelh-jul-tvillinghjul/

https://www.testfakta.se/sv/article/testfaktas-sangguide
https://se.tempur.com/
https://info.thecontractchair.co.uk/
https://www.tmf.se/bransch-naringspolitik/branschutveckling/ branschguider/ (Guide: Inredningssnickerier)
https://www.trappfabriken.se/traslag-ytbehandlingar
https://www.tracentrum.se/media/1147/fakta_om_ lovtra.pdf
https://www.traguiden.se/
https://troutmanchairs.com/product-catalog/the-official-kenne-dy-rocker/

W

https://www.waterbed.se/
https://wiwood.se/fakta-om-faner
https://www.wool.com

Y

https://www.youtube.com/watch?v=yDsNlj1oFqo&feature=youtu.be

가구 일러스트 목록

S. 30 (ö/v) Lilla Åland. Formgivare: Carl Malmsten. Företag: Stolab.

S. 30 (ö/h) Spade Chair. Formgivare: Faye TooGood. Företag: Please Wait to be Seated.

S. 30 (u/v) Family Chairs. Formgivare: Lina Nordqvist (examensar-bete). Företag: Design House Stockholm.

S. 43 Åkerblomstolen. Formgivare: Bengt Åkerblom/Gunnar Eklöf.

S. 45 Norrgavels pinnstol. Formgivare: Nirvan Richter. Företag: Norrgavel.

S. 64 (ö) Pinnkarmstol. Formgivare: Nirvan Richter. Företag: Norr-gavel.

S. 64 (n) Y-stol. Formgivare: Hans Wegner. Företag: Carl Hansen.

S. 66 Ton Chair no.14/02. Formgivare: Michael Thonet. Företag: Ton.

S. 67 Beetle Chair. Formgivare GamFratesi. Företag: Gubi.

S. 70 (m) Orkesterstolen. Formgivare Sven Markelius.

S. 73 Concrete. Formgivare: Jonas Bohlin. Företag: Källemo.

S. 76 (ö) Spin. Formgivare Staffan Holm. Företag: Swedese.

S. 79 Stegpallen. Bröderna Lindqvist AB Motala. Idag LQ Design.

S. 97 EA 217 och EA 108. Formgivare: Charles och Ray Eames. Företag: Vitra / Herman Miller.

S. 128 (ö/v) Pernilla 3. Formgivare: Bruno Mathsson. Företag: Bruno Mathsson International.

S. 128 (n/v) Ägget. Formgivare: Arne Jacobsen. Företag: Fritz Hansen.

S. 128 (ö/h) Lamino. Formgivare: Yngve Ekström. Företag: Swedese.

S. 128 (n/h) Anonymiserad Safaristol.

S. 133 Ägget. Formgivare: Arne Jacobsen. Företag: Fritz Hansen.

S. 136 J16 Gungstol. Formgivare: Hans Wegner Företag: Fredericia Furniture.

S. 147 (v) Sjuanstolen. Formgivare Arne Jacobsen. Företag: Fritz Hansen.

S. 147 (h) Wishbone Chair/Y-stolen. Formgivare Hans Wegner. Företag: Carl Hansen.

S. 151; s. 112 Sjuanstolen. Formgivare Arne Jacobsen. Företag: Fritz Hansen. (Borden är anonymiserade exempelmöbler.)

S. 165 Mi 901, Formgivare: Bruno Mathsson Företag: Bruno Mathsson International.

S. 170 (ö) Hejnum. Formgivare: Kristian Eriksson. Företag: G.A.D.

S. 170 (m) Flower mono. Formgivare: Christine Schwarzer. Företag: Swedese.

S. 170 (u) Soffbord Tati. Formgivare: Broberg Ridderstråle. Företag: Asplund.

S. 220 Snö. Formgivare: Thomas Sandell. Företag: Asplund.

S. 237 (ö) Anonymiserat exempel.

S. 238 (u) Hyllkonsoler. Formgivare: Nirvan Richter. Företag: Norrgavel.

S. 245 String-hyllan. Formgivare: Nisse Strinning. Företag: String®.

S. 258 Hallmöbel. Formgivare: Nirvan Richter. Företag: Norrgavel.

S. 260 Nostalgi hatthylla. Formgivare: Gunnar Bolin. Företag: Essem design.

S. 305; 311 Sebras Baby- & Juniorsäng.

S. 428 Sjuanstolen. Formgivare: Arne Jacobsen Företag: Fritz Hansen.

출처 비공개 예시 가구 목록: 30(u/h), 47, 50, 55, 68, 69, 70(h), 76(ö), 77(u), 80, 84, 85, 89, 90, 93, 97(u), 100, 102, 112, 119, 125, 126, 132, 139, 144, 149, 161, 176, 178, 179, 180, 181, 184, 186, 189, 190, 191, 200, 206, 209, 212, 226, 227, 228, 230, 231, 236, 246, 252, 253, 256, 272, 285, 286, 287, 288, 291, 294, 298, 301, 416.

감사의 말

지식과 조언을 아낌없이 나눠주신 모든 분께 깊이 감사드립니다.

안데르스 린드홀름(Anders Lindholm), 침대 전문가, SOVA

베니 헤르만손(Benny Hermansson), 곡목 가구 전문가, 겜라 파브리케라 AB(Gemla Fabrikers AB)

비에른 노딘(Björn Nordin), 목재 전문가, 스웨덴 목재협회(Svenskt Trä)

엠마 올버스(Emma Olbers), 가구 디자이너

야콥 셰그렌(Jakob Sjögren), 소파류 전문가, O. H. 셰그렌(O.H. Sjögren)

요한 달린(Johan Dahlin), 나선형 스프링 전문가, 스타스프링스 스웨덴 AB(Starsprings Sweden AB)

케르스티 산딘 빌로브(Kersti Sandin Bülow), 건축가, 디자이너, 가구 디자인박물관 공동 설립자

라르스 빌로브(Lars Bülow), 건축가, 디자이너, 가구디자인박물관 공동 설립자

마리아 홀름베리(Maria Holmberg), 조사관, 스웨덴 소비자청(Konsumentverket)

마르쿠스 고팅(Markus Gotting), 옷장 및 미닫이문 전문가, 펠리그룹(Pelly Group)

마르틴 요한손(Martin Johansson), 가구 전문가, 스톨랍 뫼벨 AB(Stolab Möbel AB)

미카엘 쿠르네(Mikael Kuurne), 가구 디자이너

니르반 리히터(Nirvan Richter), 건축가, 가구 디자이너 & 토마스 프

뢰딩(Tomas Fröding), 캐비닛 제작자, 노르가벨(Norrgavel)

패트릭 뉘베리(Patrick Nyberg), 가죽 전문가, 레터마스터 스칸디나비아 AB(Leathermaster Scandinavia AB)

페르닐라 놀링(Pernilla Norling), 리놀륨 전문가, 포르보 플로어링(Forbo Flooring)

레베카 울홀름(Rebecka Ullholm), 인체공학 및 인테리어 디자인 전문가, 에르고디자인(Ergodesign)

사미 칼리오(Sami Kallio), 가구 디자이너

토마스 토르손(Thomas Thorsson), 책장 전문가, 타라스 할그렌 앤 선 AB(Taras Hallgren & Son AB)

토마스 에크스트룀(Tomas Ekström), 표준화 전문가, SIS-TK 391 M bler

빅토리아 텡스트란드(Victoria Tengstrand), 프로젝트 리더, SIS/TK 391 M bler

옮긴이 김난령

영국 런던 컬리지 오브 커뮤니케이션(LCC)에서 인터랙티브 멀티미디어 석사 학위를 받았다. 대학에서 디지털 미디어 디자인을 강의했으며, 현재는 그림책과 디자인을 주제로 글을 쓰고 가르친다. 옮긴 책으로는 『어바웃 해피니스』, 『솔로 듀오 트리오: 작지만 강한 디자인 스튜디오』, 『디자인 천재』, 『디자인의 역사』, 『그래픽 디자인 스쿨』, 『마틸다』, 『크리스마스 캐럴』, 『웡카』 등이 있다.

가구 생활
집 안의 모든 가구를
고르고 배치하고 오래 쓰는 법

프리다 람스테드 지음
김난령 옮김

초판 1쇄 발행 2026년 2월 12일

발행 책사람집
디자인 오하라
제작 세걸음

ISBN 979-11-94140-14-6 03590
값 24,000원

책사람집

출판등록: 2018년 2월 7일
(제 2018-000269호)
주소: 서울시 마포구 토정로 53-13 3층
전화: 070-5001-0881
이메일: bookpeoplehouse@naver.com
인스타그램: instagram.com/book.people.house/